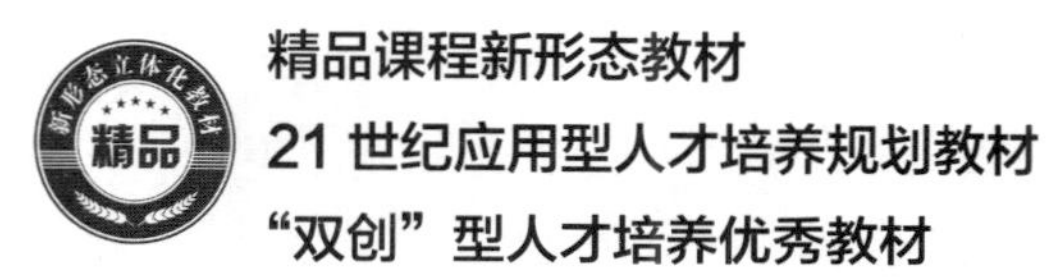

JavaScript 技术教程

主 编 蔡 敏 程宪宝 曾昭江

JavaScript
JISHU
JIAOCHENG

内容提要

本书分为四大单元模块,包括 JavaScript 基础、JavaScript 进阶、jQuery 基础、jQuery 应用,全文详细介绍了 JavaScript 开发所需要的知识,包括语法、函数、事件与浏览器各种对象交互等,另外结合目前流行的移动开发,增加了 jQuery Mobile 前端开发框架内容。全书从实战出发,给出了大量目前 Web 开发中非常流行的应用实例和案例,如动态交互、事件驱动、导航、表单和表格等,力求让读者获得真正实用的知识,开发出自己的网站和页面。

图书在版编目(CIP)数据

JavaScript 技术教程/蔡敏,程宪宝,曾昭江主编.--上海:上海交通大学出版社,2018(2024 重印)

ISBN 978-7-313-18581-5

Ⅰ. ①J… Ⅱ. ①蔡…②程…③曾… Ⅲ. ①JAVA 语言-程序设计 Ⅳ. ①TP312.8

中国版本图书馆 CIP 数据核字(2017)第 308604 号

JavaScript **技术教程**

主　　编:蔡　敏　程宪宝　曾昭江

出版发行:上海交通大学出版社　　地　　址:上海市番禺路 951 号

邮政编码:200030　　电　　话:021-64071208

印　　制:三河市龙大印装有限公司　　经　　销:全国新华书店

开　　本:787mm×1092mm　1/16　　印　　张:17.5

字　　数:429 千字

版　　次:2018 年 1 月第 1 版　　印　　次:2024 年 1 月第 4 次印刷

书　　号:ISBN 978-7-313-18581-5

定　　价:45.00 元

《JavaScript 技术教程》编写委员会

主　编： 蔡　敏　程宪宝　曾昭江

副主编： 凌　敏　朱接文　肖　鹏　谢高杰　农　嘉
刘红英　席二辉　张　慧　朱爱军　刘福泉
李　玉　甘玉涛　袁　强

前　言

在党的二十大报告中,习主席指出:“科技是第一生产力、人才是第一资源、创新是第一动力, 深入实施科教兴国战略、人才强国战略、创新驱动发展战略,开辟发展新领域新赛道,不断塑造发展新动能新优势。”

JavaScript 是一种基于对象和事件驱动并具有相对安全性的客户端脚本语言,同时也是一种广泛用于客户端 Web 开发的脚本语言,常用来给 HTML(标准通用标记语言的子集)网页添加动态功能,如响应用户的各种操作,为用户提供更流畅美观的浏览效果。

JavaScript 本身提供的核心语法不算很多,只能用来做一些数学和逻辑运算。JavaScript 本身不提供任何与 I/O(输入/输出)相关的 API,都要靠宿主环境(host)提供,所以 JavaScript 只合适嵌入更大型的应用程序环境,去调用宿主环境提供的底层 API。JavaScript 的核心语法部分相当精简,只包括两个部分:基本的语法构造(如操作符、控制结构、语句)和标准库(一系列具有各种功能的对象,如 Array、Date、Math 等)。除此之外,各种宿主环境提供额外的 API,即只能在该环境使用的接口,以便 JavaScript 调用。

本书分 11 章:

第 1、2 章介绍了 JavaScript 的语法基础,让读者对 JavaScritp 有所了解,能够编写简单的 JavaScript 代码;第 3、4、5、6 章介绍了 JavaScript 的各种对象及表单,使读者学会如何使用对象、如何用 JavaScript 与表单元素进行交互;第 7 章介绍了 jQuery 的选择器、jQuery 操作 DOM 节点、jQuery 操作类样式、jQuery 事件;第 8、9、10、11 章介绍了 jQuery 动画方法、jQuery 扩展插件、jQuery Mobile 框架中的表单、事件,通过案例,使读者开发出有趣的网页特效。

全书从实战出发,给出了大量目前 Web 开发中非常流行的应用实例和案例,力求让读者获得真正实用的知识。

由于编者水平有限,书中存在的不足之处恳请读者批评指正。

编　者

目　　录

第 1 章　认识 JavaScript 语言和 jQuery

1.1　JavaScript 概述

1.1.1　JavaScript 的历史

很多人会好奇 JavaScript 和 Java 的关系,甚至会认为 JavaScript 是 Java 语言的一种。所以在学习 JavaScript 之前首先应该弄清楚 JavaScript 到底不是 Java。JavaScript 最初在 1995 年,由 Netscape 公司的 Brendan Eich,在网景导航者浏览器上首次设计实现,那时称 LiveScript。但是当时 Java 语言非常热门,为了搭上它的顺风车,这门新出现的语言便改名为 JavaScript,并一直沿用到了现在。

JavaScript 是一种直译式脚本语言,它与 Java 语言不一样,Java 语言是介于解释型和编译型语言之间的一种语言,在虚拟机上运行,必须经过编译,通过相应平台上的解释器,实现独立于某个特定平台编译代码的束缚。而 JavaScript 语言是一种解释性编程语言,其源代码在发往客户执行之前不需经过编译,而是将文本格式的字符代码发送给客户编译,由浏览器解释执行。

1.1.2　JavaScript 开发工具

开发 JavaScript 的工具很多,如 visual studio、记事本、Dreamweaver、editplus 等。因为 JavaScript 不是一种编译型语言,所以不需要特定开发环境或特殊工具,运行该应用程序也无需特殊服务器软件。本教程采用 DreamweaverCS6 进行 JavaScript 开发。

Dreamweaver 属于 Adobe 公司,是拥有可视化编辑界面,用于制作并编辑网站和移动应用程序的,集设计和编码为一体的网页设计软件。目前版本还在不断升级和开发中。本教程使用的 DreamweaverCS6 版本使用了自适应网格版面创建行业标准的 HTML5 和 CSS3 编码。jQuery 移动和 Adobe PhoneGap™框架的扩展支持可协助用户为各种屏幕、手机和平板电脑建立项目,将 HTML5 视频和 CSS3 转换融入页面。

DreamweaverCS6 的界面如图 1.1 所示。

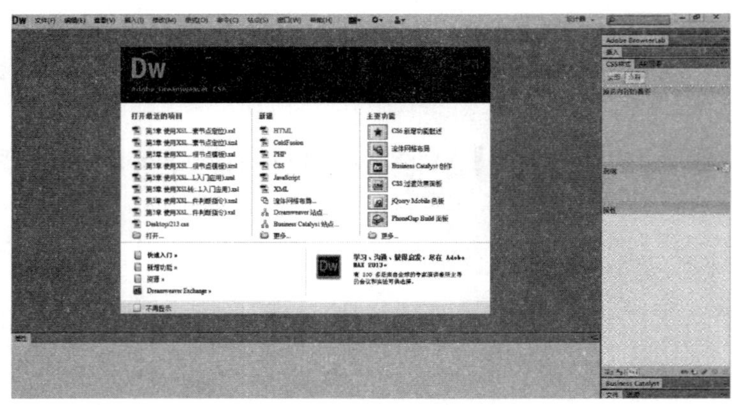

图 1.1　DreamweaverCS6 开始界面

1.1.3　使用 JavaScript 实现第一个案例

JavaScript 程序是由语句组成,标记、操作符和标识符以一种对解释器有意义的顺序放在一起就组成了语句,而大部分 web 浏览器都包含这种解释器。下面通过一个简单的 JavaScript 程序,来认识 JavaScript,了解 JavaScript 的组成。

1. 任务描述

实现功能:单击页面中的缩进图片,实现页面左侧栏收缩效果。效果如图 1.2、图 1.3 所示。

图 1.2　左边栏展开效果　　图 1.3　左边栏收起效果

2. 实现思路

创建一个 html 页面,JavaScript 语句放在<script>标签内,<script>标签位于网页的<head></head>标签或<body></body>标签内。位于<body>标签内的 JavaScript 语句在浏览器遇

到它的时候开始执行,如果想把 JavaScript 函数写入文档,这点非常有用。

3. 任务实现步骤

(1)启动网页编辑工具 Dreamweaver,新建网页。

(2)在<body></body>标签内嵌入<script></script>标签。

(3)代码如下:

```
<html>
  <head>
   <meta charset="utf-8">
   <title>无标题文档</title>
   <script language="javascript" type="text/javascript">
     function HideShow(){
     //判断目前左边栏的状态(显示、隐藏)
       if(document.all("leftFrame").style.display == "none"){
           document.all("leftFrame").style.display ="";   //显示左边栏
       } else
           document.all("leftFrame").style.display ="none";  //隐藏左边栏
     }
   </script>
</head>
<body>
   <table border="0" cellpadding="0" cellspacing="0" width="100%" style="height: 100%">
     <tr>
       <td width="170px" valign="top" id="leftFrame">我是左边栏 </td>
       <td bgcolor="#9933FF" width="10px" style="font-size:11px;">点我看看
          <img src="fclose.jpg" id="switchPoint" onclick="HideShow()" style="cursor:hand"/>
        </td>
        <td align="left" valign="top" height="620px">我是右边栏
          <iframe id="rightFrame" name="main" frameborder="0" scrolling="yes"  height="100%" width="100%"
></iframe>
        </td>
     </tr>
   </table>
  </body>
</html>
```

其中,function HideShow()是自定义函数,实现左侧栏的隐藏和显示。点击图片触发显示和收缩事件。

```
<img src="fclose.jpg"  id="switchPoint" onclick="HideShow()" style="cursor:hand"/>
```

1.2　jQuery 简介

jQuery 在 2006 年 1 月由美国人 John Resig 在纽约的 barcamp 发布,吸引了来自世界各地的众多 JavaScript 高手加入,由 Dave Methvin 率领团队进行开发。如今,jQuery 已经成为最流行的 javascript 库,在世界前 10 000 个访问最多的网站中,有超过 55%在使用 jQuery。jQuery 是一种快速、小型及功能丰富的 JavaScript 库。它通过使用简单易用的 API 使得 HTML 文档的遍历、事件处理、动画和 Ajax 等摆脱跨浏览器的痛苦,将 JavaScript 的任务变得轻松。基于 jQuery 的通用性和可扩展性,改变了数百万人编写 javaScript 的方式,jQuery 还有一个比较大的优势,它的文档说明很全,各种应用也解释得很详细,同时还有许多成熟的插件可供选择。

1.2.1 jQuery 的特点

jQuery 是一种流行的 JavaScript 框架,属于轻量级 js 库,兼容各种浏览器,语法易于学习,提供了强大的、高度交互的 web 应用。它的特点如下:

1. 轻量型

它是轻量级的 js 库,核心文件只有才几十 kb,是其他 js 库所不能及的。

2. 强大的选择器

jQuery 支持 CSS1-CSS3 和基本的 xPath,以及 jQuery 独创的高级而复杂的选择器,可以轻松获取任意 dom 元素或 dom 元素封装后的 jquery 对象。

3. 兼容多种浏览器

大多数的 JavaScript 开发者在开发 JavaScript 程序时最头疼的就是浏览器兼容性的问题,这些浏览器的不兼容困扰着每一个 JavaScript 的开发者,但是 jQuery 使用各种技术避免了浏览器的不兼容问题,极大地减少了开发者开发 JavaScript 程序的顾虑。它支持的浏览器包括 IE 6.0+, FF 1.5+, Safari 2.0+, Opera 9.0+等等,同时还修复了一些浏览器之间的差异。

4. 插件丰富

目前已经有超过几百种的官方插件支持。通过插件可以实现更多功能,如表单验证、Tab 导航、拖放效果、表格排序、DataGrid、树形菜单、图像特效以及 AJAX 上传,并且这些插件的数量还在以非常快的速度逐年递增。

5. 永久免费

官方宣布开发人员可以随意地使用 jquery,不管是什么用途都是免费的。

1.2.2 jQuery 的环境配置

1. jQuery 下载

在 jQuery 官方网站(http://jQuery.com)下载最新的 jQuery 库,如图 1.4 所示。

单击右侧"Download jQuery"标签,进入下载界面,如图 1.5 所示。

jQuery1.x 和 jQuery2.x 版本具有系统的 API,但是后者不支持 IE6/7/8,因为仍然有人使用 IE8,因此建议使用 1.x 版本。以 jQuery1.11.3 版本为例,它分为压缩版和无压缩版,无压缩版主要用于开发或测试学习,压缩版节省带宽,提高项目性能。本书使用的是

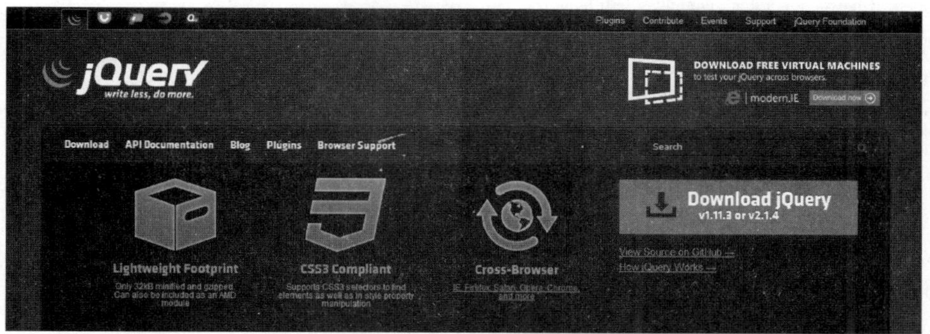

图 1.4　jQuery 官方网下载页

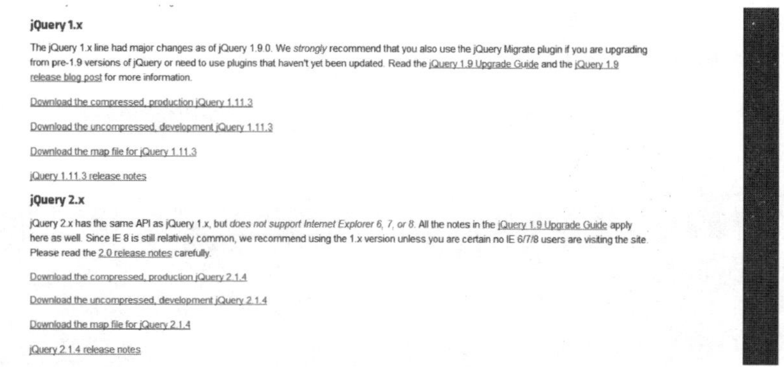

图 1.5　jQuery 下载界面

jQuery1. 11. 3 无压缩版本。

2. 环境配置

jQuery 无需安装，只需要将 jQuery 放在网站的公共位置，想在某个页面上使用 jQuery 时，在该页面相关 HTML 文档中引入该库文件即可。

1.2.3　一个简单的 jQuery 实例

JQuery 程序的具体开发可以分为三大步：安装 jQuery，编写 jQuery 代码，优化相关程序使其能够更加流畅地运行。前边已经说过 jQuery 无需安装，只要将使用的文件导入到 HTML 页面中，那么首先使用 Dreamweaver 创建一个 HTML 页面，在页面<script>标签内导入 jquery-1. 11. 3. js 库。

编写 jQuery 代码与编写 JavaScript 代码一样，jQuery 代码也要写在<script>标签当中，下边的代码实现的是在页面中显示一段文字“您好，欢迎来到 JQuery 世界！”。使用 JavaScript 的 alert 方法弹出相应的内容。

```
<! DOCTYPE html PUBLIC "-//W3C//DTD XHTML 1.0 Transitional//EN" "http://www.w3.org/TR/xhtml1/DTD/xhtml1-transitional.dtd">
<html xmlns="http://www.w3.org/1999/xhtml">
  <head>
   <title> new document </title>
```

```
    <meta name="generator" content="editplus">
    <meta name="author" content="">
    <meta name="Keywords" CONTENT="">
    <meta name="Description" CONTENT="">
    <script language="javascript" type="text/javascript"  src="jquery-1.11.3.js"></script>
    <script type="text/javascript">
      $(document).ready(function(){ // $是 JQurey 程序的标志
        alert("您好,欢迎来到 JQuery 世界!");})
    </script>
    <meta http-equiv="Content-Type" content="text/html; charset=gb2312" />
  </head>
  <body> </body>
</html>
```

运行代码后效果如图 1.6 所示。

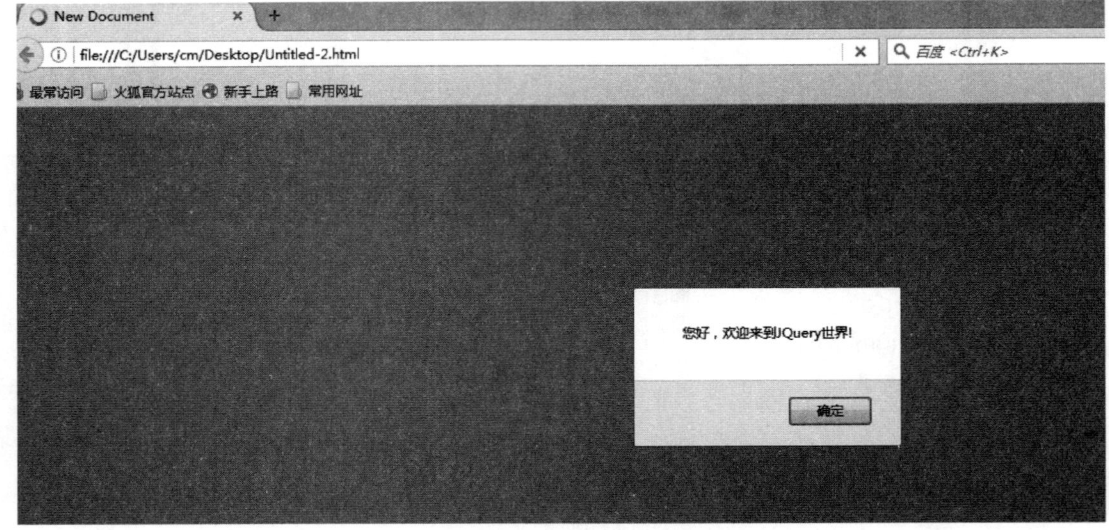

图 1.6 jQuery 案例效果

小 结

本章介绍了 JavaScript 的发展历史,并通过一个实际例子,学习了 JavaScript 的设计、编写和如何将代码整合到网页中,同时也简单介绍了 jQuery 这个轻量级的 JavaScript 类库,并讲述了关于 jQuery 的第一个应用例子的具体开发过程。

第 2 章　JavaScript 的编程基础

2.1　基础语法操作

2.1.1　词法结构

JavaScript 是一门简单的语言，也是一门复杂的语言。说它简单，是因为学会使用它只需片刻功夫；而说它复杂，是因为要真正掌握它则需要数年时间。实际上，前端工程师很大程度上就是指 javascript 工程师。本文是 JavaScript 基础语法的第一篇——词法结构。

每种计算机语言都有自己的基本组成元素，JavaScript 的组成元素有：标识符、关键字、常量、变量等。

1. 标识符

在 JavaScript 中，标识符是用来表示常量、变量和函数名等的标志，创建合法的标识符应遵循规则：第一个字符必须是字母、下划线、美元符号；多个字符组成的话，随后的字符还可以是数字和字母；标识符不可以和关键字同名。

合法的标识符有：

m、my_name、_gender、$ nm、m1

不合法的标识符有：

56、m-n、This

2. 关键字

JavaScript 中的关键字具有一定的含义，不可以作为变量名或函数名，否则加载脚本的时候将产生编译错误。

JavaScript 的关键字如表 2.1 所示。

表 2.1　JavaScript 中的关键字

break	delete	function	return	typeof
case	do	if	switch	var
catch	else	in	this	void
continue	false	instanceof	throw	while

（续表）

finally	new	true	with	default
for	null	try	debugger	

3. 常量

常量指程序运行过程中不可改变的量。JavaScript 中的常量类型主要有：字符串常量、数值常量、布尔常量、null 和 undefined 等。

4. 变量

变量指程序运行过程中可以发生改变的量，可将其理解为一个装东西的容器。

JavaScript 中变量的命名需要遵循如下规则：

(1)第一个字符必须以字母或下划线开头；

(2)变量名不能包含空格、百分号或括号等特殊符号；

(3)不能使用关键字；

(4)严格区分大小写。

在 JavaScript 中变量的使用最好遵循先声明后应用的原则。变量的声明利用 var 关键字，语法格式如下：

```
var name;
```

name 是声明的变量名，例如声明一个变量 Name：

```
var Name;
```

其中变量名 name 和 Name 不是同一个变量。还可以一次声明多个变量。例如：

```
var a,b,c;
```

声明一个变量之后就可以使用"="给其赋值。例如：

```
var m;
m=10;
```

注意：当 m 没有赋值之前，则 m 值缺省为 undefined。

当然也可以在声明的同时初始化变量。例如：

```
var m=1,n=3,t=5;
```

注意：在 JavaScript 中，变量也可以不作声明，而在使用时再根据数据的类型来确定其所属类型。例如：

```
x=100
y="125"
xy= True
Cost=19.5
```

其中 x 为整数，y 为字符串，xy 为布尔型，cost 为实型。建议变量在使用前先作声明，对变量作声明的最大好处就是能及时发现代码中的错误，因为 JavaScript 是采用动态编译，而动态编译不易发现代码中的错误，特别是变量命名方面的错误。

2.1.2 数据类型

任何一种语言都有自己支持的数据类型。JavaScript 的数据类型分为：基本数据类型、复合数据类型和两种特殊数据类型。关于复合数据类型将在后面的章节介绍,下面介绍 JavaScript 的基本数据类型和特殊数据类型。

JavaScript 的基本数据类型有:数值型、字符串型和布尔型。

1. 数值型

在 C 和 Java 语言中数值分为整型数值和浮点型数值,但在 JavaScript 中没有把数值区分为整型和浮点型,所有数值表示为浮点型。

JavaScript 数值型的表示形式有以下几种:

(1)十进制数值由 0~9 的数字序列组成。例如:

6、9、-1

(2)八进制数值不被完全支持,但在某些实现中可以采用。八进制数值由 0~7 的数字序列组成,且以"0"开头。

(3)十六进制数值由 0~9 的数字及 a(A)~f(F)6 个字母的序列组成,但是需要在序列前加"0x"或"0X"表示十六进制数值。例如:

0x1a、0Xaf、0X3c

(4)浮点数据的表示分为:传统计数法和科学计数法。

传统计数法将数据分为三部分:整数部分、小数点和小数部分。假如整数部分为 0,那么 0 可以省略不写。例如:

5.6、-123.56、.789

浮点数据由科学计数法表示,同样分为三部分:浮点数据、e 或 E、指数(正或负)。例如:

1.23e5、9.1E+2、5.123e-3

2. 字符串型

字符串指排列在一起的一串零个或零个以上的 Unicode 字符(字母、数字和标点符号),字符串用来表示 JavaScript 中的文本。脚本中可以包含字符串文字,这些字符串文字放在一对匹配的单引号或双引号中。字符串中可以包含双引号,该双引号两边需加单引号,也可以包含单引号,该单引号两边需加双引号。下面是字符串的示例:

由单引号或双引号组成的字符串。例如:

'JavaScript'、'abc'、""、"、"你好 JavaScript"

由单引号定界的字符串中可以含有双引号,由双引号定界的字符串中也可以含有单引号。例如:

'"快乐"学习'、'123"是快乐的!"'、"'放松身心,'快乐生活!"、"路的尽头,'仍然是路!'"

注意:包含字符串的引号必须匹配,下面的字符串表示是错误的。例如:

'你好"、"JavaScript'

JavaScript 中的转义字符是"\",通过转义字符可以在字符串中添加不可显示的特殊字符(例如\n,\t),或者解决引号匹配混乱的问题(\'、\")(见表 2.2)。

表 2.2 JavaScript 常用的转义字符

转义字符	说　明	转义字符	说明
\b	退格	\v	跳格(Tab,水平)
\n	回车换行	\r	换行

（续表）

转义字符	说　明	转义字符	说明
\t	Tab 符号	\\	反斜杠
\f	换页	\OOO	八进制整数,范围 000~777
\′	单引号	\xHH	十六进制整数,范围 00~FF
\"	双引号	\uhhhh	十六进制编码的 Unicode 字符

3. 布尔型

布尔型数据只有两个值:“true”和“false”,“true”表示事物的真,“false”表示事物的假。这区别于数值型数据和字符串数据,因后两者可以表示的值有无穷多。

JavaScript 中的比较结果通常用一个布尔值来表示。例如:

```
y = (x == 2000);
```

以上代码用来比较变量 x 的值是否与数字 2000 相等。如果相等,比较的结果为布尔值 true,并将其赋值给变量 y;否则比较的结果为布尔值 false。

布尔值通常用于 JavaScript 的控制结构。布尔值的“true”或“false”分别表示控制结构执行的两个动作。例如:

```
var n=1;
if(n==1){
        document.write("n 和 1 相等");
}else{
        document.write("n 和 1 不相等");
}
```

比较变量 n 的值是否与数字 1 相等。结果为:n 和 1 相等。

JavaScript 的特殊数据类型有:未定义值和空值。

(1)未定义值。未定义类型的变量值是 undefined,表示变量还没有赋值。例如:

```
var a;
```

(2)空值。JavaScript 中的空值由关键字“null”表示,用于定义空的或不存在的引用。这里必须要注意的是:null 不等同于空的字符串("")或 0,空的字符串("")或 0 表示该变量存在的值;null 同样不等同于 undefined,undefined 表示该变量还没有被赋值。

2.1.3 全局变量和局部变量

在 JavaScript 中变量用来存放脚本中的值,这样在需要用这个值的地方就可以用变量来代表,一个变量可以是一个数字,文本或其他一些东西。

JavaScript 是一种对数据类型变量要求不太严格的语言,所以不必声明每一个变量的类型,变量声明尽管不是必须的,但在使用变量之前先进行声明是一种好的习惯,可以使用 var 语句来进行变量声明。如:var men = true; // men 中存储的值为 Boolean 类型。

JavaScript 中的变量都有自己的作用范围,即在程序运行过程中的有效范围,变量按其的作用范围划分为:全局变量和局部变量。

1. 全局变量

全局变量是定义在所有函数之外,作用于整个脚本代码的变量。

JavaScript 中声明全局变量主要分为显式声明和隐式声明:

(1)显式声明:使用 var(关键字)+变量名(标识符)的方式在 function 外部声明,即为全局变量,否则在 function 内部声明的是局部变量。代码如下:

```
<script>
  var test = 5;//全局变量
  function a(){
    var a = 3;//局部变量
    alert(a);
  }
  function b(){
    alert(test);
  }
  //a();//调用 a 方法,那么方法里面的内容才会执行
  //b();//同上
</script>
```

(2)隐式声明:没有使用 var,直接给标识符 test 赋值,这样会隐式地声明了全局变量 test。即使该语句是在一个 function 内,当该 function 被执行后 test 变成了全局变量。代码如下:

```
<script>
    test = 5;//全局变量
    function a(){
      aa = 3;//也是全局变量
      alert(test);
    }
    //a();  //输出 5
    //alert(aa);//这里也可以方法 a()方法里面的变量,因为 aa 是全局变量
  </script>
```

(3)使用 window 全局对象来声明:

```
<script>
  window.test = 50;
  alert(test);//输出 50
</script>
```

全局变量的优点:

可以减少变量的个数,减少由于实际参数和形式参数的数据传递带来的时间消耗。

全局变量的缺点:

①全局变量保存在静态存贮区,程序开始运行时为其分配内存,程序结束释放该内存。与局部变量的动态分配、动态释放相比,生存期比较长,因此过多的全局变量会占用较多的内存单元。

②全局变量破坏了函数的封装性能。函数像一个黑匣子,一般是通过函数参数和返回

值进行输入输出,函数内部实现相对独立。但函数中如果使用了全局变量,那么函数体内的语句就可以绕过函数参数和返回值进行存取,这种情况破坏了函数的独立性,使函数对全局变量产生依赖。同时,也降低了该函数的可移植性。

③全局变量使函数的代码可读性降低。由于多个函数都可能使用全局变量,函数执行时全局变量的值可能随时发生变化,对于程序的查错和调试都非常不利。因此,如果不是万不得已,最好不要使用全局变量。

2. 局部变量

局部变量是定义在函数体内,只作用于函数体的变量,函数的参数也是局部性的,只在函数内部起作用。

【案例 2.1】检测变量的数据类型。

先通过一个简单的 JavaScript 程序,了解 JavaScript 的组成。

```
<script language="javascript">          // 脚本程序开始
  var name= "张三";                     // 使用双引号定义字符串 name
  var address = '广东省广州市';          // 使用单引号定义字符串 address
  alert( hello + name );                // 将两个字符串合并显示
</script>                               //脚本程序结束
```

可以看出 JavaScript 是由脚本标志、语句、注释的有序排列组成。JavaScript 语句放置在 script 标签中,一条 JavaScript 语句执行一个特定任务,例如:var name= "张三";表示声明一个 name 变量,且初始值为"张三",每条语句的结束以分号结尾,编写代码时养成这样的习惯。

为了方便阅读程序,目前的高级语言都有注释,JavaScript 也不例外,其注释分为两种:行注释、块注释。例如,代码中的“// 使用单引号定义字符串 address”就是行注释,“//”后面的内容就是对前面代码的解释;块注释的内容放在“/ * ”和“ * /”标志中间,例如可以把代码中的“// 将两个字符串合并显示”,改为块注释:

```
/*
将
两个字符串
合并显示
 */
```

检测变量的数据类型:

```
<script>
window.onload=function(){
  var x = 1;
  console.log(typeof x);    //number,typeof 操作符可以检测变量的数据类型
  var a = undefined;
  console.log(typeof a);    //undefined
  var b = null;
  console.log(typeof b);//object,(null 是空对象引用/或者说指针)。
  var c = new Object();
  console.log(typeof c);//object
```

```
    var e = [1,2,3];
    console.log(typeof e);//object
  }
</script>
```

效果如图 2.1 所示。

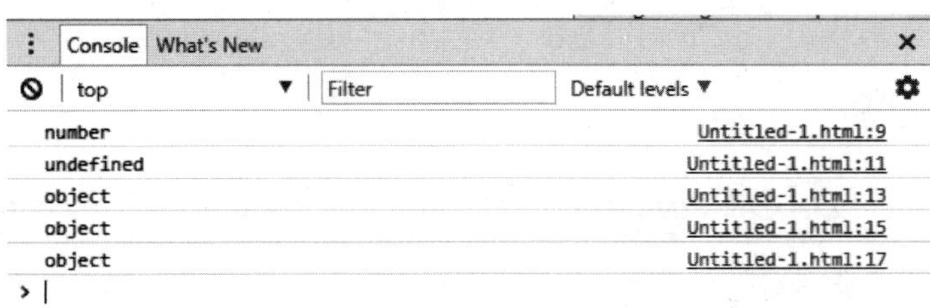

图 2.1　变量的数据类型显示

【案例 2.2】变量类型：十进制、八进制、十六进制的应用，数值表示方法：传统计数法、科学计数法的体现。

```
<script language="javascript">      // 脚本程序开始
                                    // 使用十六进制数
    var i = 0Xa1;                   // 分别定义两个数字变量，并使用 0x 和
                                    // 0X 作为十六进制设置初值
    var j = 0xf2;
    var s = i + j;// 十六进制变量 i 与 j 相加，输出为十进制
    document.write("<li>十六进制数 0xa1 等于十进制数：" + i + "<br>" );
    document.write("<li>十六进制数 0xf2 等于十进制数：" + j + "<br>" );
    document.write("<li>十六进制数 0xf2 加上 0xa1 的和为：" + s + "<br>" );
                                    // 使用八进制数
    var k = 0123;                   // 分别定义两个数值变量，分别用八进制值
                                    // 设置为初值
    var l = 071;
    var m = k + l;                  // 两个变量的值相加，输出为十进制
    document.write("<li>八进制数 0123 等于十进制数：" + k + "<br>" );
    document.write("<li>八进制数 071 等于十进制数：" + l + "<br>" );
    document.write("<li>八进制数 0123 加上 071 的和为：" + m + "<br>" );
                                    // 使用十进制
    var t1 = 0.1;                   // 定义十进制小数数字的形式
    var t2 = 1.1;
    var t3 = 2e3;                   // 使用科学计数法表示数值
    var t4 = 2e-3
    var t5 = 0.1e2;
    var t6 = 0.1e-2;                // 将各变量的值全部输出
    document.write("<li>十进制带小数的形式：" + t1 + "和" + t2 + "<br>" );
                                    // 在文档中输出变量
    document.write("<li>十进制科学记数 2e3 等于：" + t3 + "<br>" );
                                    // 在文档中输出变量
```

```
        document. write( " <li>十进制科学记数 2e-3 等于:" + t4 + " <br>" ) ;
                                        // 在文档中输出变量
        document. write( " <li>十进制科学记数 0. 1e2 等于:" + t5 + " <br>" ) ;
                                        // 在文档中输出变量
        document. write( " <li>十进制科学记数 0. 1e-2 等于:" + t6 + " <br>" ) ;
                                        // 在文档中输出变量
</script>
```

效果如图 2. 2 所示。

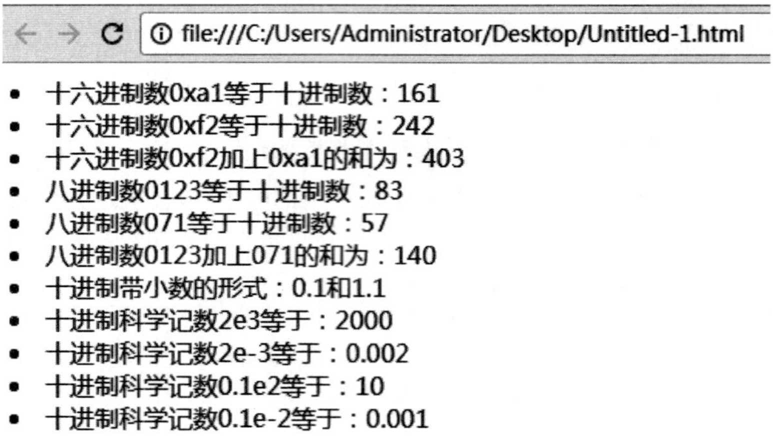

```
file:///C:/Users/Administrator/Desktop/Untitled-1.html
```

- 十六进制数0xa1等于十进制数：161
- 十六进制数0xf2等于十进制数：242
- 十六进制数0xf2加上0xa1的和为：403
- 八进制数0123等于十进制数：83
- 八进制数071等于十进制数：57
- 八进制数0123加上071的和为：140
- 十进制带小数的形式：0.1和1.1
- 十进制科学记数2e3等于：2000
- 十进制科学记数2e-3等于：0.002
- 十进制科学记数0.1e2等于：10
- 十进制科学记数0.1e-2等于：0.001

图 2. 2　变量类型表示

【案例 2. 3】JavaScript 在执行前会对整个脚本文件的声明部分做完整分析(包括局部变量),从而确定变量的作用域。

```
<script>
    var a  = 1;
    function test( ) {
      alert( a) ;   //a 为 undefined!
    /∗这个 a 并不是全局变量,这是因为在 function scope 里已经声明了(函数体倒数第 4 行)一个重名的局部变量, 所以全局变量 a 被覆盖了,这说明了 JavaScript 在执行前会对整个脚本文件的定义部分做完整分析,所以在函数 test()执行前, 函数体中的变量 a 就被指向内部的局部变量,而不是指向外部的全局变量,但这时 a 只有声明,还没赋值,所以输出 undefined。  ∗/
    a = 4 ;
    alert( a) ; //a 为 4,没悬念了吧? 这里的 a 还是局部变量哦!
    var a;      //局部变量 a 在这行声明
    alert( a) ; //a 还是为 4,这是因为之前已把 4 赋给 a 了
    }
    test( ) ;
    alert( a) ;   //a 为 1,这里并不在 function scope 内,a 的值为全局变量的值
</script>
```

效果如图 2. 3 所示。

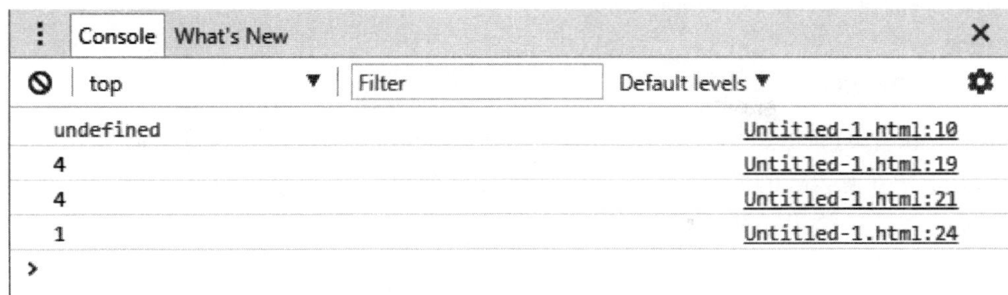

图 2.3　变量作用域

注意：当全局变量跟局部变量重名时，局部变量的 scope 会覆盖掉全局变量的 scope，当离开局部变量的 scope 后，又重回到全局变量的 scope，而当全局变量遇上局部变量时，怎样使用全局变量呢？用 window. globalVariableName。

2.1.4　运算符

运算符也称为操作符，它是为实现某种操作的符号，可以用它连接一个或几个数值或变量而得到一个操作结果，这个结果可以是数据类型的某种数据，或是代表某种类型的一个变量。

JavaScript 运算符按照操作数的个数分为：单目运算符、双目运算符和三目运算符；按照运算符的类型可以分为：算术运算符、赋值运算符、字符串运算符、比较运算符、逻辑运算符和条件运算符。

1. 算术运算符

算术运算符用于在程序中进行加、减、乘、除等运算（见表 2.3）。

表 2.3　JavaScript 中的算术运算符

算术运算符	说　　明
+	加法运算，用于将两个数相加
-	减法运算，用于将两个数相减
*	乘法运算，用于将两个数相乘
/	除法运算，用于将两个数相除
++	自加运算。该运算符有两种情况：*i*++（在使用 *i* 之后，使 i 的值加 1）；++*i*（在使用 *i* 之前，先使 *i* 的值加 1）
--	自减运算。该运算符有两种情况：*i*--（在使用 i 之后，使 i 的值减 1）；--*i*（在使用 i 之前，先使 *i* 的值减 1）
%	取模运算，用于计算两个数相除的余数

例如：

```
var m=100,n=25;
document. write("100+25="+(m+n)+"<br>");
```

```
document.write("(100++)="+(m++)+"<br>");
document.write("(--100)="+(--n)+"<br>");
```

2. 赋值运算符

JavaScript 中的赋值运算符分为:简单赋值运算符和复合赋值运算符。简单赋值运算符指将运算符右边表达式的值赋值给左边的变量;复合赋值运算符是将运算符左右两边的操作数有效运算后的结果赋值给左边的变量(见表 2.4)。

表 2.4 JavaScript 中常用的赋值运算符

赋值运算符	说　明
=	将右边表达式的值赋给左边的变量,例如:username="name"
+=	将运算符左边的变量加上右边表达式的值赋给左边的变量。例如,$a+=b$,相当于 $a=a+b$
-=	将运算符左边的变量减去右边表达式的值赋给左边的变量。例如,$a-=b$,相当于 $a=a-b$
*=	将运算符左边的变量乘以右边表达式的值赋给左边的变量。例如,$a*=b$,相当于 $a=a*b$
/=	将运算符左边的变量除以右边表达式的值赋给左边的变量。例如,$a/=b$,相当于 $a=a/b$
%=	将运算符左边的变量用右边表达式的值求模,并将结果赋给左边的变量。例如,$a\%=b$,相当于 $a=a\%b$

例如:

```
var i=10,j=5;
document.write("i+=j=");i+=j;document.writeln(i);
document.write("i*=j=");i-=j;document.writeln(i);
```

3. 字符串运算符

字符串运算符指用于两个字符串操作的运算符,其中字符串之间可以进行比较操作,但除此之外还可以进行字符串之间的连接(见表 2.5)。

表 2.5 JavaScript 中字符串的连接运算符

字符串连接运算符	说　明
+	连接两个字符串
+=	连接运算符左右两个字符串,并把结果赋给左边的字符串

例如:

```
var x="abc",y="xyz",xy="";
x+=y;document.writeln(x);
xy=x+y;document.writeln(xy);
```

4. 比较运算符

比较运算符指通过左右两侧的数值或表达式进行比较,得到结果:true 或 false(见表 2.6)。

表 2.6　JavaScript 中的比较运算符

比较运算符	说　明
<	小于,例如,x<8 的值为 true
>	大于,例如,x>8 的值为 false
<=	小于等于,例如,x<=5 的值为 true
>=	大于等于,例如,x>=8 的值为 false
==	等于。只根据表面值进行判断,不涉及数据类型,例如,x==8 的值为 false
===	绝对等于。根据表面值和数据类型同时进行判断,例如,x===5 的值 true;x==="5" 的值 false
!=	不等于。只根据表面值进行判断,不涉及数据类型,例如,x!=8 的值为 true
!==	不绝对等于。根据表面值和数据类型同时进行判断,例如,x!==5 的值为 false

例如:

```
var age=25;
document.write("age 变量的值为:"+age+"<br>");
document.write("age>=20:"+(age>=20)+"<br>");
```

5. 逻辑运算符

逻辑运算符指用于布尔值之间的操作运算,其结果为两种:true 或 false(见表 2.7)。

表 2.7　JavaScript 中的逻辑运算符

逻辑运算符	说　明
&&	逻辑与,只有 a,b 当两个操作数的值都为 true 时,a&&b 的值才为 true
||	逻辑或,只要 a,b 两个操作数中有一个值为 true,a||b 的值就为 true
!	逻辑非,如果其单一操作数为 true,则返回 false。否则返回 true

6. 条件运算符

条件运算符是一个三目运算符,其语法格式为:

表达式 ? 结果 1 : 结果 2

当表达式值为 true 时,其整个条件表达式的值为结果 1,否则为结果 2。

例如:

```
var i=3, j=4;
alert((++i==j++)? true:false);
```

2.1.5　表达式

表达式指利用运算符对数据的有序组合,表达式有一个运算结果,这个结果是:布尔型、字符串型或数值类型等,根据表达式的结果可以将表达式分为:字符串表达式、逻辑表达式、数值表达式等。

表达式由多个运算符组成,那么在计算的过程中究竟先计算哪个运算符连接的操作数,这就需要遵循运算符的优先级规则,否则得到的是一个错误的结果。JavaScript 中运算符的优先级如表 2.8 所示。

表 2.8　JavaScript 中的运算符优先级

<table>
<tr><th>优先级别</th><th>运　算　符</th><th>结合性</th></tr>
<tr><td>1</td><td>.、[ ]、( )</td><td>左结合</td></tr>
<tr><td>2</td><td>++、--、-、!、delete、new、typeof、void、this</td><td></td></tr>
<tr><td>3</td><td>*、/、%</td><td>左结合</td></tr>
<tr><td>4</td><td>+、-、+</td><td>左结合</td></tr>
<tr><td>5</td><td><<、>>、>>></td><td>左结合</td></tr>
<tr><td>6</td><td><、<=、>、>=</td><td>左结合</td></tr>
<tr><td>7</td><td>==、!=、===、!===</td><td>左结合</td></tr>
<tr><td>8</td><td>&</td><td>左结合</td></tr>
<tr><td>9</td><td>^</td><td>左结合</td></tr>
<tr><td>10</td><td>|</td><td>左结合</td></tr>
<tr><td>11</td><td>&&</td><td>左结合</td></tr>
<tr><td>12</td><td>||</td><td>左结合</td></tr>
<tr><td>13</td><td>?:</td><td>右结合</td></tr>
<tr><td>14</td><td>=、*=、/=、%=、+=、-=、<<=、>>=、>>>=、&=、^=、|=</td><td>右结合</td></tr>
<tr><td>15</td><td>,</td><td>右结合</td></tr>
</table>

表达式在计算时运算符对应的操作数都应该是对应的类型,如算术运算符对应的操作数应该是数值型,逻辑运算符对应的操作数应该是布尔型。但是,也会出现算术运算符对应的操作数是字符串型,此时,为了进行算术运算就需要把字符串型的操作数转换为数值型。

JavaScript 中由于运算符的原因而进行转换的情形及转换的结果如表 2.9 所示。

表 2.9　JavaScript 中的类型转换

类　型	转换为字符串类型	转换为数值型	转换为逻辑型
undefined	"undefined"	NaN	false
null	"null"	0	false
字符串		内容是数字,值:对应数字,否则为:NaN	长度为 0,值:false,否则为:true
数值型	NaN 或数字对应的字符串		0 或 NaN,值:false,否则为:true
逻辑型	"true"或"false"	对应转换,True:1,false:0	

2.1.6　正则表达式

正则表达式由一些特殊的符号组成,用来规定某种序列的组成格式,如固定电话和移动电话的组成区别就可以用正则表达式限定,其中的组成符号和 SQL Server 中的通配符一样,用来匹配各种类型的字符或字符序列。

PegExp 是正则表达式的缩写,它是一种强大的字符模式匹配规则,简单的有一个字符的匹配,复杂的有多个字符的匹配,如邮箱、出生日期等。

正则表达式有两种模式:简单模式、复合模式。

简单模式指通过普通字符的组合表达的模式。例如:

```
var reg=/abc0d/;
```

简单模式表示具体的匹配,如果要匹配邮箱或电话号码就需要用到复合模式。例如:

```
var reg=/a+b? \w/;
```

其中的+、?、\都属于通配符,表示特殊的含义。正则表达式中方括号及常用量词的含义如表 2.10 和表 2.11 所示。

表 2.10　正则表达式中方括号的含义

表达式	说　　明
[abc]	表示方括号中的字符
[^abc]	表示不在方括号中的字符
[0~9]	表示方括号中的数字
[a~z]	表示方括号中 a~z 的 26 个英文字母

表 2.11　正则表达式中常用量词的含义

符　　号	说　　明
*	出现 0 次或连续多次
+	出现至少 1 次
?	出现 0 次或者 1 次
{n}	连续出现 n 次
{n,}	连续出现至少 n 次
{n,m}	连续出现至少 n 次,最多 m 次

【案例 2.4】利用运算符实现数据操作。

```
<script type="text/javascript">
    var num1=100,num2=25;
    document.write("100+25="+(num1+num2)+"<br>");
    document.write("100-25="+(num1-num2)+"<br>");
    document.write("100 * 25="+(num1 * num2)+"<br>");
    document.write("100/25="+(num1/num2)+"<br>");
    document.write("(100++)="+(num1++)+"<br>");
```

```
    document.write("(++100)="+(++num1)+"<br>");
    var a=3,b=2;
    document.writeln("a=3,b=2");
    document.write("a+=b=");a+=b;document.writeln(a);
    document.write("a-=b=");a-=b;document.writeln(a);
    document.write("a*=b=");a*=b;document.writeln(a);
    document.write("a/=b=");a/=b;document.writeln(a);
    document.write("a%=b=");a%=b;document.writeln(a);
</script>
```

代码运行的结果,如图 2.4 所示。

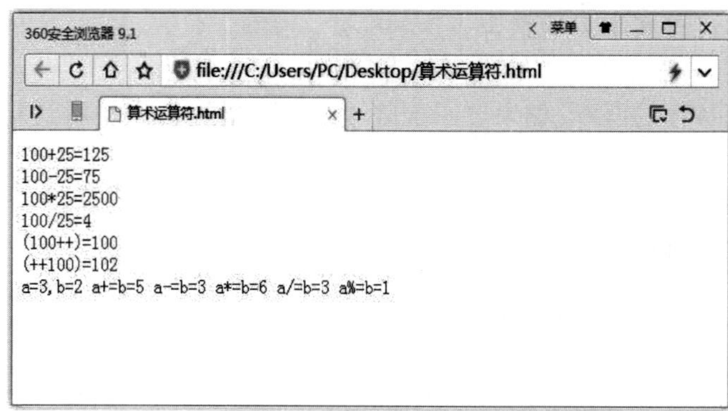

图 2.4　算术运算符的应用

【案例 2.5】关系运算符和逻辑运算符的计算方法。

```
<script type="text/javascript">
var a=2,b=3,result;
    document.writeln("a=2,b=3");
    document.write("a&lt;b&&a&lt;=b:");result=a<b&&a<=b;document.writeln(result);
    document.write("a&lt;b&&a&gt;b:");result=a<b&&a>b;document.writeln(result);
    document.write("a&lt;b||a&gt;b:");result=a<b||a>b;document.writeln(result);
    document.write("a&gt;b&&a&gt;=b:");result=a>b||a>=b;document.writeln(result);
    document.write("!(a&lt;b):");result=!(a<b);document.writeln(result);
    document.write("!(a&gt;b):");result=!(a>b);document.writeln(result);
</script>
```

代码运行的结果,如图 2.5 所示。

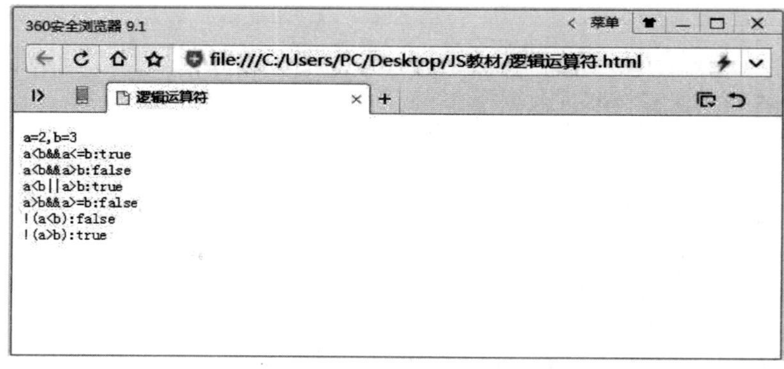

图 2.5　逻辑运算符的应用

【案例 2.6】验证邮箱格式。

```
<html>
  <head>
    <meta http-equiv="Content-Type" content="text/html; charset=gb2312">
    <title>验证电子邮件地址</title>
    <script language="JavaScript">
      function check(obj) {        //检验文本框中电子邮件地址格式是否合法
    var emailUrl = obj.email.value;
    //构造正则表达式进行检验
     var regex=/^([a-zA-Z0-9_-])+@([a-zA-Z0-9_-])+(\.[a-zA-Z0-9_-])+/;
    if (! regex.exec(emailUrl)) {//取得用户的输入
      alert("您输入的格式有误,可能您忘记了@符号或是点号! 请重新输入");
      obj.email.focus()//取得焦点
     }
     else{
      alert("输入正确!");//通过验证
      return true;//提交表单
     }
  }
  </script>
</head>
<body>
    <center>
     <p>验证电子邮件地址合法性</p>
     <form onSubmit="returncheck(this);" name="form1">    <!--表单-->
       <input type="text" name="email">         <!--用户输入 email 的文本框-->
       <input type="submit" value="确定">       <!--提交按钮-->
     </form>
    </center>
  </body>
</html>
```

代码运行的结果,如图 2.6 所示。

图 2.6　正则表达式的应用

2.2　JavaScript 的流程控制语句

2.2.1　分支语句

分支语句指对不同的判断条件进行“true”或“false”为结果的判断，执行不同的路径。分支语句包含：if 判断语句、switch 多分支语句。其中 if 判断语句包含：if 语句、if…else 语句、if…else if 语句、if 语句的嵌套。

1. if 语句

if 语句是最简单的一种分支语句，其语句结构如下：

```
if(表达式){
语句
}
```

其中，表达式结果为：true 或 false，一对大括号“{”“}”表示语句块，语句块中可以有多条语句，当只有一条语句时可以省略大括号，建议一条语句时也不要省略大括号，有利于程序的阅读。

只有当表达式结果为：true 时，才执行大括号中的每条语句，if 语句的执行流程如图 2.7 所示。

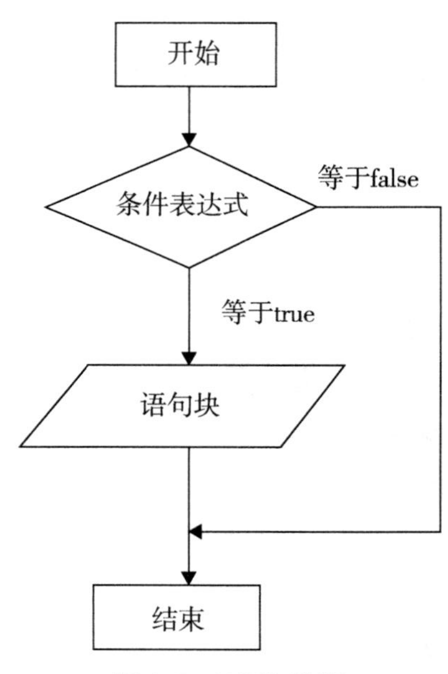

图 2.7　if 语句流程

示例代码：

```
<script type="text/javascript">
  var m1=10;                    //定义一个赋值为 10 的变量
  var m2=10;                    //定义一个赋值为 10 的变量
```

```
  if(m1==m2){
    alert('m1==m2');          //如果表达式结果为"true",弹出"m1==m2"
  }
</script>
```

运行结果如图 2.8 所示。

图 2.8　if 语句的应用

2. if…else 语句

if、else 语句的结合可以进行两路分支的判断,指在表达式不满足条件时也可以执行对应语句。其语法结构如下:

```
if(表达式){
        语句 1
}else{
        语句 2
}
```

当表达式结果为 true 时,执行 if 语句体中的语句,否则执行 else 语句体中的语句。if…else 语句的执行流程如图 2.9 所示。

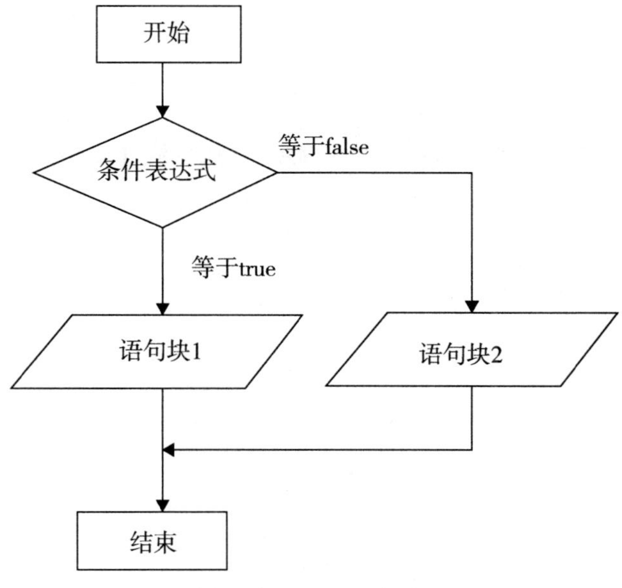

图 2.9　if…else 语句流程

示例代码:

```
<script type="text/javascript">
  var score = 77;
```

```
    if(score>=60){                    //如果表达式结果为“true”,弹出“及格”
        alert("及格");
    }else{                            //如果表达式结果为“false”,弹出“不及格”
        alert("不及格");
    }
</script>
```

运行结果如图 2.10 所示。

图 2.10　if…else 语句应用

3. if…else if 语句

if…else if 语句指当 if 语句不满足判断条件时,可以利用 else if 续写多个条件进行判断。其语法结构如下:

```
if (条件表达式 1){
    语句块 1}
else if (条件表达式 2) {
    语句块 2}
else if (条件表达式 3){
    语句块 3}
    ……
else {
    语句块 n}
```

if…else if 语句可以包含多个 else if 条件判断,其执行流程如图 2.11 所示。

示例代码:

```
<Script Language ="JavaScript">
d=newDate();
if(d.getDay()==1) {
    alert("今天是"+"星期一");
}
else if(d.getDay()==2) {
    alert("今天是"+"星期二");
}
else if(d.getDay()==3) {
    alert("今天是"+"星期三");
}
else if(d.getDay()==4) {
    alert("今天是"+"星期四");
}
else if(d.getDay()==5) {
```

```
    document.write("星期五");
}
else if(d.getDay()==6) {
    alert("今天是"+"星期六");
}
else {
    document.write("星期日");
}
</Script>
```

运行结果如图 2.12 所示。

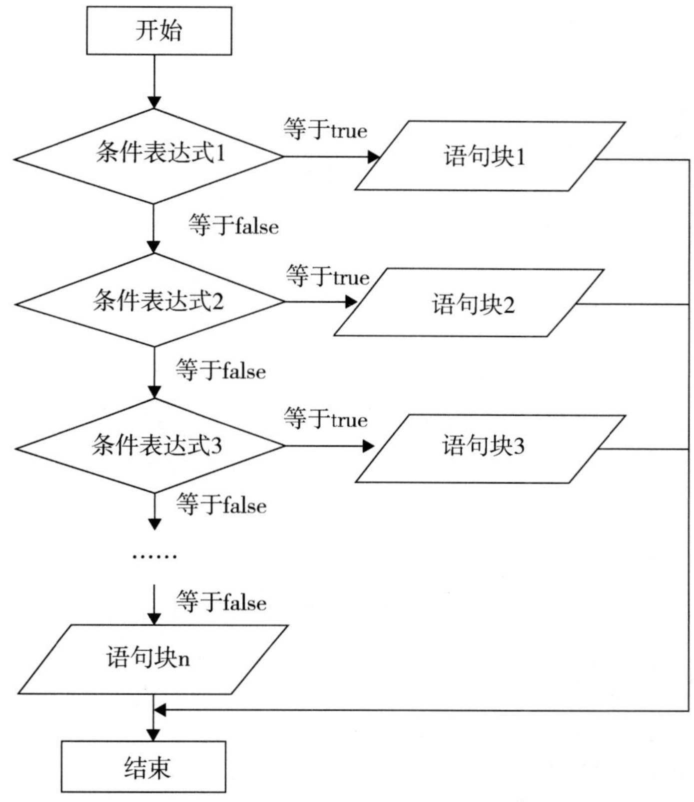

图 2.11　if…else if 语句流程

图 2.12　if…else if 语句应用

4. if 语句的嵌套

if 语句不仅可以单个使用还可以嵌套使用。其语法结构如下：

```
if (表达式 1){
        if(表达式 2){
            语句 1
        }else{
            语句 2
        }
}else{
        if(表达式 3){
            语句 3
        }else{
            语句 4
        }
}
```

示例代码：

```
<script Language ="JavaScript">
  d=85;
  if(d>=60) {
   if(d>=75){
     if(d>=85){
       alert("优秀");
     }else{
       alert("良好");
     }
     }else{
     alert("及格");
       }
     }else {
       alert("不及格");}
</script>
```

运行结果如图 2. 13 所示。

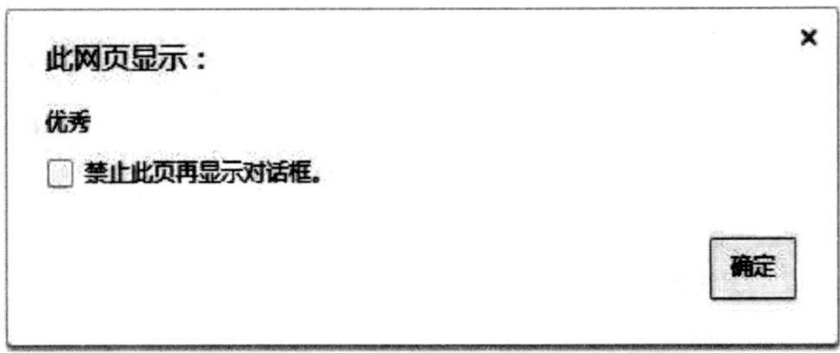

图 2. 13　if 语句嵌套应用

5. switch 语句

switch 语句是多路分支语句，与 if…else if 语句基本相同，其结构清晰、易于维护，语法结构如下：

```
switch(表达式)  {
    case 值 1:
```

```
        语句块 1
        break;
    case 值 2:
        语句块 2
        break;
……
    case 值 n:
        语句块 n
        break;
    default:
        语句块 n+1
}
```

执行表达式和对应的 case 值相等的语句块内容;否则执行 default 后的语句块内容;break 的作用是退出 switch 语句,当某一个匹配的 case 中没有 break 语句时,将执行下一个 case 中的语句而不需要进行判断,直到遇到 break 语句为止或所有语句执行完毕。其执行流程如图 2.14 所示。

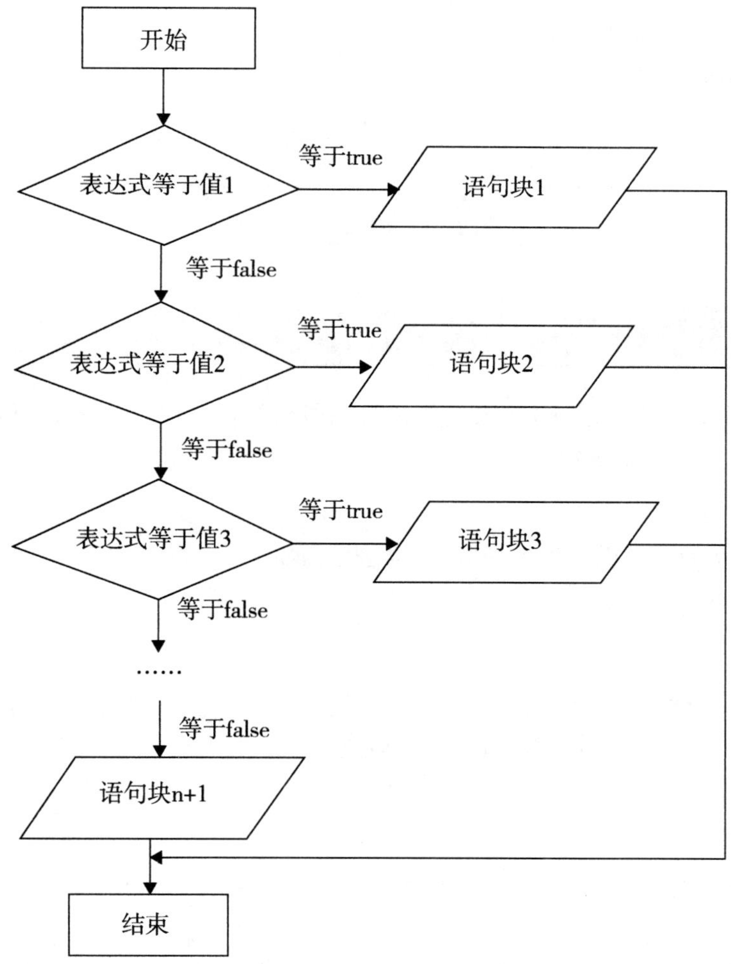

图 2.14　switch 语句流程

示例代码：

```
<script type="text/javascript">
  var hour=6;
  switch(hour){
    case 6:
    case 7:
      alert("早上好!");
      break;
    case 8:
    case 9:
    case 10:
      alert("上午好!");
      break;
    }
</script>
```

运行结果如图 2.15 所示。

图 2.15 switch 语句应用

2.2.2 循环语句

循环语句指只要满足表达式，则反复执行一段代码。JavaScript 的循环语句包含：while 语句、do…while 语句、for 语句等。

1. while 语句

while 语句是简单的循环语句，其基本语法结构如下：

```
while(条件表达式){
    循环语句体
}
```

当条件表达式为 true 时，循环执行语句体中的内容，直到条件表达式为 false 时，不再执行循环体中的内容。其执行流程如图 2.16 所示。

示例代码：

```
<script type="text/javascript">
  var i=1;
  var sum=0;
  while(i<=10){
    sum=sum+i;
    i++;
```

```
    }
  alert("1+2+...+10="+sum);
</script>
```

运行结果如图 2.17 所示。

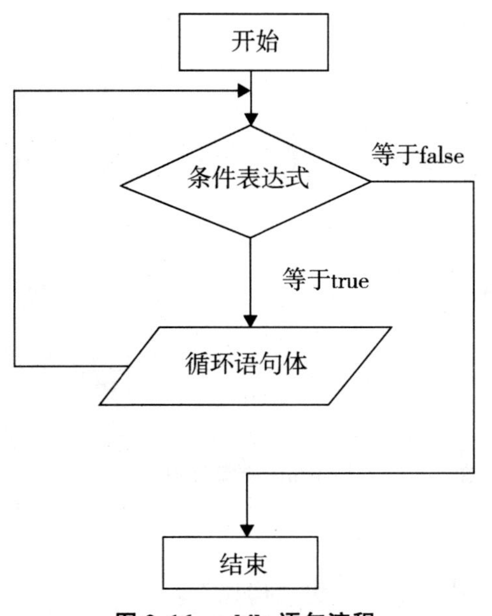

图 2.16　while 语句流程

此网页显示：
1+2+...+10=55
确定

图 2.17　while 语句应用

2. do…while 语句

do…while 语句是先执行循环体内容再判断，这点和 while 语句正好相反，其基本语法结构如下：

```
do {
    循环语句体
} while(条件表达式);
```

do…while 语句不需要判断直接执行循环体内容，循环体内容执行完毕再进行判断是否再次执行。切记，该语句以分号“;”结尾。其执行流程如图 2.18 所示。

示例代码(while 语句示例代码的改写)：

```
<script type="text/javascript">
  var i =0;
  var sum=0;
  do{
    i++;
    sum=sum+i
  }while(i < 10);
  alert("1+2+...+10="+sum);
</script>
```

运行结果如图 2.19 所示。

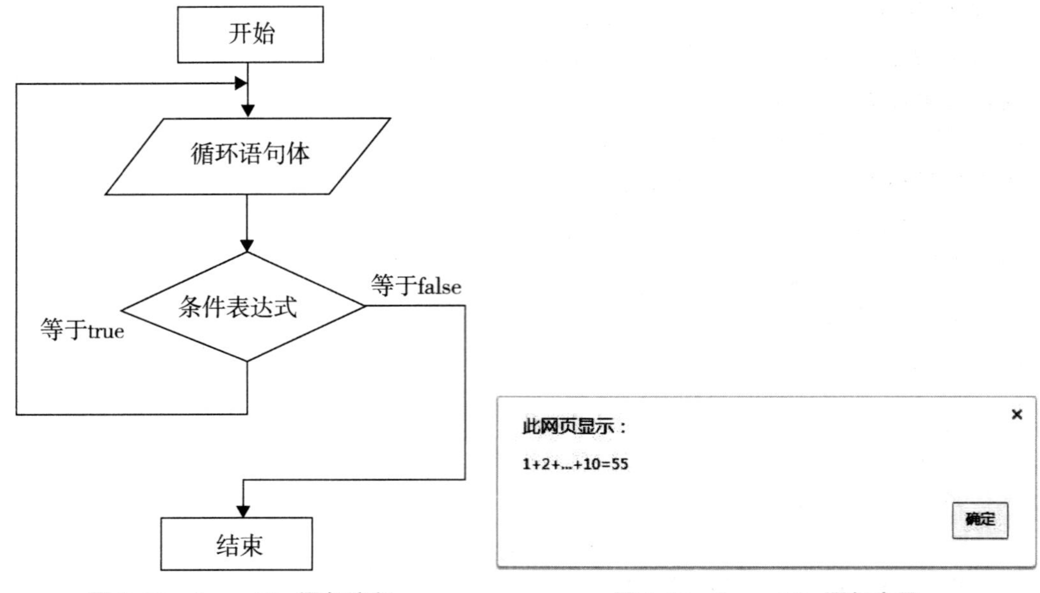

图 2.18　do…while 语句流程　　　　图 2.19　do…while 语句应用

3. for 语句

for 语句由三个表达式决定是否执行循环体内容,其基本的语法结构如下:

```
for(表达式 1; 表达式 2; 表达式 3) {
  循环体
}
```

其中,表达式 1 是初始化表达式,起到初始化变量的作用;表达式 2 是条件判断表达式,判断是否进入循环体;表达式 3 是步长表达式,指变量增加的值。

示例代码(while 语句示例代码的改写):

```
<script type="text/javascript">
  var sum = 0
  for( var i = 1; i <=10; i++) {
     sum=sum+i;
  }
  alert("1+2+...+10="+sum);
</script>
```

运行结果如图 2.20 所示。

图 2.20　for 语句应用

4. 跳转语句

跳转语句包含:continue 语句和 break 语句。两个语句都用于循环体中,且 break 语句还用于 switch 多分支语句。

break 语句指退出本层循环或退出 switch 语句。

示例代码(while 语句示例代码的改写):

```
<script type="text/javascript">
  var sum = 0
  for(var i = 0; i < 100; i++){
    sum=sum+i;
    if(i>=10)break;
  }
  alert("1+2+...+10="+sum);
</script>
```

运行结果如图 2.21 所示。

图 2.21　break 语句的应用

continue 语句可以跳过本次循环后面的代码,重新开始下一次循环。

示例代码:

```
<script type="text/javascript">
  var sum=0;
  for(var i=1;i<=10;i++){
  if(i==3||i==5)
    continue;
    sum+=i;
  }
  alert("sum="+sum);
</script>
```

运行结果如图 2.22 所示。

图 2.22　continue 语句的应用

【案例 2.7】输出九九乘法表。

```
<script type="text/javascript">
  document.write("<table border=1>");
  var str="JavaScript 实现的九九乘法表";
  document.write("<h1>"+str+"</h1>");
  for(var x=1; x<=9; x++){
    document.write("<tr >");
    for(var y=1; y<=x; y++){
      document.write("<th >"+x+" * "+y+" ="+(x * y)+"</th>");
    }
    document.write("</tr>");
  }
  document.write("</table>");
</script>
```

代码运行结果,如图 2.23 所示。

图 2.23　九九乘法表

【案例 2.8】隔行变色,调用样式。

```
<br><style type="text/css">
      .hd{
        color:white;
        background:green;
      }
   </style>
<script type="text/javascript">
     document.write('<table border="1">');
        //i 控制行
        //j 控制列
        //提出行列的变量
```

```
        var rows = prompt('请输入行数');//控制行
        var clos = prompt('请输入列数');//控制列
        for ( var i = 1; i <= rows; i++ ) {
            //这时通过判断奇数,偶数就可以实现隔行变色
            if ( i%2! =0 ) {
                document. write( '<tr class="hd">' );
            } else {
                document. write( '<tr>' );
            }
            for (var j = 1; j <= clos; j++) {
                 document. write('<td>'+i+'格子'+j+'</td>');
            }
         document. write('</tr>');
        }
    document. write('</table>');
</script>
```

代码运行结果,如图 2. 24～图 2. 26 所示。

file:///C:/Users/Administrator/Desktop/Untitled-1.html
此网页显示：
请输入行数
确定　取消

图 2. 24　效果 1

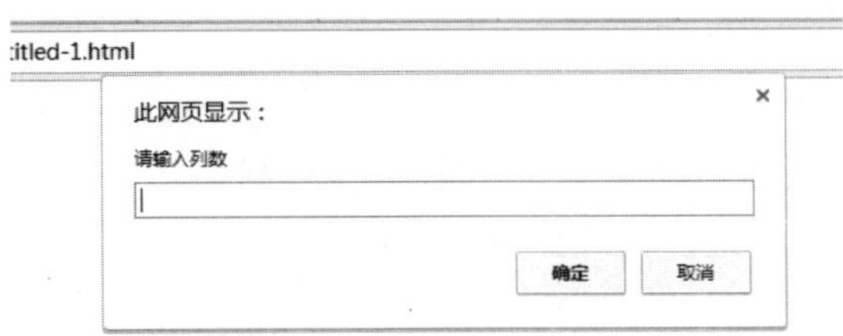

图 2. 25　效果 2

1格子1	1格子2	1格子3	1格子4	1格子5	1格子6	1格子7
2格子1	2格子2	2格子3	2格子4	2格子5	2格子6	2格子7
3格子1	3格子2	3格子3	3格子4	3格子5	3格子6	3格子7
4格子1	4格子2	4格子3	4格子4	4格子5	4格子6	4格子7
5格子1	5格子2	5格子3	5格子4	5格子5	5格子6	5格子7
6格子1	6格子2	6格子3	6格子4	6格子5	6格子6	6格子7
7格子1	7格子2	7格子3	7格子4	7格子5	7格子6	7格子7
8格子1	8格子2	8格子3	8格子4	8格子5	8格子6	8格子7

图 2. 26　效果 3

2.3 JavaScript 函数和事件

2.3.1 函数的声明与调用

函数指能够实现特定功能的代码块,其可以被事件处理或被调用,使用函数可以提高代码的可重用性,给程序员共享代码带来了很大方便。函数包含:函数名、若干参数和返回值。在 JavaScript 中,除了提供丰富的内置函数外,还允许用户创建和使用自定义函数。

1. 函数的声明

函数的声明分为:普通函数声明、匿名函数声明、构造函数声明。

(1)普通函数声明。

函数的声明由:function、函数名、参数、函数体组成,其语法格式如下:

```
function 函数名([参数 1, 参数 2,……]){
    语句
    [return 表达式]
}
```

函数声明有函数名;此时的参数又称为形式参数,简称形参,形参的个数根据情况决定;语句为了实现特定的功能;return 表示返回。

示例代码:

```
function PrintString(str)
{
    document.write (str);
}
```

(2)匿名函数声明。匿名函数指没有函数名,整体赋值给一个变量,在随后的程序中以变量作为函数名进行调用,其语法格式如下:

```
var 变量名 = function(参数 1,参数 2,……) {
    函数体
};
```

示例代码:

```
var sum=function(x, y)                    //函数声明
{
    alert (x + y);
}
sum(5,7);                                 //函数调用
```

(3)构造函数声明。利用 Function 关键字可以创建构造函数,其语法格式如下:

```
var 变量名 = new Function("参数 1","参数 2",……"函数体");
```

可见,利用 Function 关键字创建的函数也是匿名函数,调用方法和匿名函数相同,不同之处:Function 关键字声明函数时,所带的参数及函数体需要用单引号或双引号括起来。

示例代码：

```
var sum = new Function("x","y","alert(x+y);");//函数声明
sum(5,7);                                   //函数调用
```

(4)递归函数声明。递归函数指函数在自身的函数体内调用自身。其语法格式如下：

```
function 函数名(参数 1){
        函数名(参数 2);
}
```

2. 函数的调用

函数声明后说明函数已存在,但是执行函数需要调用,因此函数的应用原则是先声明再调用。

(1)简单的函数调用。简单函数的调用语法格式如下：

函数名([参数 1, 参数 2,……]);

函数调用中的参数又称为实际参数,简称实参,当函数被调用时:实参的值传递给形参。

示例代码：

```
<script Language ="JavaScript">
  function sum(x, y)
  {
    alert (x + y);
  }
  sum(5, 7);
</script>
```

运行结果如图 2.27 所示。

图 2.27　函数的简单调用应用

(2)事件响应中调用函数。当用户单击某个按钮或某个复选框时都将触发事件,通过编写程序对事件做出反应的行为称为响应事件,在 JavaScript 语言中,将函数与事件相关联就完成了响应事件的过程。

示例代码：

```
<script Language ="JavaScript">
  function test()
  {
    alert ("事件响应中调用函数");
  }
</script>
<form >
```

```
    <input type="button" value="测试" onClick="test();">
</form>
```

运行结果如图 2.28 所示。

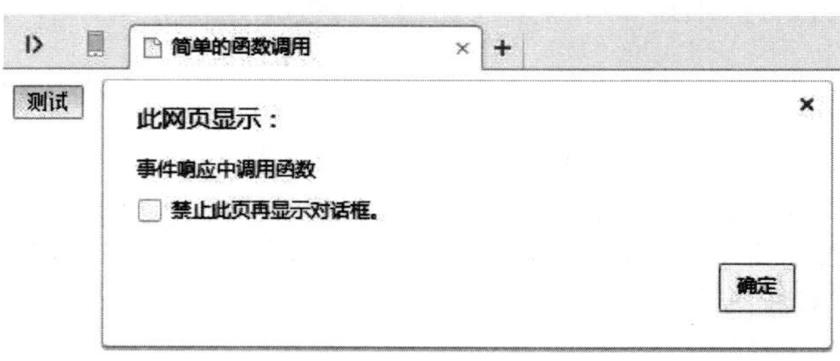

图 2.28　事件响应中调用函数的应用

(3)链接调用函数。函数链接调用指在<a>标签中的 href 标记中使用"javascript:函数名();"格式调用函数,当用户单击这个链接时,相关函数将被执行。

示例代码(简单的函数调用示例代码改写):

```
<script Language ="JavaScript">
  function sum(x, y)
  {
    alert (x + y);
  }
</script>
<a href="javascript:sum(5, 7);">请点我</a>
```

运行结果如图 2.29 所示。

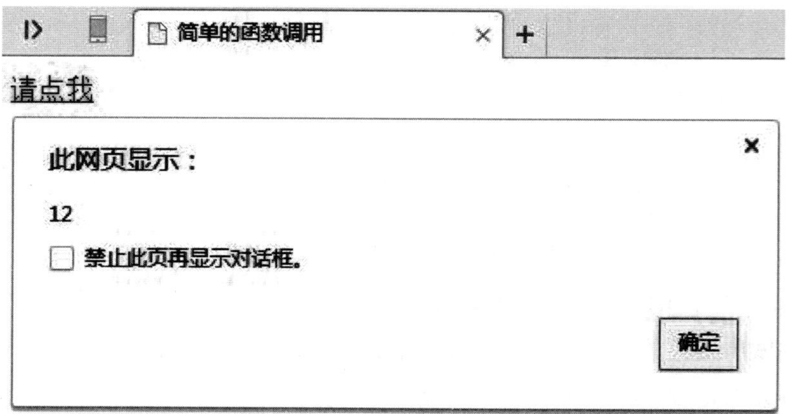

图 2.29　链接调用函数的应用

2.3.2　函数类型

JavaScript 函数主要有普通函数、匿名函数、闭包函数、内置函数等。

1. 普通函数

（1）语法格式。

```
function ShowName(name) {
    alert(name);
}
```

（2）JavaScript 中同名函数的覆盖。在 JavaScript 中函数没有重载，定义相同函数名、不同参数签名的函数，后面的函数会覆盖前面的函数。调用时，只会调用后面的函数。代码如下：

```
var n1 = 1;
function add(value1) {
    return n1 + 1;
}
alert(add(n1));//调用的是下面的函数,输出:3
function add(value1, value2) {
    return value1 + 2;
}
alert(add(n1));//输出:3
```

（3）arguments 对象。arguments 类似于 C#的 params，操作可变参数：传入函数的参数数量大于定义时的参数数量。

```
function showNames(name) {
    alert(name);//张三
    for (var i = 0; i < arguments.length; i++) {
        alert(arguments[i]);//张三、李四、王五
    }
}
showNames('张三','李四','王五');
```

（4）函数的默认返回值。若函数没有指明返回值，默认返回的是'undefined'。

```
function showMsg() {
}
alert(showMsg());//输出:undefined
```

2. 匿名函数

（1）变量匿名函数。可以把函数赋值给变量、事件。语法格式如下：

```
//变量匿名函数,左侧可以为变量、事件等
var anonymousNormal = function (p1, p2) {
    alert(p1+p2);
}
anonymousNormal(3,6);//输出 9
```

（2）无名称匿名函数。即在函数声明时，在后面紧跟参数。JavaScript 语法解析此函数时，里面代码立即执行。语法格式如下：

```
(function (p1) {
    alert(p1);
})(1);
```

3. 闭包函数

假设,函数 A 内部声明了个函数 B,函数 B 引用了函数 B 之外的变量,并且函数 A 的返回值为函数 B 的引用。那么函数 B 就是闭包函数。

(1)全局引用与局部引用。

```
function funA() {
    var i = 0;
    function funB() { //闭包函数 funB
      i++;
      alert(i)
    }
    return funB;
}
var allShowA = funA(); //全局变量引用:累加输出 1,2,3,4 等
function partShowA() {
    var showa = funA();//局部变量引用:只输出 1
showa();
}
```

allShowA 是个全局变量,引用了函数 funA。重复运行 allShowA(),会输出 1,2,3,4 等累加的值。

执行函数 partShowA(),因为内部只声明了局部变量 showa 来引用 funA,执行完毕后因作用域的关系,释放 showa 占用的资源。

(2)有参闭包函数。

```
function funA(arg1,arg2) {
    var i = 0;
    function funB(step) {
        i = i + step;
        alert(i)
    }
    return funB;
    }
var allShowA = funA(2, 3); //调用的是 funA arg1=2,arg2=3
allShowA(1);//调用的是 funB step=1,输出 1
allShowA(3);//调用的是 funB setp=3,输出 4
```

4. 内置函数

JavaScript 中内置函数的说明如表 2.12 所示。

表 2.12　JavaScript 中的内置函数

函　数	说　明
isFinite( )	判断数值是否为无穷大
inNaN( )	判断数值是否为 NaN
parseInt( )	将字符型转为整型
parseFloat( )	将字符型转为浮点型
eval( )	计算字符串表达式中的值
encodeURI( )	将字符串转为有效的 URI
decodeURI( )	对 encodeURI( )编码的文本进行解码

(1)parseInt( )。该函数主要将首位为数字的字符串转换成数字,如果字符串不是以数字开头,那么将返回 NaN。其语法结构如下:

```
parseInt( string, [ n ] )
```

(2)inNaN( )。该函数主要用于检验某个值是否为 NaN。其语法结构如下:

```
isNaN( num)
```

Num 是 NaN 返回 true,否则为 false。

【案例 2.9】函数和控制语句结合的方法实现数组的排序。

```
<script language = "javascript" >
    function SortNumber( obj, func ) {                          // 定义通用排序函数
      //参数验证,如果第一个参数不是数组或第二个参数不是函数则抛出异常
if( ! (obj instanceof Array) || ! (func instanceof Function) ) {
            var e = new Error( );                               // 生成错误信息
            e. number = 100000;                                 // 定义错误号
            e. message = "参数无效";                             // 错误描述
            throw e;                                            // 抛出异常
        }
        for( n in obj ) {                                       // 开始排序
for( m in obj ) {
                if( func( obj[ n ], obj[ m ] ) ){               // 使用回调函数排序,规则由用户设定
                  var tmp = obj[ n ];                           // 创建临时变量
                     obj[ n ] = obj[ m ];                       // 交换数据
                     obj[ m ] = tmp;
                  }
            }
        }
        return obj;                                             // 返回排序后的数组
    }
    function greatThan( arg1, arg2 ) {                          // 回调函数,用户定义的排序规则
        return arg1 > arg2;                                     // 规则:从大到小
    }
try {
        var numAry = new Array( 5,8,6,32,1,45,7,25 );           // 生成一数组
        document. write( "<li>排序前:" +numAry);                 // 输出排序前的数据
```

```
            SortNumber( numAry, greatThan )                          // 调用排序函数
            document. write("<li>排序后:"+numAry);                  // 输出排序后的数组
        } catch(e){                                                 // 捕捉异常
alert( e. number+":"+e. message );                                  // 异常处理
        }
</script>
```

运行结果如图 2. 30 所示。

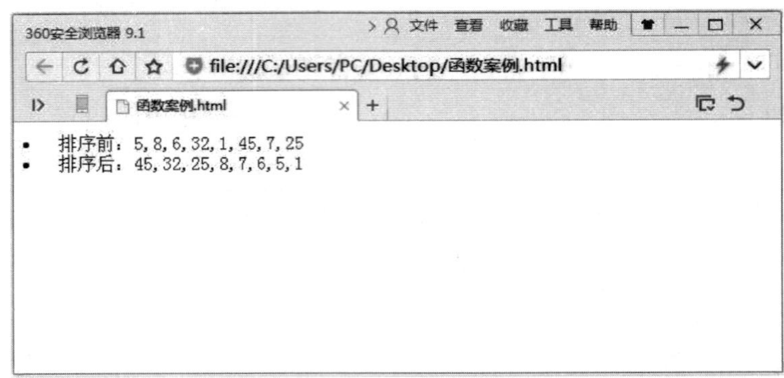

图 2. 30　数组排序

【案例 2. 10】内置函数的用法。

```
<script language=javascript>
/*
parseInt()函数
 */
var num1="123abc"
var num2="abc123"
document. write("(1)使用 parseInt()函数:<br>");
document. write("123abc 转化结果为:"+parseInt(num1)+"<br>");
document. write("abc123 转化结果为:"+parseInt(num2)+"<br><br>");
/*
parseFloat()函数
 */
var num3="123. 456789abc"
document. write("(2)使用 parseFloat()函数:<br>");
document. write("123. 456789abc 转化结果为:"+parseFloat(num3)+"<br><br>");
/*
isNaN()函数
 */
document. write("(3)使用 isNaN()函数:<br>");
document. write("123. 456789abc 转化后是否为 NaN:"+isNaN(parseFloat(num3))+"<br>");
document. write("abc123 转化结果后是否为 NaN:"+isNaN(parseInt(num2))+"<br><br>");
/*
isFinite()函数
 */
document. write("(4)使用 isFinite()函数<br>");
document. write("1 除以 0 的结果是否为无穷大:"+isFinite(1/0)+"<br><br>");
```

```
/*
encodeURI()函数
*/
document.write("(5)使用 encodeURI()函数<br>");
document.write("转化为网络资源地址为:"+encodeURI("http://127.0.0.1/save.html? name=测试")+"<br><br>");
/*
decodeURI()函数
*/
document.write("(6)使用 decodeURI()函数<br>");
document.write("转化网络资源地址的字符串为:"+decodeURI(encodeURI("http://127.0.0.1/save.html? name=测试"))+"<br><br>");
</script>
```

运行结果如图 2.31 所示。

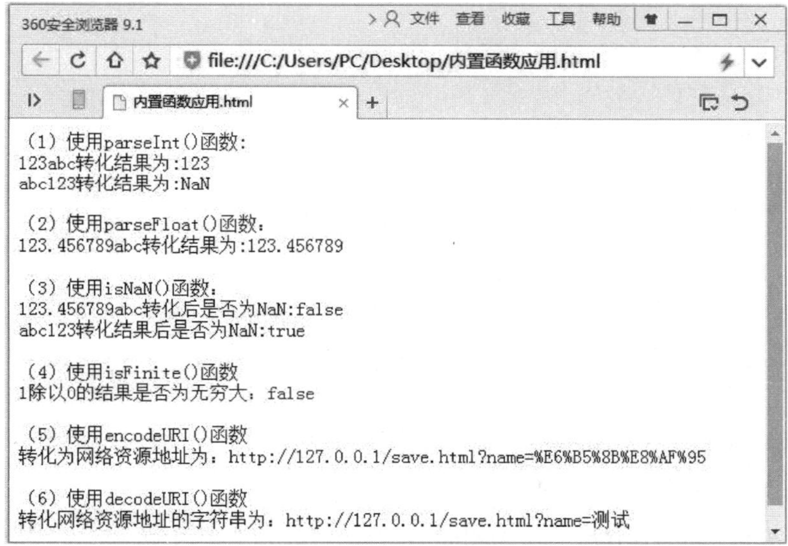

图 2.31　内置函数的应用

2.3.3　函数属性

每个函数都包含两个属性:length 和 prototype。

1. length

每个函数都有一个 length 属性 (函数名.length), 表示期望接收的参数的个数(而不是实际接收的参数个数),它与 arguments 不同。arguments.length 是表示函数实际接收的参数个数。

```
function test(a,b,c) {}
test.length; // 3
function test(a,b,c,d) {}
test.length; // 4
```

如果函数内部是通过 arguments 来调用参数,而没有实际定义参数的话,length 只会得到 0。

```
function test() { console.log( arguments );}
test.length;  // 0
```

这个函数确实可以传入参数,而且内部也调用了参数,但是 length 却无法得知传入的参数的个数。只能在函数执行的时候通过 arguments.length 得到实参个数。

```
function test() { console.log( arguments.length );}
test(1,2,3); //输出 3
test(1,2,3,4); //输出 4
```

2. prototype

每一个函数都有一个 prototype 属性,这个属性指向一个对象的引用,这个对象称作原型对象。每一个函数都包含不同的原型对象,将函数用作构造函数时,新创建的对象会从原型对象上继承属性。

示例代码:

```
function sum(x, y)
{
    alert (x + y);
}
var obj=new sum(1,2);           //结果:3
sum.prototype.a=12;
alert(obj.a);                   //结果:12
```

2.3.4 函数方法

函数是 JavaScript 中特殊的对象,拥有自己的方法。

1. apply()、call()

call()方法与 apply()方法的作用相同,它们的区别仅仅在于接收参数的方式不同。至于使用 apply()还是 call(),完全取决于采取哪种函数传递参数的方式更为方便。如果打算直接传入 arguments 对象,或者包含函数中先接收到的也是一个数组,那么使用 apply()肯定更方便;否则,选择 call()可能更合适。

要想以对象 o 的方法来调用函数 f(),可以这样使用 call()和 apply(),其语法格式如下:

```
f.call(o);
f.apply(o);
```

示例代码:

```
window.color = "red";
var o = {color: "blue"};
function sayColor(){
    alert(this.color);
}
sayColor.call(this);            //结果:red
sayColor.call(window);          //结果:red
```

```
sayColor.call(o);                    //结果:blue
```

其中 this 表示当前对象。

2. bind( )

这个方法的主要作用就是将函数绑定到某个对象。

示例代码:

```
function f(y){
return this.x + y;                   //这个是待绑定的函数
}
var o = {x:1};                       //将要绑定的对象
var g = f.bind(o);                   //通过调用 g(x)来调用 o.f(x)
alert(g(2));                         //结果:3
```

3. toString( )、toLocaleString( )、valueOf( )

toString( ):返回函数代码的字符串,而静态 toString( )方法返回一个类似'[native code]'的字符串作为函数体。该方法和 toLocaleString( )方法返回的结果一致。

valueOf( ):返回函数本身。

示例代码:

```
function test(){
    alert("abc");
}
alert(test.toString());
```

运行结果:

```
/* functiontest(){
alert("abc");
    }*/
```

【案例 2.11】函数方法应用。

```
<script language=javascript>
function sum(num1, num2){
    return num1 + num2;
}
function callSum(num1, num2){
    return sum.call(this, num1, num2);//明确传入每一个参数
}
function callSum1(num1, num2){
    return sum.apply(this, arguments);//传入 arguments 对象
}
function callSum2(num1, num2){
    return sum.apply(this, [num1, num2]);//传入数组
}
alert("callSum(10,10)="+callSum(10,10)+
"callSum1(10,10)="+callSum1(10, 10)+" callSum2(10,10)="+callSum2(10, 10));
</script>
```

运行结果如图 2.32 所示。

【案例 2.12】函数属性应用。

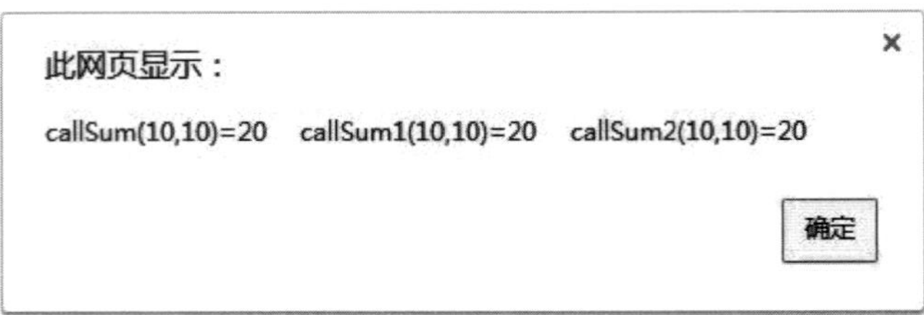

图 2.32　函数方法应用

```
<script>
function Man(name, age) {
    this.name = name;
    this.age = age;
}
Man.prototype.gender = "Man";
Man.prototype.study = function () {
    alert("好好学习!");
}
var x = new Man("zhang", 10);
alert(x.gender);
x.study();
</script>
```

运行结果如图 2.33 所示。

此网页显示：
Man
禁止此页再显示对话框。
确定

此网页显示：
好好学习!
禁止此页再显示对话框。
确定

图 2.33　函数属性应用

2.3.5　JavaScript 的事件处理器

事件指用户与网页进行交互时产生的各种操作。将鼠标或键盘在网页对象上的动作称为“事件”；而由鼠标或键盘引发的一连串程序的动作称为“事件驱动”；对事件进行处理的程序或函数称为“事件处理程序”。

JavaScript 具备处理事件的优势，调用事件的方法：函数响应事件、代码响应事件、动态绑定处理程序。

1. 函数响应事件

在函数的调用中已经讲过。

示例代码：

```
<script language="javascript">
```

```
function eventHandler( )
{
    ……
}
</script>
<input type="button" onclick="eventHandler( )"/>
```

当 onclick 事件发生时,eventHandler( )函数响应事件。

2. 代码响应事件

当事件的响应内容较少时,可以将响应的代码直接写在事件中,即 JavaScript 中的代码不一定都要放在“<script>”标签中。

示例代码:

```
<body>
<form id="form1" name="form1" method="post" action="">
    <label>姓名:
      <input type="text" name="tf1" />
    </label>
    <p>
      <label>密码:
        <input type="password" id="password" name="tf2" />
    </label>
    <input type="submit" name="Submit" value="查看密码和姓名" onclick="javascript:alert('姓名:'+
form1.tf1.value+'\n 密码:'+form1.password.value);"/>
      </p>
</form>
</body>
```

运行结果如图 2.34 所示。

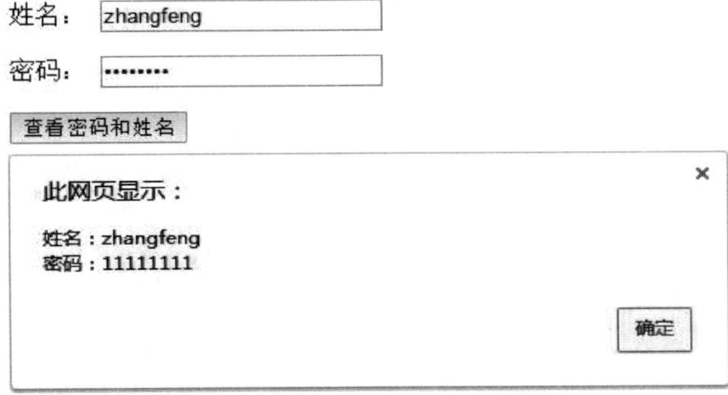

图 2.34　代码响应事件应用

3. 调用事件

单击引发事件驱动,当然,不需要“单击”也可以驱动事件,即直接用代码调用事件。

示例代码:

```
<body>
<form name="myform" method="post" action="">
  <input type="submit" name="mybutton" value="验证" onclick="return clickHandler( )">
</form>
```

```
<script language="javascript">
  function clickHandler()
  {
    alert("页面运行即可显示,无需点击!");
    return true;
  }
  myform.mybutton.onclick();// 主动激发“onclick”事件
  </script>
</body>
```

运行结果如图 2.35 所示(验证点击按钮前显示的内容)。

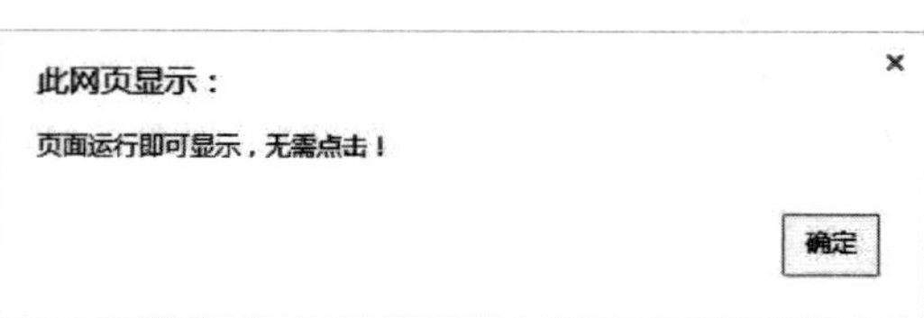

图 2.35　调用事件应用

2.3.6　JavaScript 常用事件

浏览器中产生的事件很多,常用事件有:鼠标事件、键盘事件、表单事件和页面事件等。

1. 鼠标事件

鼠标的单击、双击、按下等都会触发事件驱动,如表 2.13 所示。

表 2.13　鼠标事件

事　件	说　明
onclick	当用户点击某个对象时触发
ondblclick	当用户双击某个对象时触发
onmousedown	鼠标按钮被按下时触发
onmousemove	鼠标被移动时触发
onmouseout	鼠标从某元素移开
onmouseover	鼠标移到某元素之上时触发
onmouseup	鼠标按键被松开时触发

示例代码:

```
<script type="text/javascript">
  document.onmousedown=function (ev)
  {
    var oEvent=ev||event;
    alert(oEvent.button);
};
</script>
```

运行结果如图 2.36 所示(右键单击页面)。

图 2.36　鼠标事件应用

2. 键盘事件

键盘上的键按下或松开产生的事件,如表 2.14 所示。

表 2.14　键盘事件

事　件	说　明
onkeydown	某个键盘按键被按下时触发
onkeypress	某个键盘按键被按下并松开时触发
onkeyup	某个键盘按键被松开时触发

示例代码:

```
<script type="text/javascript">
  function noNumbers(e)
  {
    var keynum;
    var keychar;
    keynum = window.event ? e.keyCode : e.which;
    keychar = String.fromCharCode(keynum);
    alert(keynum+':'+keychar);
  }
</script>
<input type="text" onkeydown="returnnoNumbers(event)" />
```

运行结果如图 2.37 所示(当按下键盘上的 1 后)。

图 2.37　键盘事件应用

3. 表单事件

表单内容改变、失去焦点产生的事件,如表 2.15 所示。

表 2.15　表单事件

事　件	说　明
onblur	元素失去焦点时触发
onchange	域的内容被改变时触发
onfocus	元素获得焦点时触发
onreset	重置按钮被点击时触发
onselect	文本被选中时触发
onsubmit	提交按钮被点击时触发

示例代码：

```
<head>
  <script type="text/javascript">
    function checkReset(){
      if(!confirm("确认重置表单吗?")){
        return false;
      }
    }
  </script>
</head>
<body>
  <form name="testform" onreset="returncheckReset();">
    <p>
    您的名字:<input type="text" name="your_name" value="输入您的姓名" onfocus="this.value=''" />
      <input type="reset" value="重置表单" />
    </p>
  </form>
</body>
```

运行结果如图 2.38 所示(单击重置-确定按钮,输入的姓名清空)。

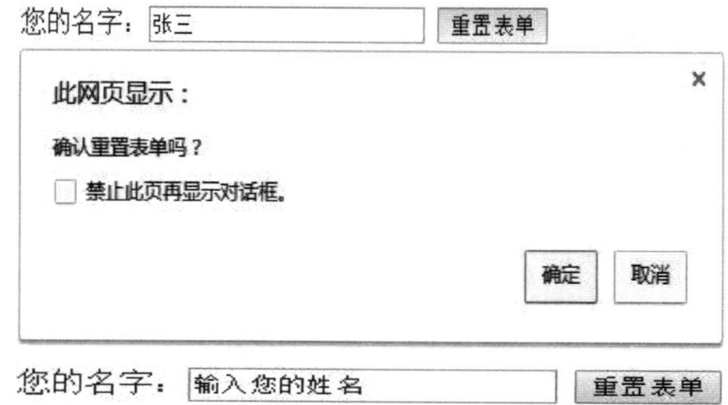

图 2.38　表单事件应用

4. 页面事件

网页或图像的加载产生的事件,如表 2.16 所示。

表 2.16　页面事件

事　件	说　明
onload	页面或一幅图像完成加载时触发
onerror	如果加载文档或图像时发生错误，则触发
onresize	窗口或框架被重新调整大小
onbeforeunload	当前页面的内容将要被改变时触发此事件
unload	用户退出页面时触发

示例代码：

```
<script type="text/javascript" language="JavaScript">
  document.onreadystatechange = function () {
    if(document.readyState=="complete") {
      alert('ok');
    }
  }
</script>
```

运行结果如图 2.39 所示（页面加载完毕，显示 ok）。

图 2.39　页面事件应用

【案例 2.13】改变图像大小。

```
<html>
  <head>
    <meta http-equiv="Content-Type" content="text/html; charset=gb2312">
    <title>应用 wheelDelta 属性通过鼠标滚轮放大缩小图片</title>
</head>
<script>
  function big_small(i){
  var zoom=parseInt(i.style.zoom,10)||100;
  zoom+=event.wheelDelta/12;
  if(zoom>0){
    i.style.zoom=zoom+'%';
  }
  return false;
  }
</script>
<body>
  <table>
    <tr>
```

```
            <td><span class="style1">拖动鼠标滚轮</span></td>
        </tr>
    </table>
    <center>
        <a href=""><img src="images/bg. jpg" width="400" height="500" border="1" onMousewheel="return big_small
(this)"></a>
    </center>
    </body>
</html>
```

运行结果如图 2. 40 所示。

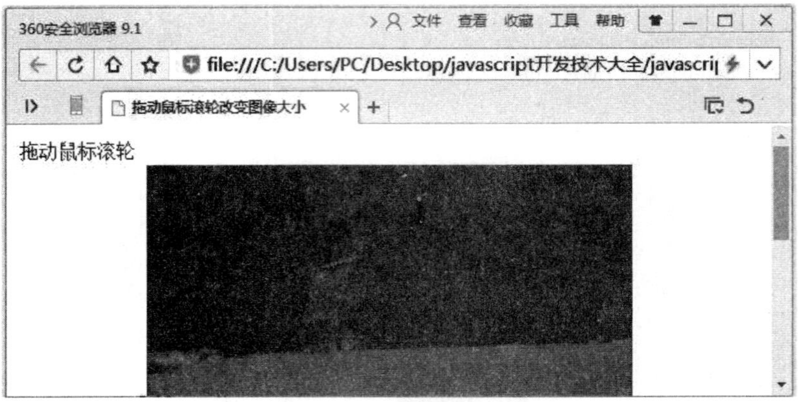

图 2. 40　改变图像大小

【案例 2. 14】鼠标左、右键事件的应用。

```
<div id="mouse2" style="width:500px;height:200px;background:#E8FFE8;border:2px solid #336699;">
  点击这里,测试左、滚动、右鼠标键事件。
</div>
<div id="explanation2" style="width:500px;border:2px solid #336699;"> </div>
<script type="text/javascript">
  var loadEvent = function(fn) {
  var oldonload = window. onload;
  if (typeof window. onload ! = 'function') {
    window. onload =fn;
} else {
    window. onload =function() {
      oldonload();
      fn();
    }
  }
}
var mouseEvent = function(){
var arg = arguments[0],
el = arg. el || document,
leftfn = arg. left || function(){},
rightfn = arg. right || function(){},
```

```
middlefn = arg. middle || function( ){ },
buttons = { };
el. onmousedown =function( e) {
e = e || window. event;
if( ! +"\v1") {
   switch( e. button) {
      case 1:buttons. left = true; break;
      case 2:buttons. right = true; break;
      case 4:buttons. middle = true; break;
   }
} else{
   switch( e. which) {
      case 1:buttons. left = true;break;
      case 2:buttons. middle = true; break;
      case 3:buttons. right = true;break;
   }
}
if( buttons. left) {
   leftfn( );
} else if( buttons. middle) {
   middlefn( );
   } else if( buttons. right) {
      rightfn( );
}
   buttons = { "left":false, "middle":false, "right":false };
   }
}
   var checkeventbutton = function( ) {
   var el = document. getElementById( "mouse2" );
   var ex = document. getElementById( "explanation2" );
   var left = function( ) {
   ex. innerHTML = "按下左键";
}
   var middle = function( ) {
   ex. innerHTML = "按下滚动键";
}
   var right = function( ) {
   ex. innerHTML = "按下右键";
}
   mouseEvent( {el:el,left:left,middle:middle,right:right} );
}
   loadEvent( function( ) {
   checkeventbutton( );
})
</script>
```

运行结果如图 2. 41 所示。

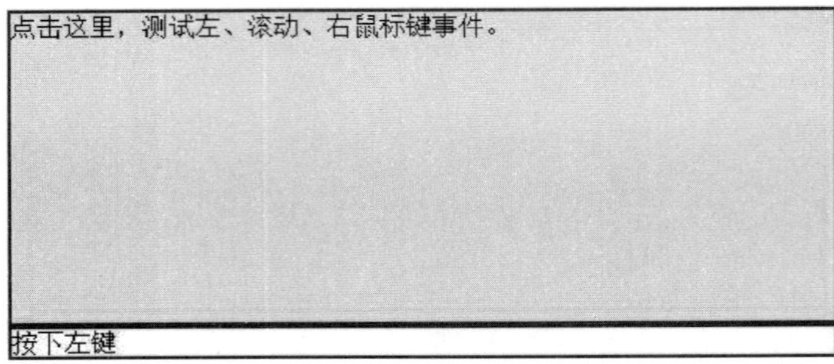

图 2.41　鼠标左、右键事件的应用

小　　结

本章主要讲解了 JavaScript 的基础语法,包含数据类型、常量、变量、运算符和表达式;JavaScript 的流程控制语句,包含分支和循环控制语句;函数的声明、函数的调用、函数的属性和方法;事件及常用事件的应用。

第 3 章　JavaScript 的对象

3.1　面向对象开发

3.1.1　对象

JavaScript 语言是基于对象的语言,因为它没有提供抽象、继承、重载等有关面向对象语言的许多特性,而是把其他语言所创建的复杂对象统一起来,从而形成一个非常强大的对象系统。JavaScript 对象是可以是变量、图像、文档、表单等。每个对象有它自己的属性、方法和事件。

JavaScript 创建对象包含:构造函数创建对象、Object 关键字创建对象、直接创建对象。

1. 构造函数创建对象

构造函数创建对象,先创建构造函数,语法格式如下:

```
function 函数名(属性 1,属性 2,,,,,,){
        this. 属性 1 = 属性 1;
        this. 属性 2= 属性 2;
}
```

其中 this 指当前对象。然后利用 new 关键字创建对象,语法格式如下:

```
var 对象名 = new 函数名("属性 1 值","属性 2 值",,,,,,);
```

示例代码:

```
function Student(name,age){
        this. name = name;
        this. gender = gender;
}
var zhs= new Student("张三","男");
```

2. Object 关键字创建对象

Object 是 JavaScript 中的内部对象,其创建对象的语法格式如下:

```
对象名 = new Object([value]);
```

示例代码:

```
var worker= new Object();
```

3. 直接创建对象

直接创建对象指把对象拥有的属性放置在一对大括号内,语法格式如下:

```
var 对象名 = {属性名 1:属性值 1,属性名 2:属性值 2......};
```

由语法格式可知,大括号中属性名和属性值用冒号间隔,每个属性之间用逗号间隔。

示例代码:

```
var Worker = {
        name:"张三",
        gender:"男"
}
```

3.1.2 属性

属性指用来描述对象的特征,从而使对象指向某一实体。一般创建对象即声明了属性,利用对象调用属性,其语法格式如下:

```
对象.属性;
```

示例代码:

```
var Worker = {
        name:"张三",
        gender:"男"
}
alert(Worker.name);
```

属性的操作还可以应用 for…in 语句,其可以对属性逐个遍历,其语法格式如下:

```
for (var 变量名 in 对象名) {
    语句
}
```

示例代码:

```
var Worker = {
        name:"Zhangsan",
        gender:"男"
}
for (var bl in Worker) {
        alert(bl+":"+Worker[bl]);
}
```

为了在使用属性时,不重复的利用对象,可以用 with 关键字,其语法结构如下:

```
with(对象){
  语句;
}
```

示例代码(可以把 for…in 示例代码的 for…in 语句去掉,改为):

```
with(Worker){
    alert(name+"    "+gender);
}
```

3.1.3 方法

方法指用来实现对象的某种动作,利用对象调用方法,其语法格式如下:

对象名．方法名(参数列表)；

示例代码：

```
function Worker( name,gender) {
    this. name = name;
    this. gender = gender;
        this. showInfo = showInfo;                    //初始化方法
}
function showInfo( ) {
    alert( "用户名:" +this. name+"    性别:" +this. gender) ;     //声明方法
}
var dx = new Worker( "张三" ,"男" ) ;
dx. showInfo( ) ;                                     //调用方法
```

代码运行的结果，如图 3.1 所示。

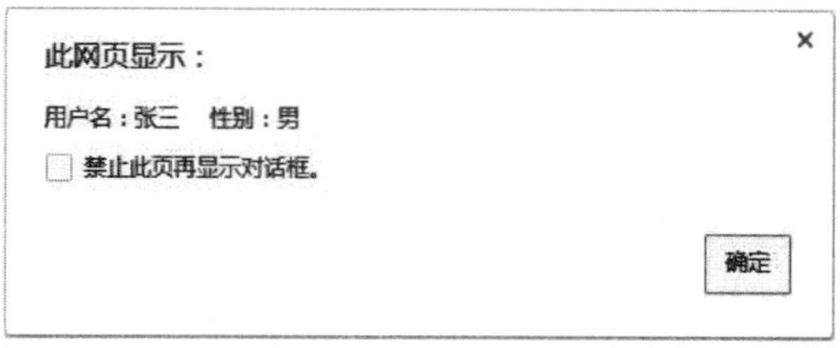

此网页显示：

用户名：张三　性别：男

☐ 禁止此页再显示对话框。

确定

图 3.1　方法的应用

当然方法的声明也可以写里面。关键代码如下：

```
this. showInfo = function( ) {
    alert( "用户名:" +this. name+"    性别:" +this. gender) ;
}
```

3.2　内部对象

3.2.1　String 对象

String 对象指用单引号或双引号括起来的字符串序列，并且具有对字符串序列操作的属性和方法。String 对象包含的内容：String 对象的创建、String 对象的属性、String 对象的常用方法。

1. String 对象的创建

创建 String 对象有两种方法：直接创建、利用构造函数创建，其语法格式如下：

```
var 字符串对象 = "字符串序列";                    //直接创建
var 字符串对象 = new String( "字符串序列" ) ;     //利用构造函数创建
```

2. String 对象的属性

String 对象的属性：用于对对象的描述，如表 3.1 所示。

表 3.1　String 对象的属性

属　性	说　明
length	获得当前字符串的长度
constructor	用于对当前对象的构造函数的引用
prototype	为字符串对象添加自定义的属性或方法

示例代码:

```
var str=new String("珍惜拥有,用心生活!");
if (str.constructor==String){
    alert("字符串对象长度="+str.length);
}
```

3. String 对象的常用方法

String 对象提供了很多字符串处理的方法(见表 3.2)。

表 3.2　String 对象的常用方法

方　法	说　明
toLowerCase()	转换字符串为小写,格式:对象.toLowerCase()
toUpperCase()	转换字符串为大写,格式:对象.toUpperCase()
concat()	连接字符串,格式:对象.concat(str1,str2,...)
split()	分割字符串为数组,格式:对象.split(分隔符)
slice()	连续提取字符串的片断,格式:对象.slice(开始位置,结束位置)
substr()	提取指定位置开始指定长度的字符,格式:对象.substr(位置,长度)
charAt()	返回指定位置的字符,格式:对象.charAt(位置)
indexOf()	返回子字符串首次出现的位置,格式:对象.indexOf(子字符串)

示例代码:

```
<script>
  function reverse(str) {
    if(str.length == 0)return null;
    var i = str.length;
    var dstr = "";
    while(--i >= 0)
    {
      dstr += str.charAt(i);
    }
    return dstr;
}
var str = "abcdef";
str = reverse(str);
alert("反转后的字符串:"+str);
</script>
```

代码运行的结果,如图 3.2 所示。

图 3.2　String 对象方法的应用

除了 String 对象的常用方法,还有控制页面显示的方法(见表 3.3)。

表 3.3　String 对象常用的页面控制方法

方　法	说　明	方　法	说　明
big()	字符串变为大号字体	sub()	字符串变为下标
small()	字符串变为小字号来	sup()	字符串变为上标
bold()	字符串变为粗体	fontcolor()	指定颜色显示字符串
italics()	字符串变为斜体	strike()	字符串添加删除线

3.2.2　Date 对象

Date 对象用于日期和时间的控制。Date 对象包含的内容:Date 对象的创建、Date 对象的方法等。

1. Date 对象的创建

Date 对象的创建,其语法格式如下:

```
var 对象 = new Date();                   //以当前系统日期创建对象
var 对象 = new Date(1999,12,1);          //以指定日期创建对象
var 对象= new Date(2000,5,5,11,11,11);   //以指定时间创建对象
```

以指定的日期创建对象时,用 0~11 分别表示 1~12 月份。

2. Date 对象的方法

Date 对象日期和时间的操作通过方法实现(见表 3.4)。

表 3.4　Date 对象的方法

方　法	说　明
Date()	返回系统当前的日期和时间
getDate()	从 Date 对象返回一个月中的某一天(1~31)
getDay()	从 Date 对象返回一周中的某一天(0~6)
getMonth()	从 Date 对象返回月份(0~11)
getFullYear()	从 Date 对象以四位数字返回年份

（续表）

方　法	说　明
getYear( )	从 Date 对象以两位或 4 位数字返回年份
getHours( )	返回 Date 对象的小时(0~23)
getMinutes( )	返回 Date 对象的分钟(0~59)
getSeconds( )	返回 Date 对象的秒数(0~59)
getMilliseconds( )	返回 Date 对象的毫秒(0~999)
getTime( )	返回 1970 年 1 月 1 日至今的毫秒数
getTimezoneOffset( )	返回本地时间与格林威治标准时间的分钟差(GMT)
parse( )	返回 1970 年 1 月 1 日午夜到指定日期(字符串)的毫秒数
setDate( )	设置 Date 对象中月的某一天(1~31)
setMonth( )	设置 Date 对象中月份(0~11)
setFullYear( )	设置 Date 对象中的年份(4 位数字)
setYear( )	设置 Date 对象中的年份(两位或 4 位数字)
setHours( )	设置 Date 对象中的小时(0~23)
setMinutes( )	设置 Date 对象中的分钟(0~59)
setSeconds( )	设置 Date 对象中的秒钟(0~59)
setMilliseconds( )	设置 Date 对象中的毫秒(0~999)
setTime( )	通过从 1970 年 1 月 1 日午夜添加或减去指定数目的毫秒来计算日期和时间
toSource( )	代表对象的源代码
toString( )	把 Date 对象转换为字符串
toTimeString( )	把 Date 对象的时间部分转换为字符串
toDateString( )	把 Date 对象的日期部分转换为字符串
toGMTString( )	根据格林威治时间,把 Date 对象转换为字符串
toUTCString( )	根据世界时,把 Date 对象转换为字符串
toLocaleString( )	根据本地时间格式,把 Date 对象转换为字符串
toLocaleTimeString( )	根据本地时间格式,把 Date 对象的时间部分转换为字符串
toLocaleDateString( )	根据本地时间格式,把 Date 对象的日期部分转换为字符串
UTC( )	根据世界时,获得一个日期,然后返回 1970 年 1 月 1 日午夜到该日期的毫秒数
valueOf( )	返回 Date 对象的原始值
getUTCDate( )	根据世界时从 Date 对象返回月中的一天(1~31)
getUTCDay( )	根据世界时从 Date 对象返回周中的一天(0~6)
getUTCMonth( )	根据世界时从 Date 对象返回月份(0~11)
getUTCFullYear( )	根据世界时从 Date 对象返回 4 位数的年份

（续表）

方　法	说　明
getUTCHours()	根据世界时返回 Date 对象的小时(0~23)
getUTCMinutes()	根据世界时返回 Date 对象的分钟(0~59)
getUTCSeconds()	根据世界时返回 Date 对象的秒钟(0~59)
getUTCMilliseconds()	根据世界时返回 Date 对象的毫秒(0~999)
setUTCDate()	根据世界时设置 Date 对象中月份的一天(1~31)
setUTCMonth()	根据世界时设置 Date 对象中的月份(0~11)
setUTCFullYear()	根据世界时设置 Date 对象中的年份(4 位数字)
setUTCHours()	根据世界时设置 Date 对象中的小时(0~23)
setUTCMinutes()	根据世界时设置 Date 对象中的分钟(0~59)
setUTCSeconds()	根据世界时设置 Date 对象中的秒(0~59)
setUTCMilliseconds()	根据世界时设置 Date 对象中的毫秒(0~999)

示例代码：

```
<script>
  function startT() {
    var tm=new Date();
    var h=tm.getHours();
    var m=tm.getMinutes();
    var s=tm.getSeconds();
    m=checkT(m);
    s=checkT(s);
    alert(h+":"+m+":"+s);
  }
  function checkT(i) {
    if (i<10) {
      i="0" + i
    }
    return i;
  }
  startT()
</script>
```

代码运行的结果，如图 3.3 所示。

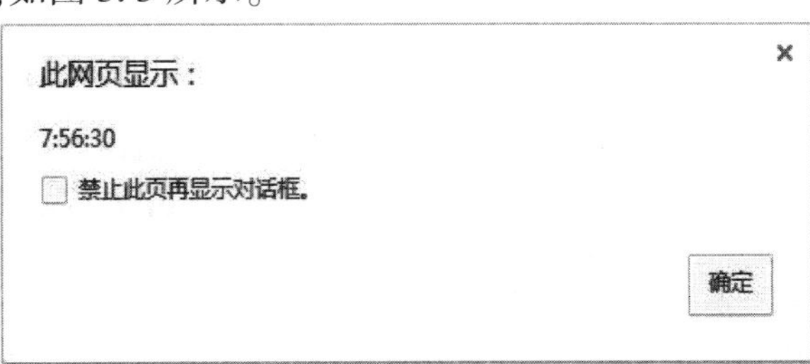

图 3.3　Date 对象方法的应用

3.2.3 Math 对象

Math 对象包含:常量及函数,为数学公式的计算提供方便。

1. Math 对象的属性

Math 对象的属性即数学公式中的常量(见表 3.5)。

表 3.5 Math 对象的属性

属　性	说　明
constructor	对创建此对象的函数的引用
E	常量 e,自然对数的底数(约等于 2.718)
LN2	返回 2 的自然对数(约等于 0.693)
LN10	返回 10 的自然对数(约等于 2.302)
LOG2E	返回以 2 为底的 e 的对数(约等于 1.414)
LOG10E	返回以 10 为底的 e 的对数(约等于 0.434)
PI	返回圆周率(约等于 3.14159)
prototype	向对象添加自定义属性和方法
SQRT1_2	返回 2 的平方根除 1 (约等于 0.707)
SQRT2	返回 2 的平方根(约等于 1.414)

Math 对象的属性的应用,其语法格式如下:

```
Math. 属性;
```

2. Math 对象的方法

Math 对象的方法即数学公式中的函数(见表 3.6)。

表 3.6 Math 对象的方法

方　法	说　明	示　例
abs(x)	返回一个数的绝对值	abs(-2)　　//结果为 2
acos(x)	返回指定参数的反余弦值	acos(1)　　//结果为 0
asin(x)	返回指定参数的反正弦值	asin(-1)　　//结果为-0.8415
cos(x)	返回指定参数的余弦值	cos(2)　　//结果为
sin(x)	返回指定参数的正弦值	sin(0)　　//结果为 0
tan(x)	返回一个角的正切值	tan(Math.PI/4)　　//结果为 1
atan(x)	以介于-PI/2 与 PI/2 弧度之间的数值来返回 x 的反正切值	atan(1)　　//结果为 0.7854
ceil(x)	对一个数进行上舍入	ceil(-10.8)　　//结果为-10
exp(x)	返回 e 的指数	exp(2)　　//结果为 7.389

（续表）

方　法	说　明	示　例
floor(x)	对一个数进行下舍入	floor(10.8)　　//结果为 11
log(x)	返回数的自然对数(底为 e)	log(Math.E)　　//结果为 1
max(x,y)	返回 x 和 y 中的最大值	max(3,5)　　//结果为 5
min(x,y)	返回 x 和 y 中的最小值	min(3,5)　　//结果为 3
pow(x,y)	返回 x 的 y 次幂	pow(2,3)　　//结果为 8
random()	返回 0~1 之间的随机数	random()
round(x)	把一个数四舍五入为最接近的整数	round(6.8)　　//结果为 7
sqrt(x)	返回数的平方根	sqrt(9)　　//结果为 3

示例代码：

```
<script>
  document.write("0 或 1 的随机数:");
  document.write("<br>");
  document.write(Math.round(Math.random()));
  document.write("<br>");
  document.write("1-5 之间的随机数:");
  document.write("<br>");
  for(i=0;i<5;i++){
    document.write(Math.round(Math.random() * 10 ));
    document.write("<br>");
  }
</script>
```

代码运行的结果，如图 3.4 所示。

```
0-1的随机数:
1
1-5 之间的随机数:
7
4
7
10
3
```

图 3.4　Math 对象方法的应用

3.2.4　Image 对象

Image 是网页中的重要元素，网页中的图像给用户带去直观的效果。Image 对象的创建，其语法格式如下：

```
var 对象=new Image();
```

示例代码：

```
<script language = "JavaScript">
  function gaibImg(){
    newImage = new Image();
```

```
        newImage. src = "rw1. jpg" ;
    }
</script>
<body onLoad="javascript:gaibImg( )">
    <a href="#" onMouseOver="javascript:document. bian. src='rw1. jpg'">
    <img name="bian" src="rw2. jpg"></a>
</body>
```

代码运行的结果,如图 3.5 所示。

图 3.5 Image 对象的应用

3.2.5 Array 对象

数组对象指有序数据的集合,改变了变量的单一性。数组包含多个元素,每个元素都对应一个下标,数组元素的下标从 0 开始。数组对象包含 Array 对象的创建、Array 对象的方法等。

1. Array 对象的创建

```
var 对象 = new Array( );                      //定义空数组
var 对象 =new Array( size);                   //定义指定元素个数的数组
var 对象 =new Array(元素 1, 元素 2, ... );     //定义指定元素的数组
var 对象 =[元素 1, 元素 2, ...];               //利用"[ ]"定义数组
```

其示例代码分别为:

```
var arr1 = new Array( );                      //定义空数组
var arr2 =new Array( size);                   //定义指定元素个数的数组
//为其指定元素
    arr2[0] = 1;                              //arr2[0]是 arr2 数组的第一个元素
    arr2[1] = 2;
    arr2[2] = 3;
var arr3 =new Array(1, 2, 3);                 //定义指定元素的数组
var arr4 =["a", "b", "c"];                    //利用"[ ]"定义数组
```

2. Array 对象的方法

Array 对象为了更好地操作数组,内置了一些方法(见表 3.7)。

表 3.7　Array 对象的方法

方　法	说　明
concat( )	连接两个或更多的数组,并返回结果
pop( )	删除并返回数组的最后一个元素
push( )	向数组的末尾添加一个或多个元素,并返回新的长度
shift( )	删除并返回数组的第一个元素
unshift( )	向数组的开头添加一个或多个元素,并返回新的长度
reverse( )	颠倒数组中元素的顺序
sort( )	对数组的元素进行排序
slice( )	从某个已有的数组返回选定的元素
toString( )	把数组转换为字符串,并返回结果

示例代码:

```
<script>
  function quch(arr){
    arr.sort();
    var r=[arr[0]];
    for(var i=1;i<arr.length;i++){
      if(arr[i]!=r[r.length-1]){
      r.push(arr[i]);
      }
    }
    return r;
}
var arr=[1,3,5,1,3,5,7,9];
for(var i=0;i<20;i++){
    arr.push(3);
}
alert(arr);
var arr1=quch(arr);
alert(arr1);
</script>
```

代码运行的结果,如图 3.6 所示。

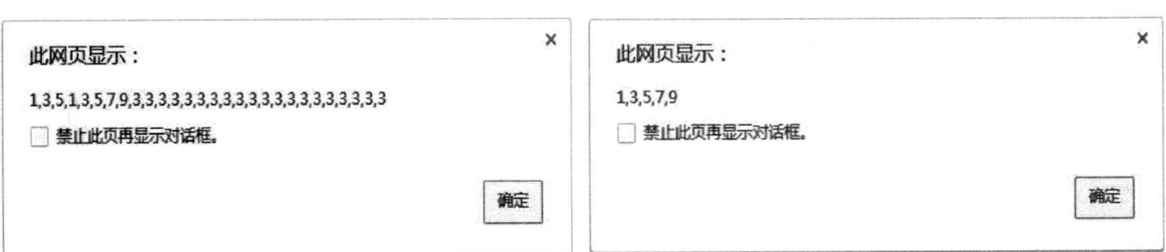

图 3.6　Array 对象方法的应用

【案例 3.1】数组的应用。

```
<br><br>
<center>
  <h2>变换的内容</h2>
  <br>
  <script language="JavaScript">
    var NowMessage = '';
    var index = 1;
    var indexNum = 6;
    var indexs = new ChangeArray(indexNum);
    indexs[1] = "当生活给你设置重重关卡的时候,";
    indexs[2] = "再撑一下,";
    indexs[3] = "每次地咬牙闯关过后,";
    indexs[4] = "你会发现想要的都在手中,";
    indexs[5] = "想丢的都留在了身后。";
    function ChangeMessage() {
      Change(indexs[index++]);
      if(index>indexNum) {
      index=1;
        }
      }
      function Change(Message) {
      var pad_str="";
      n = Message.length;
      if(n<72) {
        pad = (38-n)/2;
        for(var i=0; i<pad; i++) {
          pad_str+=" ";
        }
      }
    NowMessage = pad_str + Message;
    document.messages.field.value = NowMessage;
    clearTimeout(timer);
    timer = setTimeout("ChangeMessage()",2000);
}
function ChangeArray(n) {
    this.length=n;
    for(var i = 1; i<= n; i++) {
      this[i] = "";
    }
  return(this);
}
function nochange() {
  document.messages.field.value = NowMessage;
}
  var timer = setTimeout('ChangeMessage()',1000);
```

```
</script>
<form name="messages" onSubmit="return false">
  <input type="text" name="field" size=50 value=" " onChange="nochange()">
</form>
</center>
```

代码运行的结果，如图 3.7 所示。

图 3.7　变换的内容

【案例 3.2】小型计算器的设计及功能。

```
<script>
var opStack = new Array(4);
opStack[0] = 0;
opStack[1]  = '';
opStack[2]  = '';
opStack[3]  = '';
function StartCal(){
  document.PAD.SUM.value= "0";;
}
  function KeyinNum() {
  if (opStack[0] >= 2) { opStack[0] = 3; }
  else { opStack[0] = 1; }
  opStack[opStack[0]] = '' + document.PAD.SUM.value;
}
function resetNum (){
  opStack[0] = 0;
  opStack[1] = 0;
  document.PAD.CAL.value = '';
  document.PAD.SUM.value = '0';
}
function calc1 (x){
  var opFlag = opStack[0];
  if (opFlag == -1 || opFlag == 1) { count(x);}
  else if (opFlag == 3) {
    opStack[1] = '' + eval(opStack[1] + opStack[2] + opStack[3]);
    count(x);
```

```
    }
  }
  function count (x) {
  if (x == 'Si') { opStack[1] = '' + Math. sin (opStack[1]); }
    else if (x == 'aS') { opStack[1] = '' + Math. asin(opStack[1]); }
      else if (x == 'Co') { opStack[1] = '' + Math. cos (opStack[1]); }
        else if (x == 'aC') { opStack[1] = '' + Math. acos(opStack[1]); }
          else if (x == 'Ta') { opStack[1] = '' + Math. tan (opStack[1]); }
            else if (x == 'aT') { opStack[1] = '' + Math. atan(opStack[1]); }
              else if (x == '≡') { opStack[1] = '' + Math. pow (opStack[1],.5); }
                else if (x == '^2') { opStack[1] = '' + Math. pow (opStack[1], 2) ;}
                  else if (x == '^3') {
                   opStack[1] = '' + Math. pow (opStack[1], 3); }
                    else if (x == '^4') {
                      opStack[1] = '' + Math. pow (opStack[1], 4) ;}
                       else if (x == 'AB') {
                        opStack[1] = '' + Math. abs (opStack[1]);}
                          else if (x == '∽') { }
                                 document. PAD. CAL. value = '';
                                   opStack[0] = -1
                                     display()
                                       document. PAD. SUM. focus();
                                         document. PAD. SUM. select();
  }
    function display ()  {
       var sum  = parseFloat(opStack[1]);
       document. PAD. SUM. value= '' + Math. round (sum * Math. pow(10,14)) / Math. pow(10,14);
    }
    function fra() {
      var I;
    var j = 1;
    var k = document. PAD. SUM. value;
    if (k >= 70) {opStack[1] = 0; document. PAD. SUM. value = "---Error---"; return;}
      for (i = 1; i <= k; i++) {j = j * I;}
      opStack[1] = document. PAD. SUM. value = j;
      document. PAD. SUM. focus();
    document. PAD. SUM. select();
  }
  function entry (x) {
    if (opStack[0] == -1) { opStack[0] = 1; opStack[1] = '';}
    if (opStack[0] == 0) { opStack[0] = 1; opStack[1] = '';}
    if (opStack[0] == 2) { opStack[0] = 3; opStack[3] = '';}
    var result = result = opStack[opStack[0]];
    if (result == '0') { result = '' ; }
    if (x>='1' && x<='9') { result = '' + result + x; }
    else if  (x == 'P') { result = '' + Math. PI ; }
```

```
        else if  (x == '0') { if (result != '') result = '' + result + '0'; }
          else if  (x == 'B') { if (result != '') result = result.substring(0, result.length - 1); }
            else if  (x == '.') {
              if (result != '') { if (result.indexOf(".") == -1) result += "." ;}
              else{ result = '0.' ;}
          }
      if (result =='') result = '0';
      opStack[opStack[0]] = result;
      document.PAD.SUM.value = result;
}
function calc2 (x)  {
   var opFlag = opStack[0];
     if (opFlag != 2) {
       if (opFlag == 3) {
         opStack[1]=''+eval(opStack[1]+opStack[2]+opStack[3]);
         display();     }
     opStack[0] = 2;
     opStack[2] = x;
     document.PAD.CAL.value = x;
     document.PAD.SUM.focus();
     document.PAD.SUM.select();
   }
}
function neg()  {
   if (opStack[0] != 2 && opStack[0] != 0)  {
     opStack[0] = Math.abs(opStack[0]);
     var result = opStack[opStack[0]];
     if (result != '0' && result != '') {
       if (result.charAt(0) == '-') { result = result.substring(1, result.length); }
       else { result = '-' + result; }
       opStack[opStack[0]] = result;
       document.PAD.SUM.value = result;
     }
   }
}
function TurnOff() {
    var ask = confirm("您确定要关闭计算器么?");
    if (ask == true) {window.close();}
    else {return;}
   }
</script>
```

代码运行的结果,如图 3.8 所示。

图 3.8　计算器

小　　结

本章主要讲解了 JavaScript 的对象、属性、方法，其中内置对象有 String 对象、Date 对象、Math 对象、Image 对象和 Array 对象，并且讲解了这些对象的创建及方法。

第 4 章　浏览器对象模型

BOM 是浏览器对象模型(Browser Object Mode)的缩写,JavacSript 主要是通过访问 BOM 对象来访问、控制、修改客户端(浏览器),该模型由一组浏览器对象组成。BOM 提供了一些访问窗口对象的一些方法,我们可以用它来移动窗口位置,改变窗口大小,打开新窗口和关闭窗口,弹出对话框,进行导航以及获取客户的一些信息:浏览器品牌版本,屏幕分辨率等。但 BOM 最强大的功能是它提供了一个访问 HTML 页面的入口——document 对象,以使得我们可以通过这个入口来使用 DOM 的强大功能。BOM 的分层结构如图 4.1 所示。

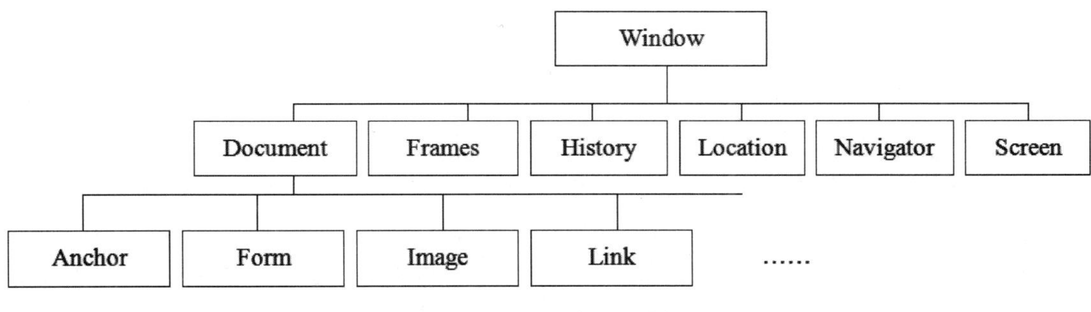

图 4.1　BOM 的分层结构

4.1　认识 Window 对象

Window 对象是 BOM 结构的最顶层对象,表示一个浏览器窗口或一个框架。该对象是任何对象、属性或方法的父对象,其包括许多有用的属性、方法和事件驱动程序,编程人员可以利用 window 对象控制浏览器窗口,例如弹出对话框、改变状态栏上的显示文字、移动窗口的位置等。一般来说, window 对象提供的主要功能有:调整窗口的尺寸和位置、系统提示框、打开新窗口、状态栏控制、定时操作。

因为 window 对象是 BOM 的顶层(核心)对象,所有对象都是通过它延伸出来的,也可以称为 window 的子对象,因此调用它的子对象时可以不显示地指明 window 对象,例如,下面两行代码其作用是一样的:

```
document. write("BOM");
window. document. write("BOM");
```

4.1.1 全局作用域

Window 对象是客户端最高层对象，只要打开浏览器窗口，不管该窗口中是否有打开的网页，当遇到 BODY、FRAMESET 或 FRAME 等标签时，都会自动建立 window 对象的实例，该对象可以对整个文档进行访问，其具备全局作用域。另外，该对象的实例也可由 window. open( )方法创建。常见的 open( )方法可以打开新窗口，onload( )方法可以实现页面加载。由于 window 对象是其他大部分对象的共同"祖先"，在调用 window 对象的方法和属性时，可以省略 window 对象的引用。例如：window. document. write ( ) 可以简写为 document. write( )。

由于 window 对象同时扮演着 ECMAScript 中 Global 对象的角色，因此所有在全局作用域中声明的变量、函数都会变成 window 对象的属性和方法。来看下面的例子：

```
var age = 29;
function sayAge( ) {
alert( this. age) ;
}
alert( window. age) ;    //29
sayAge( ) ; //29
window. sayAge( ) ;   //29
```

在全局作用域中定义了一个变量 age 和一个函数 sayAge( )，它们被自动归在了 window 对象名下。于是，可以通过 window. age 访问变量 age，可以通过 window. sayAge( )访问函数 sayAge( )。由于 sayAge( )存在于全局作用域中，因此 this. age 被映射到 window. age，最终显示的仍然是正确的结果。抛开全局变量会成为 window 对象的属性不谈，定义全局变量与在 window 对象上直接定义属性还是有一点差别：全局变量不能通过 delete 操作符删除，而直接在 window 对象上定义的属性可以。

例如：

```
var age = 29;
window. color = "red" ;
//在 IE < 9 时抛出错误，在其他所有浏览器中都返回 false
delete window. age;
//在 IE < 9 时抛出错误，在其他所有浏览器中都返回 true
delete window. color;        //returns true
alert( window. age) ;        //29
alert( window. color) ;      //undefined
```

刚才使用 var 语句添加的 window 属性有一个名为[[Configurable]]的特性，这个特性的值被设置为 false，因此这样定义的属性不可以通过 delete 操作符删除。IE8 及更早版本在遇到使用 delete 删除 window 属性的语句时，不管该属性最初是如何创建的，都会抛出错误，以示警告。IE9 及更高版本不会抛出错误。

另外，还要记住一件事：尝试访问未声明的变量会抛出错误，但是通过查询 window 对象，可以知道某个可能未声明的变量是否存在。例如：

```
//这里会抛出错误，因为 oldValue 未定义
var newValue = oldValue;
```

```
//这里不会抛出错误,因为这是一次属性查询
//newValue 的值是 undefined
var newValue = window. oldValue;
```

4.1.2　窗口关系及框架

在网络上可以看到很多 web 应用程序都是使用框架(frame)来分隔浏览器窗口的,就像一块块玻璃隔板把窗口分隔成好几个小窗口,并且可以在不同的小窗口中加载显示不同的页面,这样看来好像是一个完整的页面,但实际上它是由几个页面组合而成的。

JavaScript 允许操作框架,在一个框架中定义的变量和函数可以在另一个框架中使用。这样做可以实现两个优点:

(1)代码模块化:可以把通用的代码和属性统一放在一个框架中,然后在其他页面中使用,那么这个放置通用函数和属性的框架就叫做代码模块。

(2)可以方便在页面中传递信息。如果把函数或变量放置在定义框架集页面中,此时去修改框架中的页面,那么在框架集页面中定义的属性和方法也不会改变。

定义框架用<frameset/>元素包含<frame/>元素,在<frameset/>元素定义框架的显示结构(方式),在<frame/>元素中定义每个框架并指定要包含的文档。

在前面都是说单个页面,而单个页面就是一个 window 对象,但如果页面中有多个框架,那么除了框架集的顶层 window 对象外,每个框架都对应一个 window 对象。这些框架 window 对象都包含在顶层 window 对象中。

例 4.1:定义框架集页面。

```
html. html:
<! DOCTYPE html PUBLIC "-//W3C//DTD XHTML 1.0 Frameset//EN"
    "http://www. w3. org/TR/xhtml1/DTD/xhtml1-frameset. dtd">
<html xmlns="http://www. w3. org/1999/xhtml">
<head>
    <title>Chapter 8: Example 1</title>
</head>
<frameset rows="50%, *" id="topWindow">
    <frame name="uphtml" src="uphtml. html" />
    <frame name="downhtml" src="downhtml. html" />
</frameset>
</html>
```

这个框架集页面包含两个框架,分别对应 uphtml. html 和 downhtml. html 页面。

uphtml. html:

```
<! DOCTYPE html PUBLIC "-//W3C//DTD XHTML 1.0 Transitional//EN" "http://www. w3. org/TR/xhtml1/DTD/
xhtml1-transitional. dtd">
<html xmlns="http://www. w3. org/1999/xhtml" xml:lang="en">
<head>
    <meta http-equiv="Content-Type" content="text/html;charset=UTF-8">
    <title>Document</title>
    <style>
    body{background: yellow;width: 100%;height: 500px;}
```

```
        </style>
        <script>
        function fun01( ) {
            alert( window. parent. location. href) ;
            alert( window. name) ;
        }
      </script>
    </head>
    <body onload = " fun01( ) " >
        我是上面的页面
    </body>
    </html>
```

downhtml. html:

```
<! DOCTYPE html PUBLIC " -//W3C//DTD XHTML 1. 0 Transitional//EN" " http://www. w3. org/TR/xhtml1/DTD/xhtml1-transitional. dtd" >
<html xmlns = " http://www. w3. org/1999/xhtml" xml:lang = " en" >
<head>
    <meta http-equiv = " Content-Type" content = " text/html;charset = UTF-8" >
    <title>Document</title>
    <style>
body{ background: red}
    </style>
        <script>
    function fun01( ) {
        alert( window. parent. location. href) ;
        alert( window. name) ;
    }
    </script>
</head>
<body>
我是下面的页面
</body>
</html>
```

它们的“父页面”都是 html. html 页面。我们知道,top 对象始终指向最高(最外)层的框架,也就是浏览器窗口。使用它可以确保在一个框架中正确地访问另一个框架。因为对于在一个框架中编写的任何代码来说,其中的 window 对象指向的都是那个框架的特定实例,而非最高层的框架。与 top 相对的另一个 window 对象是 parent。顾名思义,parent(父)对象始终指向当前框架的直接上层框架。在某些情况下,parent 有可能等于 top;但在没有框架的情况下,parent 一定等于 top(此时它们都等于 window)。与框架有关的最后一个对象是 self,它始终指向 window,实际上,self 和 window 对象可以相互交换使用。引入这些对象都是 self 对象的目的只是为了与 top 和 parent 对象对应起来,因此它不格外包含其他值。

所有这些对象都是 window 对象的属性,可能通过 window. parent,window. top 等形式来访问,同时也意味着可以将不同层次的 window 对象连缀起来。

4.1.3　窗口位置与大小

使用 window 对象可以调整窗口位置与大小，主要调用 moveBy、moveTo、resizeBy、resizeTo 这几个方法来实现。

它们的用法如下：

1. window. moveBy( )

是将浏览器窗口移动到指定位置(相对定位)，语法：window. moveBy(dx,dy)，在使用过程中，JavaScript 脚本不可将窗口移动到可视区域之外，必须始终保证浏览器窗口在屏幕的可视区域，主要是出于安全性方面的考虑。

2. window. moveTo( )

将浏览器窗口移动到指定位置(绝对定位)，语法：window. moveTo(dx,dy)，如果指定的坐标(x,y)会使部分或全部窗口置于可视区域之外，那么窗口将停留在最接近屏幕边缘的位置。

3. window. resizeBy( )

将浏览器窗口的尺寸改变指定的宽度和高度(相对调整窗口大小)，语法如下：

```
window. resizeBy(dw,dh)
```

4. window. resizeTo( )

将浏览器窗口的尺寸改变指定的宽度和高度(绝对调整窗口大小)，语法如下：

```
window. resizeTo(w,h)
```

其中指定的宽度和高度不能为负数。

4.1.4　导航和打开窗口

window 对象还可以实现窗口的导航和打开，用法如下：

```
window. open([url],[target],[options])
```

其中，url 参数表示打开新窗口将要加载的 url。如果未指定参数，将默认加载空白页。如：window. open("test. htm")；target 参数表示新打开窗口的定位目标或者名称，可以取_self、_blank、_parent、_top 这几个值，_self 在当前窗口加载新页面，_blank 在新窗口加载新页面，_parent 在父窗口加载新页面，_top 在顶层窗口加载新页面。options 参数表示新打开窗口的属性，是由若干个选项组成，选项之间利用逗号隔开，每个选项都包含了选项的名称和值，主要选项如表 4. 1 所示。

表 4. 1　window. open 方法的 options 参数说明表

选　项	说　明
Left	窗口的左边缘位置
top	窗口的上边缘位置
height	窗口的高度，单位像素

（续表）

选　项	说　明
width	窗口的宽度,单位像素
fullscreen	是否全屏,默认值 no
resizable	是否允许改变窗口大小,默认值 yes
menubar	是否显示菜单栏,默认值 yes
location	是否显示地址栏,默认值 yes
scrollbars	是否显示滚动条,默认值 yes
status	是否显示状态栏,默认值 yes
toolbar	是否显示工具条,默认值 yes
titlebar	是否显示标题栏,默认值 yes

例如：

```
//等同于< a href="http://www.wrox.com" target="topFrame"></a>
window.open("http://www.wrox.com/", "topFrame");
```

调用这行代码,就如同用户单击了 href 属性为"http://www.wrox.com/",target 属性为"topFrame"的链接。如果有一个名叫"topFrame"的窗口或者框架,就会在该窗口或框架加载这个 URL;否则,就会创建一个新窗口并将其命名为"topFrame"。此外,第二个参数也可以是下列任何一个特殊的窗口名称:_self、_parent、_top 或_blank。

如果给 window.open()传递的第二个参数并不是一个已经存在的窗口或框架,那么该方法就会根据在第三个参数位置上传入的字符串创建一个新窗口或新标签页。如果没有传入第三个参数,那么就会打开一个带有全部默认设置(工具栏、地址栏和状态栏等)的新浏览器窗口(或者打开一个新标签页——根据浏览器设置)。在不打开新窗口的情况下,会忽略第三个参数。第三个参数是一个逗号分隔的设置字符串,表示在新窗口中都显示哪些特性。例如:

```
window.open("http://www.wrox.com/","wroxWindow",
"height=400,width=400,top=10,left=10,resizable=yes");
```

这行代码会打开一个新的可以调整大小的窗口,窗口初始大小为 400×400 像素,并且距屏幕上沿和左边各 10 像素。window.open()方法会返回一个指向新窗口的引用。引用的对象与其他 window 对象大致相似,但我们可以对其进行更多控制。例如,有些浏览器在默认情况下可能不允许我们针对主浏览器窗口调整大小或移动位置,但却允许我们针对通过 window.open()创建的窗口调整大小或移动位置。通过这个返回的对象,可以像操作其他窗口一样操作新打开的窗口,如下所示。

```
var wroxWin = window.open("http://www.wrox.com/","wroxWindow",
"height=400,width=400,top=10,left=10,resizable=yes");
//调整大小
wroxWin.resizeTo(500,500);
//移动位置
wroxWin.moveTo(100,100);
```

调用 close()方法还可以关闭新打开的窗口。

```
wroxWin. close();
```

但是,这个方法仅适用于通过 window. open()打开的弹出窗口。对于浏览器的主窗口,如果没有得到用户的允许是不能关闭它的。不过,弹出窗口倒是可以调用 top. close()在不经用户允许的情况下关闭自己。弹出窗口关闭之后,窗口的引用仍然还在,但除了像下面这样检测其 closed 属性之外,已经没有其他用处了。

```
wroxWin. close();
alert(wroxWin. closed); //true
```

4.1.5　间歇调用和超时调用

JavaScript 是单线程语言,但它允许通过设置超时值和间歇时间值来调度代码在特定的时刻执行。前者是在指定的时间过后执行代码,而后者则是每隔指定的时间就执行一次代码。

定时操作是 web 开发中常用功能,是由浏览器窗口完成的。主要方法有 4 种:window. setInterval、window. clearInterval、window. setTimeout、window. clearTimeout,前两个是间歇调用函数,而后两个是超时调用函数。

下面对这 4 种方法的使用做详细介绍。

1. window. setInterval

功能是设置定时器,每隔一段时间执行指定的代码,其语法格式为:window. setInterval(code,time)。其中,code 参数可以是一个字符串形式的 JavaScript 代码,也可以是一个函数,time 参数是执行代码的时间间隔,单位是 ms。

2. window. clearInterval

功能是清除 setInterval 函数设置的定时器,其语法格式为:

```
window. clearInterval(time) 。
```

3. window. setTimeout

功能是设置超时器,每隔一段时间执行指定的代码,其语法格式为:

```
window. setTimeout(code,time)
```

其中,code 参数可以是一个字符串形式的 JavaScript 代码,也可以是一个函数。setTimeout 与 setInterval 区别在于 setTimeout 对指定的代码只执行一次。time 参数表示的是执行代码的时间间隔,与 setInterval 中的 time 参数用法一致。

4. window. clearTimeout

功能是清除 setTimeout 函数设置的 c 超时器,其语法格式为:

```
window. clearTimeout(time);
```

4.1.6　系统对话框

JavaScript 中使用 window 对象来操作系统对话框,主要依靠调用 alert、confirm 这两个函数。它们的用法如下:

1. window. alert

显示消息提示框,语法：window. alert([Message]) (可以省略 window 对象,直接使用 alert) ,例如 window. alert(" 你好") 的作用是弹出一个显示“你好”的消息提示框。

2. window. confirm

显示一个确认对话框,其中包括“确定”和“取消”按钮。

【案例 4. 1】Window 对象方法的使用。

```
<! DOCTYPE html>
 <htmllang = " en" >
  <head>
    <meta charset = " UTF-8" >
    <title>对用户进行提示</title>
  </head>
  <body>
    <form id = " theform" >
      <button id = " alert" >Alert</button>
      <button id = " confirm" >Confirm</button>
      <button id = " prompt" >Prompt</button>
      <button id = " modal" >Modal</button>
    </form>
  <script>
    var buttons = document. getElementsByTagName( " button" ) ;
    for( var i = 0 ; i<buttons. length ; i++ ) {
      buttons[ i ]. onclick = handleButtonPress ;
  }
   function   handleButtonPress( e ) {
    if( e. target. id = = " alert" ) {
        window. alert( " This is an alert" ) ;
    } else if( e. target. id = = " confirm" ) {
      var confirmed = window. confirm( " This is a confirm - do you want to proceed?" ) ;
      alert( " Confirmed? " +confirmed) ;
         } else if( e. target. id = = " prompt" ) {
         var response = window. prompt( " Enter a word" , " Hello" ) ;
         alert( response) ;
         } else if( e. target. id = = " modal" ) {
         //模块对话框。
         //第一个参数为 url 地址,
         // 第二个参数是向子窗口传递的参数,如把父窗口中的 window 对象,form 对象传递过去,在子窗口中可以获取此参数。以便与子窗口进行交互,
         // 第三个参数为设置子窗口的属性,如子窗口的高,宽等
         //第二,三个参数可选。
         window. showModalDialog(
           " https://yexiaochao. github. io" ,
           theform,
            " dialogHeight: 500px; dialogWidth: 260px;;" ) ;
```

```
            }
        }
    </script>
  </body>
</html>
```

代码运行后效果如图 4.2：

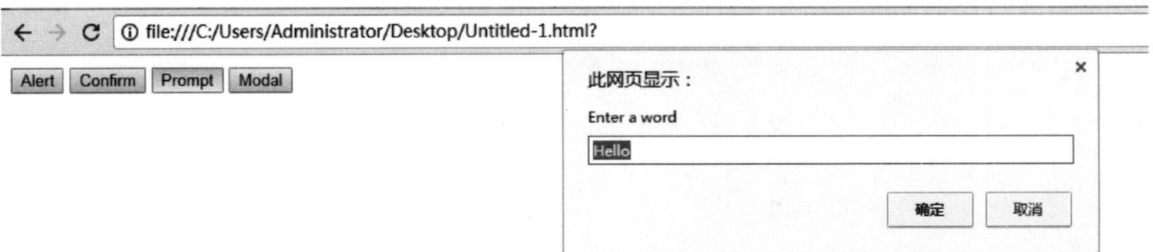

图 4.2　Window 对象方法的使用

【案例 4.2】在浏览历史中导航。

```
<! DOCTYPE html>
  <htmllang="en">
    <head>
      <meta charset="UTF-8">
      <title>在浏览历史中导航</title>
    </head>
    <body>
      <button id="back">Back</button>
      <button id="forward">Forward</button>
      <button id="go">Go</button>
      <script>
    var buttons = document. getElementsByTagName("button");
    for (var i=0;i<buttons. length;i++) {
      buttons[i]. onclick = handleButtonPress;
        }
        function  handleButtonPress(e) {
          if(e. target. id == "back") {
            window. history. back();
          } else if(e. target. id == "forward") {
            window. history. forward();
          } else if(e. target. id == "go") {
          window. history. go(-2);
          }
        }
      </script>
    </body>
  </html>
```

运行代码后效果如图 4.3 所示。

图 4.3 在浏览历史中导航

4.2 location 对象

Location 是最有用的 BOM 对象之一,它提供了与当前窗口中加载的文档有关的信息,还提供了一些导航功能。事实上,location 对象是很特别的一个对象,因为它既是 window 对象的属性,也是 document 对象的属性;换句话说,window. location 和 document. location 引用的是同一个对象。但是注意不要混淆 Window 对象的 location 属性和 Document 对象的 location 属性。前者引用一个 Location 对象,后者只是一个只读字符串,并不具有 location 对象的任何特性。Document. location 与 document. URL 是同义的。但是,当存在服务器重定向时,document. location 包含的是已经装载的 URL,而 location. href 包含的则是原始请求的文档的 URL。

location 对象的用处不只表现在它保存着当前文档的信息,还表现在它将 URL 解析为独立的片段,让开发人员可以通过不同的属性访问这些片段。

Location 对象共定义了 8 个属性:

(1)Href:声明了当前显示文档的完整的 URL。

(2)protocol:声明 URL 的协议部分,包括后缀的冒号,例如 http:。

(3)host:声明当前 URL 的主机名和端口号(是 hostname 和 port 的合集),例如 www. baidu. com:80。

(4)hostname:声明当前 URL 的主机名,例如 www. baidu. com。

(5)port:声明当前 URL 的端口部分,例如 80。

(6)pathname:声明当前 URL 的路径部分,例如 news/index. aspx。

(7)hash:声明当前 URL 锚的部分,例如#top,指定在文档中锚记的名称。

(8)search:声明当前 URL 的查询部分,例如? id=1&name=localhost。

4.2.1 查询字符串参数

查询字符串参数指的是获取浏览器 URL 中查询字符串的参数,也就是 location 对象的 search 属性部分的值。

尽管 location. search 返回从问号到 URL 末尾的所有内容,但却没有办法逐个访问其中的每个查询字符串参数。为此,可以像下面这样创建一个函数,用以解析查询字符串,然后返回包含所有参数的一个对象。例如：

```
function getQueryStringArgs(){
  //取得查询字符串并去掉开头的问号
  var qs = (location.search.length > 0 ? location.search.substring(1) : ""),
  //保存数据的对象
  args = {},
  //取得每一项
  items = qs.length ? qs.split("&") : [],
  item = null,
  name = null,
  value = null,
  //在 for 循环中使用
  i = 0,
  len = items.length;
  //逐个将每一项添加到 args 对象中
  for (i=0; i < len; i++){
    item = items[i].split("=");
    name = decodeURIComponent(item[0]);
    value = decodeURIComponent(item[1]);
    if (name.length) {
      args[name] = value;
  }
  }
  return args;
}
```

这个函数的第一步是先去掉查询字符串开头的问号。当然，前提是 location. search 中必须要包含一个或多个字符。然后，所有参数将被保存在 args 对象中，该对象以字面量形式创建。接下来，根据和号(&)来分割查询字符串，并返回 name=value 格式的字符串数组。下面的 for 循环会迭代这个数组，然后再根据等于号(=)分割每一项，从而返回第一项为参数名，第二项为参数值的数组。再使用 decodeURIComponent()分别解码 name 和 value(因为查询字符串应该是被编码过的)。最后，将 name 作为 args 对象的属性，将 value 作为相应属性的值。

4.2.2　位置操作

使用 location 对象可以通过很多方式来改变浏览器的位置。首先，也是最常用的方式，就是使用 assign()方法并为其传递一个 URL，如下所示。

```
location.assign("http://www.wrox.com");
```

这样，就可以立即打开新 URL 并在浏览器的历史记录中生成一条记录。如果是将 location. href 或 window. location 设置为一个 URL 值，也会以该值调用 assign()方法。例如，下列两行代码与显式调用 assign()方法的效果完全一样。

```
window.location = "http://www.wrox.com";
location.href = "http://www.wrox.com";
```

在这些改变浏览器位置的方法中，最常用的是设置 location. href 属性。另外，修改 location 对象的其他属性也可以改变当前加载的页面。下面的例子表示了通过将 hash、search、hostname、pathname 和 port 属性设置为新值来改变 URL。

```
//假设初始 URL 为 http://www.wrox.com/WileyCDA/
//将 URL 修改为"http://www.wrox.com/WileyCDA/#section1"
location.hash = "#section1";
//将 URL 修改为"http://www.wrox.com/WileyCDA/?q=javascript"
location.search = "?q=javascript";
//将 URL 修改为"http://www.yahoo.com/WileyCDA/"
location.hostname = "www.yahoo.com";
//将 URL 修改为"http://www.yahoo.com/mydir/"
location.pathname = "mydir";
//将 URL 修改为"http://www.yahoo.com:8080/WileyCDA/"
location.port = 8080;
```

每次修改 location 的属性(hash 除外)，页面都会以新 URL 重新加载。在 IE8、Firefox 1、Safari 2+、Opera 9+和 Chrome 中，修改 hash 的值会在浏览器的历史记录中生成一条新记录。在 IE 的早期版本中，hash 属性不会在用户单击“后退”和“前进”按钮时被更新，而只会在用户单击包含 hash 的 URL 时才会被更新。

当通过上述任何一种方式修改 URL 之后，浏览器的历史记录中就会生成一条新记录，因此，用户通过单击“后退”按钮就会导航到前一个页面。要禁用这种行为，可以使用 replace( )方法。这个方法只接受一个参数，即要导航到的 URL；结果虽然会导致浏览器位置改变，但不会在历史记录中生成新记录。在调用 replace( )方法之后，用户就不能回到前一个页面，来看下面的例子：

```
<!DOCTYPE html>
  <html>
    <head>
    <title>You won't be able to get back here</title>
    </head>
    <body>
      <p>Enjoy this page for a second, because you won't be coming back here.</p>
      <script type="text/javascript">
        setTimeout(function () {
        location.replace("http://www.wrox.com/");
      }, 1000);
    </script>
  </body>
</html>
```

如果将这个页面加载到浏览器中，浏览器就会在 1 秒钟后重新定向到 www. wrox. com。然后，“后退”按钮将处于禁用状态，如果不重新输入完整的 URL，则无法返回示例页面。

与位置有关的最后一个方法是 reload( )，其作用是重新加载当前显示的页面。如果调用 reload( )时不传递任何参数，页面就会以最有效的方式重新加载。也就是说，如果页面自上次请求以来并没有改变过，页面就会从浏览器缓存中重新加载。如果要强制从服务器重新加载，则需要像下面这样为该方法传递参数 true。

```
location. reload( ); //重新加载(有可能从缓存中加载)
location. reload( true); //重新加载(从服务器重新加载)
```

位于 reload( )调用之后的代码可能会执行,这要取决于网络延迟或系统资源等因素。为此,最好将 reload( )放在代码的最后一行。

4.3　navigator 对象

navigator 指的是浏览器信息对象,该对象主要包含了浏览器及用户使用的计算机操作系统的有关信息,如表 4.2 所示。

表 4.2　navigator 对象属性信息表

属　　性	意　　义
appVersion	浏览器版本号
appCodeName	浏览器内码名称
appName	浏览器名称
platform	用户操作系统
userAgent	该字串包含了浏览器的内码名称及版本号,它被包含在向服务器端请求的头字符串中,用于识别用户
language(除 IE 外) userLanguage(IE) systemLanguage(IE) browserLanguage(IE)	浏览器设置的语言 操作系统设置的语言 操作系统缺省设置的语言 浏览器设置的语言

这些信息也只能读取不可以设置,使用时可直接引用 navigator 对象,调用格式:navigator. 属性。

4.3.1　检测插件

检测浏览器中是否安装了特定的插件是一种最常见的检例程。对于非 IE 浏览器可以使用 plugins 数组达到这个目的。该数组中的每一项都包含下列属性(见表 4.3):

表 4.3　plugins 数组属性列表

属　　性	说　　明
Plugins[ ]	返回对文档中所有嵌入式对象的引用。
name:	插件名字
description:	插件的描述
filename:	插件的文件名
length:	插件所处理的 MIME 类型数量

一般来说,name 属性中会包含检测插件必需的所有信息,但有时候也不完全如此。在检测插件时,需要像下面这样循环迭代每个插件并将插件的 name 与给定的名字进行比较。

例 4.2:检测浏览器中是否存在此插件(在 IE 中无效)。

```
/ * @ param 插件名 name
      * @ return boolean 存在插件返回 true,否则返回 false
      */
    function hasPlugin (name) {
        name = name. toLowerCase();
        for (var i = 0; i < navigator. plugins. length; i++) {
            if (navigator. plugins[i]. name. toLowerCase(). indexOf(name) > -1) {
            return true;
            }
        }
return false;
    }
```

检测 IE 中的插件比较麻烦,由于 IE 不支持 Netscape 式的插件。在 IE 中检测插件的唯一方式就是使用专有的 ActiveXObject 类型,并尝试创建一个特定插件的实例。IE 是以 COM 对象的方式实现插件的,而 COM 对象使用唯一标识符来标识。因此,要想检查特定的插件,就必须知道其 COM 标识符。例如,Flash 的标识符是 ShockwaveFlash. ShockwaveFlash,知道唯一标识符之后,就可以编写类似下面的函数来检测 IE 中是否安装相应的插件。

例 4.3:检测 IE 中的插件。

```
    / * @ param 插件名 name
    * @ return boolean 存在插件返回 true,否则返回 false
      */
    function hasIEPlugin (name) {
  try {
            new ActiveXObject(name);
          return true;
        } catch (ex) {
return false;
          }
    }
```

4.3.2 注册处理程序

navigator 对象是所有支持 JavaScript 的浏览器所共有的对象。在注册处理程序方面,Firefox 2 为 navigator 对象新增了 registerContentHandler()和 registerProtocolHandler()方法(这两个方法是在 HTML5 中定义的,见表 4.4)。这两个方法可以让一个站点指明它可以处理特定类型的信息。随着 RSS 阅读器和在线电子邮件程序的兴起,注册处理程序就像使用桌面应用程序一样,默认为这些在线应用程序提供了一种方式。

表 4.4　navigator 注册处理程序常用方法

属　　性	意　　义
registerContentHandler( )	针对特定的 MIME 类型将一个站点注册为处理程序
registerProtocolHandler( )	针对特定协议将一个站点注册为处理程序

其中,registerContentHandler( )方法接收 3 个参数:要处理的 MIME 类型、可以处理该 MIME 类型的页面的 URL 以及应用程序的名称。举个例子,要将一个站点注册为处理 RSS 源的处理程序,可以使用如下代码:

```
navigator. registerContentHandler( "application/rss+xml" , "http://www. somereader. com? feed=%s" , "Some Reader" ) ;
```

第一个参数是 RSS 源的 MIME 类型。第二个参数是应该接收 RSS 源 URL 的 URL,其中的%s 表示 RSS 源 URL,由浏览器自动插入。当下一次请求 RSS 源时,浏览器就会打开指定的 URL,而相应的 Web 应用程序将以适当方式来处理该请求。

Firefox 4 及之前版本只允许在 registerContentHandler( )方法中使用 3 个 MIME 类型:application/rss + xml、application/atom + xml 和 application/vnd. mozilla. maybe. feed。这 3 个 MIME 类型的作用都一样,即为 RSS 或 ATOM 新闻源(feed)注册处理程序。

类似的调用方式也适用于 registerProtocolHandler( )方法,它也接收 3 个参数:要处理的协议(例如,mailto 或 ftp)、处理该协议的页面的 URL 和应用程序的名称。例如,要想将一个应用程序注册为默认的邮件客户端,可以使用如下代码:

```
navigator. registerProtocolHandler( "mailto" , "http://www. somemailclient. com? cmd=%s" , "Some Mail Client" ) ;
```

这个例子注册了一个 mailto 协议的处理程序,该程序指向一个基于 Web 的电子邮件客户端。同样,第二个参数仍然是处理相应请求的 URL,而%s 则表示原始的请求。

Firefox 2 虽然实现了 registerProtocolHandler( ),但该方法还不能用。Firefox 3 完整实现这个方法。

4.4　screen 对象

screen 对象包含有关客户端显示屏幕的信息,它是 JavaScript 运行时自动产生的对象,它实际上是独立于窗口对象的。屏幕对象主要包含了计算机屏幕的尺寸及颜色信息(见表 4.5)。

表 4.5　屏幕对象常用属性

属　　性	意　　义
width	返回屏幕分辨率的宽
height	返回屏幕分辨率的高
availWidth	属性返回访问者屏幕的宽度,以像素计,减去界面特性,如任务栏
availHeight	属性返回访问者屏幕的高度,以像素计,减去界面特性,如任务栏
colorDepth	每像素中用于颜色的位数,其值为 1,4,8,15,16,24,32

表中,每个 screen 属性都引用一个 Screen 对象,Screen 对象中存放着有关显示浏览器

屏幕的信息,这些信息只能读取,不可以设置,使用时只要直接引用 screen 对象即可。JavaScript 程序将利用这些信息来优化它们的输出,以达到用户的显示要求。例如,一个程序可以根据显示器的尺寸选择使用大图像还是使用小图像,它还可以根据显示器的颜色深度选择使用 16 位色还是使用 8 位色的图形。另外,JavaScript 程序还能根据有关屏幕尺寸的信息将新的浏览器窗口定位在屏幕中间。

4.5 history 对象

history 对象表示浏览器窗口的浏览历史。History 对象最初设计来表示窗口的浏览历史。出于隐私方面,History 对象不再允许脚本访问已经访问过的实际 URL。History 对象是 window 对象的一部分,可通过 window. history 属性对其进行访问。唯一保持使用的功能只有 back()、forward() 和 go() 方法(见表 4.6)。

表 4.6 history 对象常用方法

方　法	意　义
back()	显示浏览器的历史列表中后退一个网址的网页
forward()	显示浏览器的历史列表中前进一个网址的网页
go(n)和 go(网址)	显示浏览器的历史列表中第 n 个网址的网页,$n>0$ 表示前进,$n<0$ 表示后退或显示浏览器的历史列表中对应的“网址”网页

上表中,back( )和 forward( )分别对应的是浏览器工具栏中的前进、后退按钮,通过方法 go( )可以改变当前网页至曾经访问过的任何一个网页。

一般地,网页中有很多内容,那么靠浏览器提供的 back 按钮返回前一个 URL 较慢,可以在网页中设置“快速返回”按钮,其代码如下:

```
<input type='button'value="快速返回"onClick="history. go. (-5)">
```

在每页的适当位置设置这个按钮,每按一次将向后移动 5 个 URL,结合浏览器的 back 按钮,就可以快速向后翻动。

【案例 4.3】Location 对象应用。

```
<div id="demo1">点击这里获取 URL 信息</div>
<div id="demo2">跳转到 IT 学院首页</div>
<script type="text/javascript">
document. getElementById("demo1"). onclick=function(){
   alert(
         "当前 URL 信息:\n"+
         "URL:"+location. href+"\n"+
         "域名:"+location. host+"\n"+
         "主域名:"+location. hostname+"\n"+
         "路径:"+location. pathname+"\n"+
         "协议:"+location. protocol
   );
}
```

```
document. getElementById( " demo2" ) . onclick = function( ) {
    location. href = " http://www. itxueyuan. org" ;
  }
</script>
```

运行代码后效果如图 4. 4 所示。

file:///C:/Users/Administrator/Desktop/Untitled-1.html

点击这里获取URL信息
跳转到百度首页

图 4. 4　Location 对象应用

【案例 4. 4】navigator 对象常用属性应用。

```
<! DOCTYPE html>
  <htmllang = " en" >
    <head>
    <meta charset = " UTF-8" >
    <title></title>
    <script>
      //属性
      var appCodeName =  window. navigator. appCodeName;//返回与浏览器相关的内部代码名都为 Mozilla
      var appName = navigator. appName;//返回浏览器正式名称均为 Netscape
      var appVersion = navigator. appVersion;//返回浏览器版本号
      var cookieEnabled = navigator. cookieEnabled;//返回浏览器是否启用 cookie,true 和 false
      var geolocation = navigator. geolocation;//返回地理定位信息(h5)
      var javaEnabled = navigator. javaEnabled( ) ;//检测当前浏览器是否支持 Java,从而知道浏览器是否能显示 Java 小程序(IE,chrome 返回 true,firefox 返回 false)
      var language = navigator. language;//返回浏览器的首选语言
      var mimeTypes =  navigator. mimeTypes;//返回浏览器支持的 Mime 类型
      var msManipulationViewsEnabled =  navigator. msManipulationViewsEnabled;//仅支持 IE,true
      var msMaxTouchPoints = navigator. msMaxTouchPoints;//字面意思是最大的触摸点,IE 为 0,其他不支持
      var msPointerEnabled = navigator. msPointerEnabled;//IE 为 true,其他不支持
      var onLine = navigator. onLine;//是否连接互联网,均返回 true(未断网)
      var platform = navigator. platform;//所在平台,返回 win32
      var plugins = navigator. plugins;//返回浏览器插件集合
      var preference = navigator. preference;//允许一个已标识的脚本获取并设置特定的 Navigator 参数
      var product =  navigator. product;//浏览器产品名,返回 gecko
      var systemLanguage = navigator. systemLanguage;//获取系统语言,IE 支持,返回 zh-cn
      var userAgent = navigator. userAgent;//判断浏览器类型
      var userLanguage = navigator. userLanguage;//返回操作系统的自然语言设置,IE 支持,返回 zh-cn
      //方法
      var msLaunchUri = navigator. msLaunchUri;//回调函数,未研究
      var taintEnabled = navigator. taintEnabled;//回调函数
      var hasOwnProperty = navigator. hasOwnProperty;//意思是是否支持属性,用法如下
      var s = document. hasOwnProperty( " ontouchstart" ) ;//电脑返回 false,手机为 true
      alert( " 与浏览器相关的内部代码名:" +appCodeName+" \n" +
        " 浏览器版本号:" +appVersion+" \n" +
```

```
        "浏览器的首选语言:"+language+" \n"+
        "所在平台:"+platform+" \n"+
        "浏览器类型:"+ userAgent);
    </script>
  </head>
  <body>
  </body>
</html>
```

运行代码后效果如图 4.5 所示。

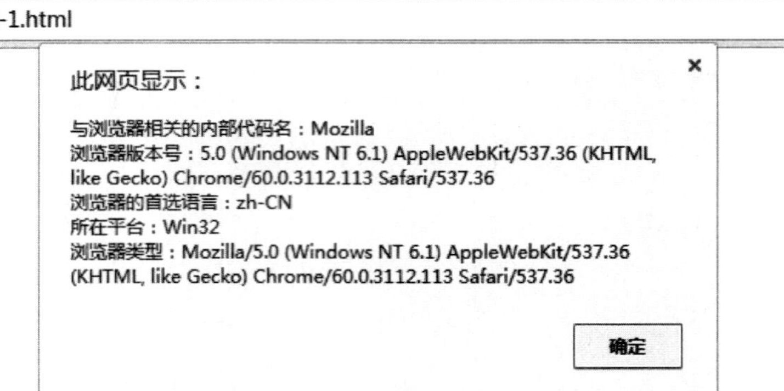

图 4.5　navigator 对象常用属性

【案例 4.5】客户端显示屏幕的信息。

```
<! DOCTYPE html>
  <htmllang="en">
    <head>
      <meta charset="UTF-8">
      <title></title>
      <script language="JavaScript">
        document. write("<p>屏幕分辨率: ")
        document. write(screen. width + " * " + screen. height + "</p>")
        document. write("<p>屏幕可显示面积:")
        document. write(screen. availWidth + " * " + screen. availHeight + "</p>")
        document. write("<p>颜色深度: ")
        document. write(screen. colorDepth + "</p>")
        document. write("<p>缓冲深度:")
        document. write(screen. bufferDepth + "</p>")
        document. write("<p>每英寸水平点数:")
        document. write(screen. deviceXDPI + "</p>")
        document. write("<p>每英寸垂直点数:")
        document. write(screen. deviceYDPI + "</p>")
        document. write("<p>水平方向的常规点数:")
        document. write(screen. logicalXDPI + "</p>")
        document. write("<p>垂直方向的常规点数:")
        document. write(screen. logicalYDPI + "</p>")
        document. write("<p>是否启用了字体平滑:")
```

```
            document. write( screen. fontSmoothingEnabled + "</p>" )
            document. write( "<p>屏幕的颜色分辨率( 比特/像素) :" )
            document. write( screen. pixelDepth + "</p>" )
            document. write( "<p>屏幕刷新率:" )
            document. write( screen. updateInterval + "</p>" )
        </script>
    </head>
    <body>
    </body>
</html>
```

代码运行后效果如图 4.6、图 4.7 所示。

file:///C:/Users/Administrator/Desktop/

屏幕分辨率： 1366*768

屏幕可显示面积：1366*728

颜色深度： 24

缓冲深度：undefined

每英寸水平点数：undefined

每英寸垂直点数：undefined

水平方向的常规点数：undefined

垂直方向的常规点数：undefined

是否启用了字体平滑：undefined

屏幕的颜色分辨率（比特/像素）：24

屏幕刷新率：undefined

图 4.6　Chrome 浏览器下的数据

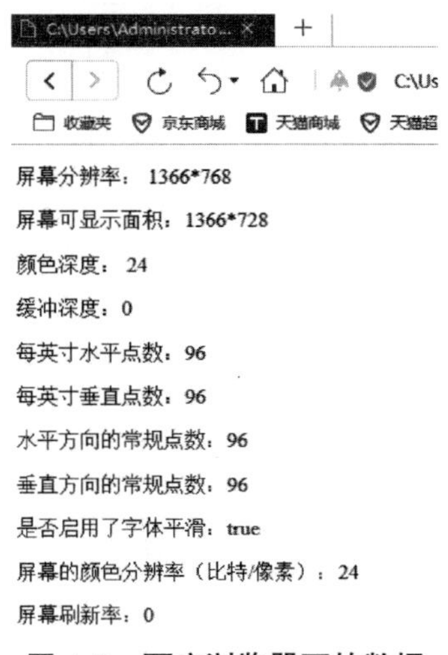

图 4.7　百度浏览器下的数据

小　结

本章介绍了浏览器对象模型 BOM 的概念,学习了 BOM 及其提供的各种对象,明确了 Window 对象是 JavaScript 的核心。

(1) Window 对象是 BOM 结构的顶级对象,使用 Window 对象可实现窗口尺寸和位置的调整、调用系统提示框、打开新窗口、状态栏控制和定时操作等。

(2) 初步学会利用 location 对象获取与当前窗口中加载的文档有关的信息。

(3) 了解利用 navigator 对象获取浏览器及用户使用的计算机操作系统的有关信息。

(4) 了解 Screen 对象的基本属性。

(5) 掌握 history 对象实现历史页面的跳转。

第 5 章　表单和数据完整性

5.1　表单的操作

5.1.1　提交表单

表单是一个包含表单元素的区域,用于搜集不同类型的用户输入。一个表单有三个基本组成部分:表单标签、表单元素、表单按钮。表单标签:包含了处理表单数据所用 CGI 程序的 URL,以及数据提交到服务器的方法。表单元素:文本域、下拉列表、单选框、复选框等,允许用户在表单中输入信息。表单按钮:包括提交按钮、复位按钮和一般按钮,用于将数据传送到服务器上的 CGI 脚本或者取消输入,还可以用表单按钮来控制其他定义了处理脚本的处理工作。

JavaScript 提交表单有多种方式,本节中介绍常用的 4 种方式。

第一种方式:使用 submit 标签提交。

例 5.1: 使用 submit 标签提交。

```
<! - - 验证用户名和密码不为空 - ->
<script type="text/javascript">
        function check(form) {
        if(form.userId.value=='') {
                alert("请输入用户账号!");
                form.userId.focus();
                return false;
            }
            if(form.password.value=='') {
                    alert("请输入登录密码!");
                    form.password.focus();
                    return false;
            }
              return true;
            }
</script>

<form method="post" onsubmit="returncheck(this)">
用户账号
```

```
  <input type=text name="userId" size="18" value="" >
<br>
登录密码
<input type="password" name="password" size="19" value=""/>
<input type="submit"  value="登录">
</form>
```

运行代码后,效果如图 5.1 所示。

图 5.1　使用 submit 标签提交

第二种方式:使用 button 结合 javascript 的方式提交。

例 5.2:使用 button 结合 javascript 的方式提交。

```
<script type="text/javascript">
      function check() {
       var myForm=document.getElementById("myForm");
       myForm.action="Untitled-2.html";
       myForm.submit();
     }
</script>

<form method="post" id="myForm">
用户账号
  <input type=text name="userId" size="18" value="" >
<br>
登录密码
  <input type="password" name="password" size="19" value=""/>
  <input type="button" value="登录" onclick="check()">
  </form>
```

第三种方式:将 onsubmit 事件放在 submit 标签中,而不是 form 标签中。此时表单验证失效,点击提交按钮表单直接提交。代码如下。

例 5.3:将 onsubmit 事件放在 submit 标签中来提交。

```
<script type="text/javascript">
     function check() {
     //验证失效,无论用户账号输入何值,表单都可以提交
     if(document.getElementById("userId").value! ='a')
```

```
          return false;
        else{
          return true;
          }
        }
    </script>

<form method="post" id="myForm" action="Untitled-2.html">
用户账号
    <input type="text" id="userId" size="18" value="" >
<br>
登录密码
    <input type="password" name="password" size="19" value=""/>
    <input type="submit"  value="登录" onsubmit="return check()">
</form>
```

而 onsubmit 事件放在 form 标签中,则进行表单验证。

例 5.4:将 onsubmit 事件放在 submit 标签中。

```
<script type="text/javascript">
    function check() {
      //验证失效,无论用户账号输入何值,表单都可以提交
          if(document.getElementById("userId").value! ='a')
          return false;
        else{
          document.getElementById("myForm").action="2.html";
          return true;
          }
        }
      </script>

<form method="post" id="myForm"  onsubmit="return check()">
用户账号
    <input type="text" id="userId" size="18" value="" >
<br>
登录密码
<input type="password" name="password" size="19" value=""/>
<input type="submit"  value="登录" >
</form>
```

第四种方式:为 submit 按钮添加上 onclick 事件,其中该事件用于表单提交的验证,功能类似于在 form 标签中增加了 onsubmit 事件一样。

例 5.5:为 submit 按钮添加上 onclick 事件。

```
<script type="text/javascript">
        function check() {
          if(document.getElementById("userId").value! ='a')
            return false;
          else{
```

```
        document. getElementById( " myForm" ) . action = " 2. html" ;
        return true;
        }

      }
</script>
<form method = " post"  id = " myForm" >
用户账号
  <input type = " text"  id = " userId"  size = " 18"  value = " "  >
<br>
登录密码
<input type = " password"  name = " password"  size = " 19"  value = " " />
<input type = " submit"    value = " 登录"  onclick = " return check( ) "  >
</form>
```

5.1.2 重置表单

首先需要理解清除和重置功能需求的区别,清除是将值清空,而重置是把表单中各控件的值设为默认值。

使用<input type = " reset" value = " " >通用重置按钮可以实现表单重置。当用户单击重置按钮重置表单时,会触发 onreset 事件,也可以在此处取消表单的重置。下面通过一个示例来演示重置过程。

例 5.6:当用户单击“重置”按钮时,弹出消息确认框进行确认,如果单击“否”按钮,则不重置表单。

```
<script type = " text/javascript" >
    function checkReset( ) {

        if( ! confirm( " 你确实要重置表单吗?" ) )
          return false;
          }
        function clearInfo( ) {
          document. getElementById( " myText" ) . value = " " ;
        }
  </script>

    <form method = " post"  id = " myForm"  onreset = " returncheckReset( ) " >
    <input type = " text"  id = " myText"  value = " 验证重置按钮操作"  size = " 30"  onfocus = " this. value = " " />
    <input type = " reset"    value = " 重置"  />
    <input type = " button"  id = " btn1"  value = " 取消"  onclick = " clearInfo( ) " />
</form>
```

运行代码后,效果如图 5.2 所示。

北非　重置　取消

未知网站 上的网页显示：

你确实要重置表单吗？

确定　取消

图 5.2　消息确认框

5.1.3　表单字段元素对象

form 表单字段元素包括<input><select><option><textarea>元素等。

1. <input>元素

input 元素是表单元素之一，用来收集用户输入信息，根据 type 属性不同可以变化为多种形态，如表 5.1 所示。

表 5.1　<input>元素的 type 值详细解释

type 值	代　码	解　释
text	用户名：<input type=”text” name=””/>	用户可输入文本的单行输入字段
password	密码：<input type=”password”　name=””/>	密码字段中的字符会被掩码(显示为星号或原点)
submit	<input type="submit" value="提交" />	定义用于向服务器发送表单数据
button	<input type="button" value="确定" />	定义可点击的按钮，但没有任何行为
checkbox	<input type="checkbox" name="swim">游泳 <input type="checkbox" name="basketball">篮球</form>	定义复选框。复选框允许用户在一定数目的选择中选取一个或多个选项
radio	<input type="radio" checked="checked" name="Sex" value="male" /> 女性：<input type="radio" name="Sex" value="female" />	定义单选按钮。单选按钮允许用户选取给定数目的选择中的一个选项
file	<input type="file" />	定义输入字段和"浏览"按钮，供文件上传

（续表）

type 值	代　码	解　释
hidden	<input type = " hidden" name = " country" value = " Norway" />	定义隐藏的输入字段
image	<input type = " image" src = " submit. gif" alt = " Submit" />	定义提交按钮。提交按钮会把表单数据发送到服务器
reset	<input type = " reset" />	定义重置按钮。重置按钮会恢复表单中的所有默认数据

2. <select>元素

select 元素可创建单选或多选菜单。<select&> 元素中的 <option> 标签用于定义列表中的可用选项 Select 的属性如表 5. 2 所示。

表 5. 2　select 的属性及解释

属性名	属性值	代　码	解　释
diabled	disabled	<select disabled = " disabled" > < option value = " volvo" >Volvo</option> </select>	规定禁用下拉列表
multiple	multiple	<select multiple = " multiple" size = " 3" > <option value = " volvo" > Volvo </option > < option value = " saab" >Saab</option> <option value = " mercedes" > Mercedes</option> </select>	规定可以选择多个选项卡,也就是一次会提交两个值,但是这种用法应该很少
name	name	<select name = " carlist" > <option value = " volvo" > Volvo</option></select>	规定该下拉列表的名称
size	数字 number	<select multiple = " multiple" size = " 3" ><option value = " volvo" >Volvo</option> <option value = " saab" > Saab</option> <option value = " mercedes" >Mercedes </option> </select>	规定该下拉列表中可见选项的数目

3. <option>元素

option 元素定义下拉列表中的一个选项(一个条目)。

浏览器将 <option> 标签中的内容作为 <select> 标签的菜单或是滚动列表中的一个元素显示。option 元素位于 select 元素内部,其属性如表 5. 3 所示。

表 5. 3　option 属性

属　性	值	描　述	示　例
disabled	disabled	规定此选项首次加载的时候被禁用	<select> <option>Volvo</option> <optiondisabled = " disabled" >Opel</option></select>

（续表）

属　性	值	描　述	示　例
selected	selected	规定选项打开列表时为选中状态	<select> <option>Volvo</option> <option selected="selected">Saab</option></select>
value	text	定义发送到服务器的选项值	<form action="/example/html/form_action.asp" method="get" target="_blank"> <select name="cars"> <option value="volvo">Volvo XC90</option> </select> <input type="submit" value="Submit" /></form>

4. <textarea>元素

定义多行的文本输入控件。文本区中可容纳无限数量的文本，其中的文本的默认字体是等宽字体(通常是 Courier)。可以通过 cols 和 rows 属性来规定 textarea 的尺寸，不过更好的办法是使用 CSS 的 height 和 width 属性。textarea 的属性如表 5.4 所示。

表 5.4　textarea 属性

属　性	值	描　述
cols	number 数字	该文本的可见宽度，应该是 column(列)的缩写
rows	number 数字	该文本的可见行数，就是高度
name		定义该文本区的名字
readonly	readonly	定义该文本区为只读，不可编辑
disabled	disabled	定义该文本区的内容不可用，提交不到服务器

【案例 5.1】表单提交。

```
<style type="text/css">
  label{float: left;width: 80px;line-height:25px;}
  form{margin:0px}
  input{width: 180px;border:1px solid #808080;}
  textarea{width: 250px;height: 150px;}
  #code {
          font-family:Arial;
          font-style:italic;
          font-weight:bold;
          border:0;
          letter-spacing:2px;
          color:blue;
      }
  br{clear: left;}
</style>
```

```
<script>
    var code ; //在全局定义验证码
   //产生验证码
   window. onload = function createCode( ){
    code = "";
    var codeLength = 4;//验证码的长度
    var checkCode = document. getElementById("code");
    var random =
new Array(0,1,2,3,4,5,6,7,8,9,'A','B','C','D','E','F','G','H','I','J','K','L','M','N','O','P','Q','R',
      'S','T','U','V','W','X','Y','Z');//随机数
      for( var i = 0; i < codeLength; i++) {//循环操作
       var index = Math. floor( Math. random( ) * 36);//取得随机数的索引(0~35)
       code += random[ index ];//根据索引取得随机数加到 code 上
       }
       checkCode. value = code;//把 code 值赋给验证码
}
function check( form){
      if( form. user. value=="") {
        alert("请输入姓名!");
        form. user. focus( );
        return false;
   }
   if( form. email. value=="){
        alert("请输入邮箱!");
        form. email. focus( );
        return false;
    }
    if( form. myCode. value. length<=0){
     alert("请输入验证码!")
     return false;
   }
//取得输入的验证码并转化为大写
  var inputCode = document. getElementById("myCode"). value. toUpperCase( );
  if( inputCode ! = code ) { //若输入的验证码与产生的验证码不一致时
     alert("验证码输入错误!"+code+":"+inputCode); //则弹出验证码输入错误
     createCode( );//刷新验证码
     document. getElementById("input"). value = "";//清空文本框
     return false;
   }
  alert("姓名:"+form. user. value+"\n"+"邮箱:"+form. email. value+"\n"+"验证码:"+inputCode);
  return true;
}
  </script>

  <form action="" method="post" enctype="multipart/form-data" name="myForm" onsubmit="returncheck( this)">
  <label for="user">姓名:</label>
```

```
    <input type="text" id="user" name="user" value="" /><br />
    <label for="email">邮件:</label>
    <input type="text" id="email" name="email" value="" /><br />
    <label for="comment">备注:</label>
    <textarea id="comment" name="comment"></textarea><br />
    <label for="checkcode">验证码:</label><input type = "text" id = "myCode"/>
    <input type = "button" id="code" onclick="createCode()"/> <br />
    <input type="submit" value="提交"/>
    <input type="reset" value="重置"/>
</form>
```

运行代码后,效果如图 5.3 所示。

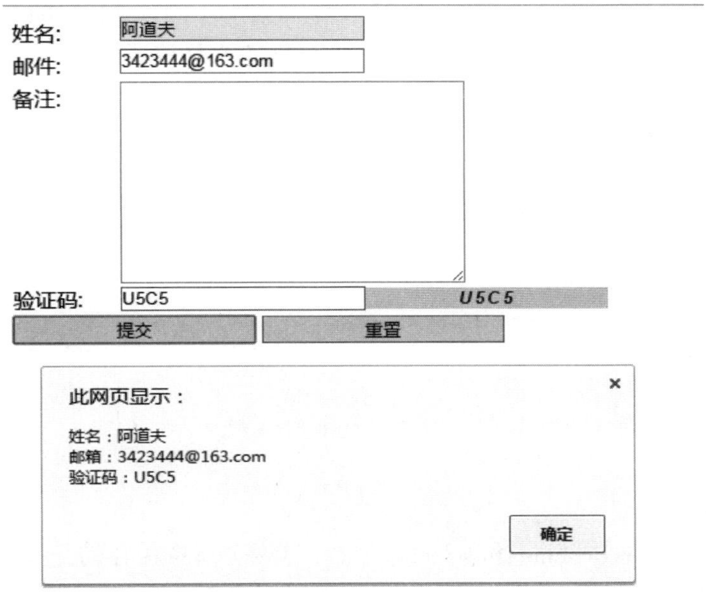

图 5.3　表单提交

5.2　文本框脚本

5.2.1　选择文本

在 html 中有两种方式表现文本框:一是使用 input 元素的单行文本;二是使用 textarea 的多行文本框。选择文本框内的文本有以下两种情况:

1. 选择全部文本

(1)select()方法。此方法适用以上两种文本框。下面的代码是只要文本框获得焦点,就会选择全部的文本。

例 5.7:select()方法。

```
<form method="post" id="myForm" >
```

```
        firstName:<input type="text" id="firstName" />
</form>
<script type="text/javascript">
        var textBox = document.getElementById("firstName");
        textBox.value="点击看看";//设置默认值
        textBox.addEventListener("focus", function () {    event.target.select();
        });//监听文本框获取焦点事件
</script>
```

使用 textarea 获取全部文本请读者自行练习。

(2)select 事件。与 select()方法对应的 select 事件,在选择了文本框中的文本时事件触发。那么具体何时触发 select 事件?有三种情况:

①一般情况下只有用户选择了文本(而且要释放鼠标),才会触发 select 事件。

②IE8 及更早版本中,只要用户选择了一个字母(不必释放鼠标),就会触发 select 事件。

③在调用 select()方法时也会触发。

例 5.8:select 事件。

```
<form method="post" id="myForm" >
  firstName:<input type="text" id="firstName" />
</form>
<script type="text/javascript">
        var textBox = document.getElementById("firstName");
        textBox.value="选择一个文本看看";
        //监听文本框选取事件
        textBox.addEventListener("select", function () {    event.target.select();});
</script>
```

2. 选择部分文本

利用两个属性:selectionStart 和 selectionEnd。这两个属性保存的是基于 0 的数值,表示所选择文本的范围(偏移量)。下边的代码可以取得用户选择的文本框中的文本。

例 5.9:选择部分文本。

```
<form method="post" id="myForm" >
  firstName:<input type="text" id="firstName" />
</form>
<script type="text/javascript">
    var textBox = document.getElementById("firstName");
    textBox.value = "input your firstName";
    //设置事件
   textBox.addEventListener("select", function () {
   var selected =
            textBox.value.substring(textBox.selectionStart,textBox.selectionEnd);
        alert(selected);
        });
</script>
```

运行代码后,效果如图 5.4 所示。

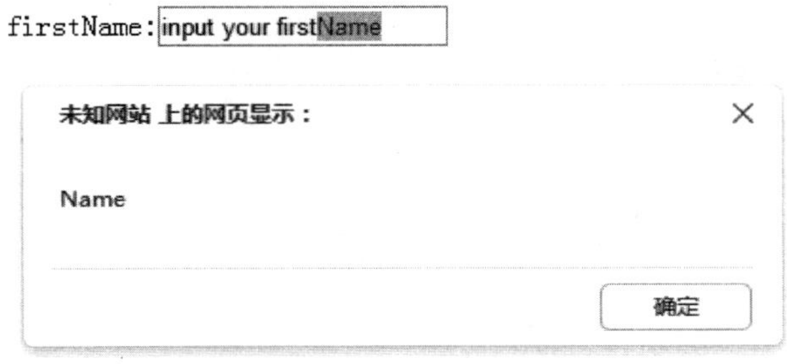

图 5.4　选择部分文本

但是,使用 selectionStart/End 属性时,IE8 不支持,但支持另一个名为 document. selection 对象,该对象保存着用户在整个文档范围内选择的文本信息。获取选择的文本的兼容版本为:

```
function getSelectedText (textbox) {
  if (typeof textbox. selectionStart == "number") {
return textbox. value. substring(textbox. selectionStart,textbox. selectionEnd);
  }else if (document. selection) {
      returndocument. selection. createRange(). text;}}
```

5.2.2　过滤输入

很多用户都希望在输入信息时就过滤那些不想输入的字符,可以利用正则表达式来实现。

例 5.10:实现文本框只能输入数字、字母、小数点、汉字、@ 。

```
<script type="text/javascript">
    function usrNameSet(num){
    var str=num. value;
    var value=str. replace(/[^\a-\z\A-\Z0-9\u4E00-\u9FA5\@\. ]/g,'');
    document. getElementById("firstName"). value=value;
    }
</script>

<form method="post" id="myForm" >
    firstName:<input type="text" id="firstName" onkeyup="usrNameSet(this)"/>
</form>
```

这里的 this 指的是文本框对象。

正则表达式已经在第 2 章阐述,这里不再赘述。其他关于文本框的过滤输入,如邮箱格式限制、联系电话格式限制等,读者可根据具体需求按正则表达式来填写。

5.2.3　自动切换焦点

为了增强易用性,加快数据输入的速度,可以在前一个文本框中的字符达到一定的字符长度后(如电话号码,身份证号等),用户输入完后,自动将焦点切换到下一个文本框中。

例 5.11:实现座机号码分段输入。

```
<script type="text/javascript">
  window.onload = function () {
    //tabForward 公共方法
    function tabForward(event) {
        var event = event || window.event;
        var target = event.target || event.srcElement; //当前事件对象
        if (target.value.length == target.maxLength) {//判断是否与目标字符数相等
            var form = target.form,//获取 form 表单
            len = form.elements.length;
            for (i=0;i<len;i++) {
              if(form.elements[i] == target) {
                if( form.elements[i+1]) {
                      form.elements[i+1].focus();//向下一个获取焦点
                }
                return;
              }
            }
        }
    }
    var tel1 = document.getElementsByTagName("input")[0];
    var tel2 = document.getElementsByTagName("input")[1];
    var tel3 = document.getElementsByTagName("input")[2];
    tel1.onkeyup = tabForward;
    tel2.onkeyup = tabForward;
    tel3.onkeyup =tabForward;}
</script>

<form method="post" id="myForm" >
    <input type="text"  maxLength="3" value=""/>-
    <input type="text"  maxLength="4" value=""/>-
    <input type="text"  maxLength="4" value=""/>
</form>
```

运行代码后,效果如图 5.5 所示。

图 5.5 实现座机号码分段输入

【案例 5.2】将【案例 5.1】文本框进行过滤验证。

```
  <style type="text/css">
   label{float: left;width: 80px;line-height:25px;}
   form{margin:0px}
   input{width: 180px;border:1px solid #808080;}
   textarea{width: 250px;height: 150px;}
   #code
          {
            font-family:Arial;
            font-style:italic;
            font-weight:bold;
            border:0;
            letter-spacing:2px;
            color:blue;
          }
   . myLable{width: 200px;border:none ;color:red;background-color:#FFF;}
   br{clear: left;}
</style>
<script>
   var code ; //在全局定义验证码
//产生验证码
   window. onload = functioncreateCode(){
   code = "";
   var codeLength = 4;//验证码的长度
   var checkCode = document. getElementById("code");
   var random =
new Array(0,1,2,3,4,5,6,7,8,9,'A','B','C','D','E','F','G','H','I','J','K','L','M','N','O','P','Q','R',
     'S','T','U','V','W','X','Y','Z');//随机数
     for(var i = 0; i < codeLength; i++) {//循环操作
    var index = Math. floor(Math. random() * 36);//取得随机数的索引(0~35)
    code += random[index];//根据索引取得随机数加到 code 上
   }
   checkCode. value = code;//把 code 值赋给验证码

}
//表单提交验证
function check(form){
     if(form. user. value=="") {
               alert("请输入姓名!");
               form. user. focus();
               return false;
     }
if(form. email. value=="){
               alert("请输入邮箱!");
               form. email. focus();
               return false;
     }
```

```
    if(form.myCode.value.length<=0){
                alert("请输入验证码!")
                return false;
    }
    var inputCode = document.getElementById("myCode").value.toUpperCase(); //取得输入的验证码并转化为大写
    if(inputCode ! = code ) { //若输入的验证码与产生的验证码不一致时
            alert("验证码输入错误!"+code+":"+inputCode); //则弹出验证码输入错误
            createCode();//刷新验证码
            document.getElementById("input").value = "";//清空文本框
            return false;
        }
    alert("姓名:"+form.user.value+"\n"+"邮箱:"+form.email.value+"\n"+"验证码:"+inputCode);
        return true;
    }
    //文本框过滤输入
    function res(object){
      var name=document.getElementById("user").value;
      var mail=document.getElementById("email").value;
      var value=/^[\u4e00-\u9fa5.a-zA-Z0-9]+$/; //验证姓名只能是数字、字母、汉字
      var filter=/^([a-zA-Z0-9_\.\-])+\@(([a-zA-Z0-9\-])+\.)+([a-zA-Z0-9]{2,4})+$/; //验证邮箱
      if(object==document.getElementById("user")){
      if(! value.test(name)){
      //alert(document.getElementById("username").value);
      document.getElementById("username").value="格式不符合";
    }
    else{
      document.getElementById("username").value="";
    }}
      if(object==document.getElementById("email")){
      if(! filter.test(mail)){
      //alert(o.value);
      document.getElementById("Email").value="格式不符合";
    }
    else{
        document.getElementById("Email").value="";
    }
    }
    }
    </script>

    <form action="" method="post" enctype="multipart/form-data" name="myForm" onsubmit="returncheck(this)">
    <label for="user">姓名:</label>
    <! --onblur 为文本框失去焦点事件-->
    <input type="text" id="user" name="user" value="" onblur="res(this)"/><input type="text" class="myLable" id
="username" value="由数字、字母、汉字构成" disabled="false"><br />
```

```
<label for="email">邮箱:</label>
<input type="text" id="email" name="email" value="" onblur="res(this)"/><input type="text" id="Email" class="myLable" value="按邮箱格式填写" disabled="false"><br />

<label for="comment">备注:</label>
<textarea id="comment" name="comment">
</textarea><br />

<label for="checkcode">验证码:</label><input type = "text" id = "myCode"/><input type = "button" id="code" onclick="createCode()"/> <br />
<input type="submit" value="提交"/>
<input type="reset" value="重置"/>
</form>
```

代码运行后,效果如图 5.6 所示。

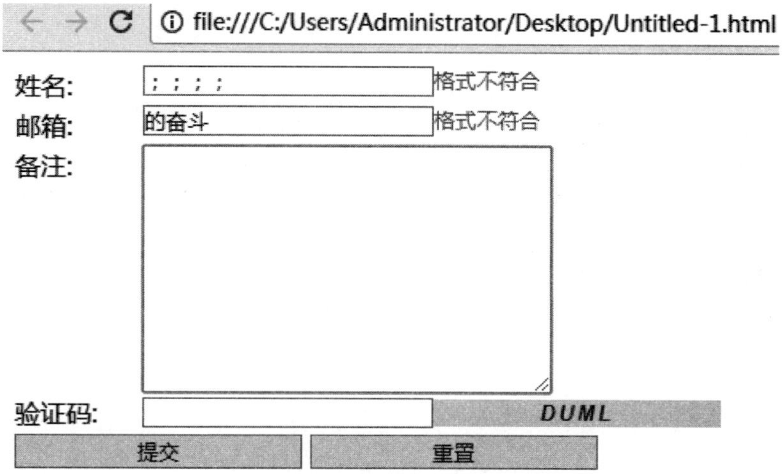

图 5.6　文本框过滤验证

5.3　选择框脚本

在使用表单设计调查表时,为了减少用户的操作,使用选择框是一个好主意,本节介绍单选框、复选框和下拉选择框,前两者的区别是单选框中的选项用户只能选择一项,而复选框中用户可以任意选择多项,甚至全选。

5.3.1　选择选项

1. 单选框

单选框能够进行项目的单项选择,以一个圆框选择。基本语法如下:

```
<input type="radio" name="field_name" checked="checked" value="value" >
```

语法解释:

checked 表示此项被默认选中，field_name 是单选框的名称，用于服务器端接收参数使用，就像你自己的名字一样，value 表示选中项目后传送到服务器端的值。

例 5.12：实现使用 javaScript 获取单选框的值。

```
<script type="text/javascript">
function showInfo(){
//通过标签获取   getElementsByTagName
var obj = document.getElementsByTagName("input");
for(var i=0; i<obj.length; i++){
        if(obj[i].checked){              //判断当前单选框是否被选中
            alert(obj[i].value);          //获取单选框的值
        }
    }
}
</script>

<form method="post" id="myForm" >
<input type="radio"  name ="sex" value="male" onchange="showInfo()">男
<input type="radio"  name ="sex" value="femele" onchange="showInfo()" >女
</form>
```

运行代码后，效果如图 5.7 所示。

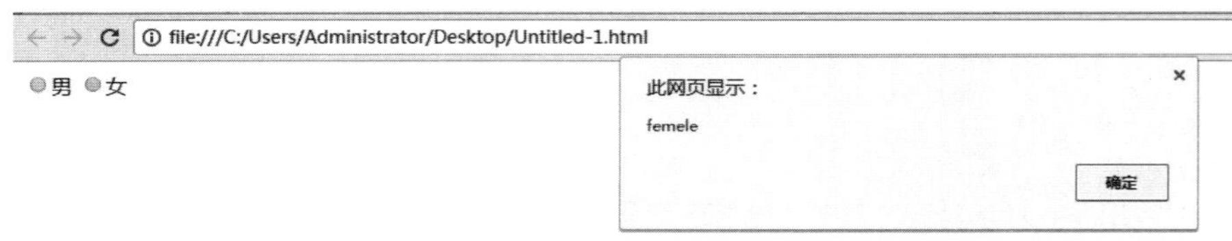

图 5.7　单选框的值

这里使用了 document.getElementsByTagName("input")方式获取了元素列表，还可以通过标签的名字 document.getElementsByTagName("input")获取元素列表。

2. 复选框

多选复选框表单控件在网页中比较常见，其可以选择多项答案。基本语法如下：

```
<input name="Fruit" type="checkbox" value="" />
```

语法解释：

复选框的 value 属性值不会显示在用户界面中。value 属性用于表单数据的提交（只有选中的复选框才会传递数据到服务端，如果什么都没选则不传递复选框数据）。

例 5.13：实现操作复选框，要求是可以选择部分选项，也可以全选，全选按钮的状态根据选中的选项个数自动变化，即全选按钮的状态会自动取消或者自动勾选。

```
<script type="text/javascript">
///全选复选框被选中以及取消，其他选项选择情况
  function selectAll(){
  allCheckbox=document.getElementsByName("hobby");
    checkall = document.getElementById('checkAll');
    if(checkall.checked){
```

```
        for( var i=0;i<allCheckbox. length;i++) {
            allCheckbox[ i]. checked=true;
        }
    } else {
        for( var i=0;i<allCheckbox. length;i++) {
            allCheckbox[ i]. checked=false;
        }
    }
}
//显示选项
function showInfo( ) {
    var str="";
    for( var i=0;i<window. hobby. length;i++) {
        if( window. hobby[ i]. checked) {
            str=str+window. hobby[ i]. value+"、";
            if( i==window. hobby. length-1) {
                window. checkAll. checked=true;
            }


    }
}
alert( str);
}
var num=0;
//判断是否全选,是,则自动将全选复选框 checked
function test( obj) {
    if( obj. checked) {
        num++;
}
if( num==5)
        window. checkAll. checked=true;
}
</script>

<body>
你的爱好有:
<p>
<label for="hobby">
<input type="checkbox" id="hobby" name="hobby" value="阅读" onclick="test( this)"/>阅读
<input type="checkbox" id="hobby" name="hobby" value="旅游" onclick="test( this)"/>旅游
<input type="checkbox" id="hobby" name="hobby" value="电竞" onclick="test( this)"/>电竞
<input type="checkbox" id="hobby" name="hobby" value="钓鱼" onclick="test( this)"/>钓鱼
<input type="checkbox" id="hobby" name="hobby" value="音乐" onclick="test( this)"/>音乐
<input type="checkbox" name="hobby" id="checkAll" value="全部" onclick="selectAll( )"/>以上全部
</label>
</p>
```

```
    <br /><br />
    <input type="button"  value="选择"  onclick="showInfo()"/>
</body>
```

运行代码后,效果如图 5.8 所示。

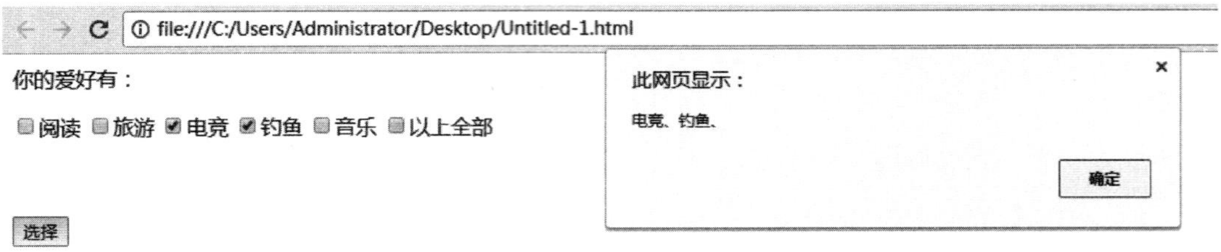

图 5.8　操作复选框

3. 下拉选择框

select 元素可创建单选或多选菜单。<select> 元素中的 <option> 标签用于定义列表中的可用选项。

例 5.14:操作下拉选择框。

```
<script language="javascript"  type="text/javascript">
    function Test() {
        //获取 text 值
        var text =
    document.getElementById("bigclass").options[window.document.getElementById("bigclass").selectedIndex].text;
alert('text:' + text);
        //获取 value 值
        var val =document.getElementById("bigclass").value;
        alert('val:' + val);
        //获取 select 分配的索引值
        var idx =document.getElementById("bigclass").selectedIndex;
        alert('idx:' + idx);}
</script>

<form id="form1"  runat="server">
   <div>
      <select name="bigclass"  id="bigclass"  onchange="Test()">
         <option value="1"  selected="selected">java</option>
         <option value="2">asp.net</option>
         <option value="3">php</option>
         <option value="4">c++</option>
         <option value="5">delphi</option>
      </select>
   </div>
</form>
```

运行代码后,效果如图 5.9 所示。

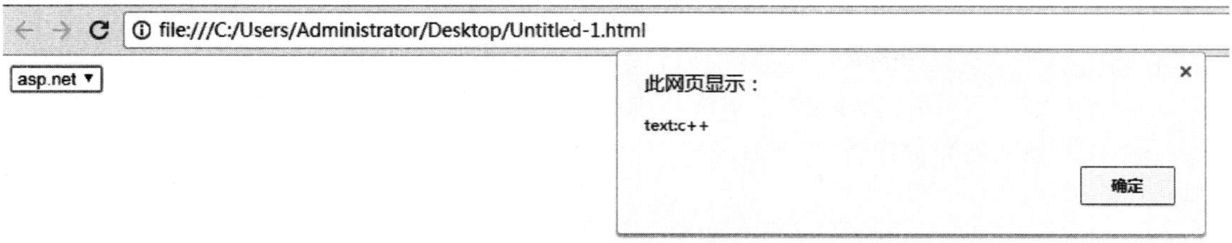

图 5.9　操作下拉选择框

5.3.2　添加选项

在实际应用中,仅仅创建一个选择框往往不能够满足实际需要,可能会需要动态添加选项。下面介绍如何动态添加选项。

1. checkbox

一般 checkbox 复选框前面或者后面有说明性的文字,方法就是创建一个 checkbox 对象,然后再创建一个文本节点,然后添加到表单元素中。步骤如下:

(1)创建一个元素对象。

```
Var myCheckbox=document.createElement("input");
myCheckbox.setAttribute("type","checkbox");
```

(2)创建文本节点。

```
var myText=document.createTextNode("酱焖肘子");
```

(3)将新建 checkbox 对象和文本节点填加到 li 和 ul 中。

```
var ul=document.getElementById("myUl");
var li=document.createElement("li");
li.appendChild(myCheckbox);
li.appendChild(document.createTextNode("酱焖肘子"));
ul.appendChild(li);
```

例 5.15:动态添加 checkbox 选项。

```
<script type="text/javascript">
    function addMenu(){
        var ul=document.getElementById("myUl");
        var li=document.createElement("li");
        var myCheckbox=document.createElement("input");
        myCheckbox.setAttribute("type","checkbox");
        li.appendChild(myCheckbox);
        li.appendChild(document.createTextNode("酱焖肘子"));
        ul.appendChild(li);
    }
</script>

<ul id="myUl">
        <li><input type="checkbox" />宫保鸡丁</li>
```

```
        <li><input type="checkbox" />麻婆豆腐</li>
        <li><input type="checkbox" />醋熘白菜</li>
</ul>
<br /><br />
<input type="button" value="增加菜式" onclick="addMenu()"/>
```

运行代码后,效果如图 5.10 所示。

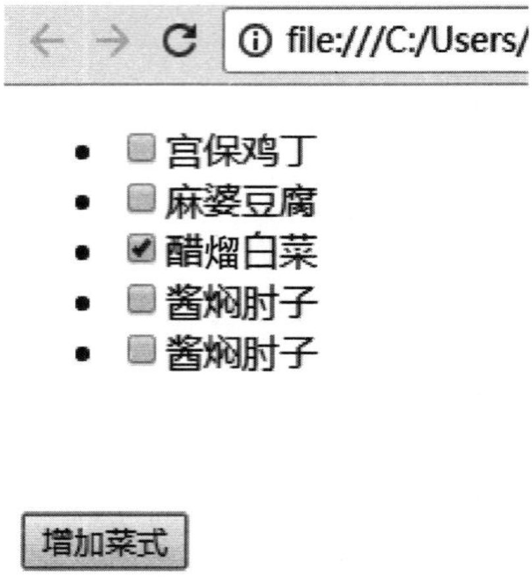

图 5.10 动态添加 checkbox 选项

2. select 中的 option 选项动态添加

例 5.16 select 中的 option 选项动态添加。

```
<script language="javascript" type="text/javascript">
  var i=2;
   function newOption() {
      i++;
        var newOption = document.createElement("option");
        newOption.appendChild(document.createTextNode("节点"+i));
        newOption.setAttribute("value","节点"+i);
        //window.bigclass.appendChild(newOption);
      }
function addOption(){
        i++;
        var newOption=new Option("节点"+i,"节点"+i);
        window.bigclass.options.add(newOption,undefined);
    }
</script>

<form id="form1" runat="server">
<div>
/ * onchange 事件调用 javascript   * /
          <select name="bigclass" id="bigclass" onchange="addOption()">
          <option value="节点 1" selected="selected" >节点 1</option>
          <option value="节点 2" selected="selected">节点 2</option>
```

```
        </select>
    </div>
</form>
```

代码运行后,效果图 5.11、图 5.12 所示。

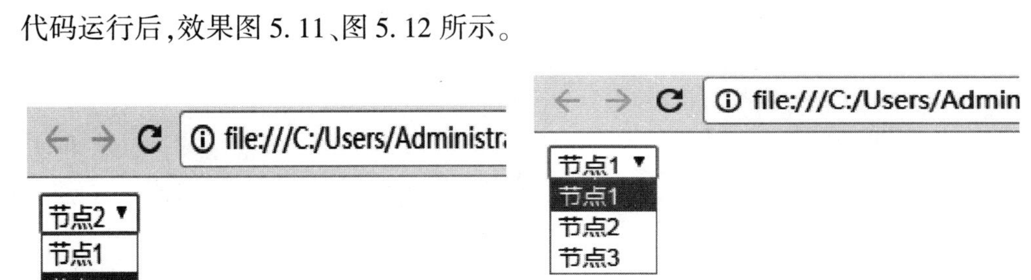

图 5.11　增加 option 项前　　　　图 5.12　点击后增加 option 项

5.3.3　移除选项

根据实际情况,可以对选择框进行动态移除选项。

1. checkbox

例 5.17:选择框动态移除选项。

```
<script type="text/javascript">
  function addMenu(){
    var ul=document.getElementById("myUl");
    var li=document.createElement("li");
    var myCheckbox=document.createElement("input");
    myCheckbox.setAttribute("type","checkbox");
    li.appendChild(myCheckbox);
    li.appendChild(document.createTextNode("酱焖肘子"));
    li.appendChild(document.createTextNode("\t"));

    var img1=document.createElement("img");
    img1.setAttribute("src","11.png");
    img1.onclick=function(){del(this)};
    li.appendChild(img1);
    ul.appendChild(li);
  }
//删除选中的复选框
  function del(obj){
    var li=obj.parentNode;
    var checkbox=li.firstChild;
    if(checkbox.checked)
        window.myUl.removeChild(li);
  }
</script>
```

```
<body>
    <ul id="myUl">
    <li><input type="checkbox" value="fff"/>宫保鸡丁       <img src="
11.png" onclick="del(this)"/></li>
    <li><input type="checkbox" />麻婆豆腐  <img src="11.png" onclick="del(this)"/></li>
    <li><input type="checkbox" />醋溜白菜  <img src="11.png" onclick="del(this)"/></li>
  </ul>
  <br /><br />
  <input type="button" value="增加菜式" onclick="addMenu()"/>
</body>
```

运行代码后,效果如图 5.13 所示。

图 5.13　选择框动态移除选项

2. 删除 select 中的 option 选项

例 5.18:删除 select 中的 option 选项。

```
<script type="text/javascript">
function del() {
    var selTarget = document.getElementById("bigclass");
     if (selTarget.selectedIndex > -1) {//说明选中
       for (var i = 0; i < selTarget.options.length; i++) {
         if (selTarget.options[i].selected) {
           selTarget.remove(i);
             i = i - 1; //注意这一行
           }
         }
     }
}
</script>

<form id="form1" runat="server">
   <div>
     <select name="bigclass" id="bigclass" >
       <option value="节点 1" selected="selected" >节点 1</option>
         <option value="节点 2" selected="selected">节点 2</option>
```

```
        </select>
      </div>
    <input type="button" onclick="del()" value="删除节点"/>
</form>
```

运行代码后，效果如图 5.14、图 5.15 所示。

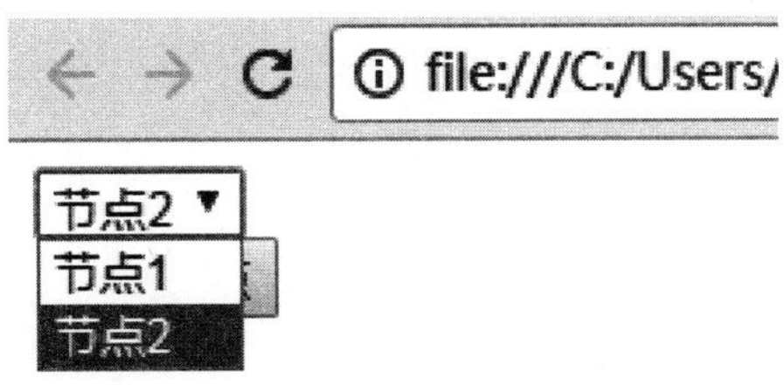

图 5.14　删除节点前

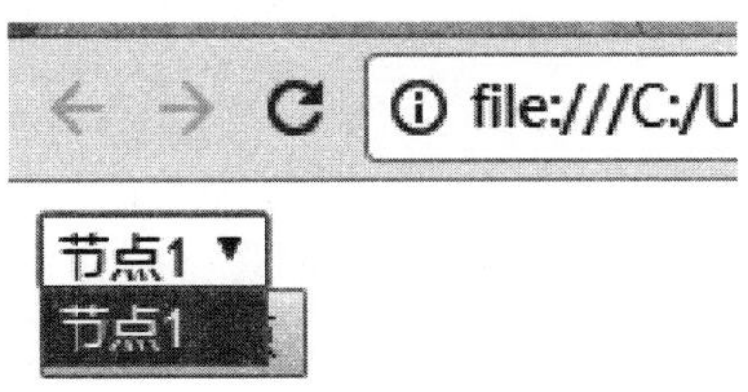

图 5.15　删除节点后

5.3.4　移动和重排选项

例 5.19：对 select 中的 option 选项进行上下移动。

```
<script language="javascript" type="text/javascript">
  function fnUp() {
    var sel = document.getElementById("bigclass");
      for (var i = 1; i < sel.length; i++) {//最上面的一个不需要移动，所以直接从 i=1 开始
      if (sel.options[i].selected) {
        if (! sel.options.item(i - 1).selected) {//上面的一项没选中，上下交换
          var selText = sel.options[i].text;
            var selValue = sel.options[i].value;
            sel.options[i].text =sel.options[i - 1].text;
            sel.options[i].value =sel.options[i - 1].value;
            sel.options[i].selected = false;
            sel.options[i - 1].text = selText;
            sel.options[i - 1].value = selValue;
            sel.options[i - 1].selected = true;
          }
        }
      }
    }
   function fnDown() {
     var sel = document.getElementById("bigclass");
       for (var i = sel.length - 2; i >= 0; i--) {//向下移动，最后一个不需要处理，所以直接从倒数第二个开始
         if (sel.options.item(i).selected) {
           if (! sel.options.item(i + 1).selected) {//下面的 Option 没选中，上下互换
           var selText = sel.options.item(i).text;
           var selValue = sel.options.item(i).value;
           sel.options.item(i).text = sel.options.item(i + 1).text;
           sel.options.item(i).value = sel.options.item(i + 1).value;
```

```
                sel.options.item(i).selected = false;
                sel.options.item(i + 1).text = selText;
                sel.options.item(i + 1).value = selValue;
                sel.options.item(i + 1).selected = true;
              }
            }
          }
        }
</script>

<form id="form1" runat="server">
   <div>
       <select name="bigclass" id="bigclass" >
       <option value="节点 1" selected="selected" >节点 1</option>
       <option value="节点 2" selected="selected">节点 2</option>
       </select>
    </div>
   <input type="button" onclick="fnUp()" value="向上"/>
   <input type="button" onclick="fnDown()" value="向下"/>
</form>
```

代码运行后,效果如图 5.16、图 5.17 所示。

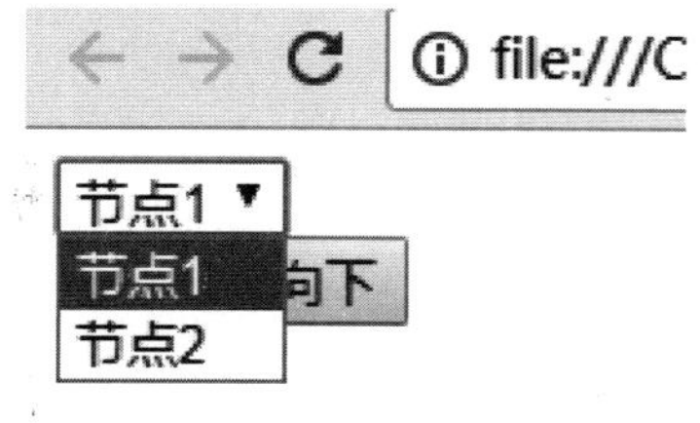

图 5.16　节点 1 移动前

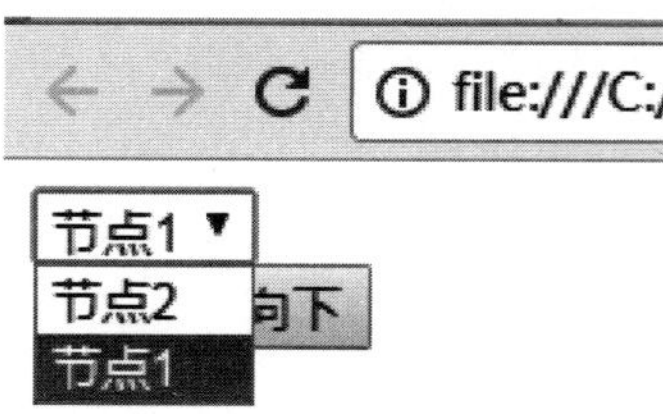

图 5.17　节点 1 移动后

【案例 5.3】带复选框的树形菜单。

```
<script type="text/javascript" src="js/wtree.js"></script>
<link rel="StyleSheet" href="css/dtree.css" type="text/css"/>

<body>
   <div id="systree">
   </div>
   <script type="text/javascript">
        var d = new dTree('d','images/system/menu/');
        d.config.check=true;
        d.add(0,-1,'系统菜单',"javascript:;",'提示');
        d.add(100,0,'系统管理',"javascript:;",'所有系统管理功能');
        d.add(790,100,'菜单管理',"javascript:;",'菜单管理');
        d.add(800,100,'组织机构',"javascript:;","");
        d.add(810,100,'用户管理',"javascript:;","");
        d.add(3,810,'用户名',"javascript:;","");
```

```
        d.add(102,0,'系统机构',"javascript:;","");
        d.add(300,102,'人员管理',"javascript:;","");
        d.add(301,102,'部门管理',"javascript:;","");
        d.add(302,102,'机构管理',"javascript:;","");
        d.add(103,0,'权限管理',"javascript:;","");
        d.add(400,103,'角色维护',"javascript:;","");
        d.add(401,103,'功能分配',"javascript:;","");
        d.add(402,103,'角色分配',"javascript:;","");
  document.getElementById('systree').innerHTML = d;
</script>
</body>
```

wtree.js:

```
//节点对象
function Node(id, pid, name, url, title, target, icon, iconOpen, open) {
      this.id = id;
      this.pid =pid;
      this.name = name;
      this.url =url;
      this.title = title;
      this.target = target;
      this.icon = icon;
      this.iconOpen = iconOpen;
      this._io = open || false;
      this._is = false;
      this._ls = false;
      this._hc = false;
      this._ai = 0;
      this._p;
};
// Tree object 树对象
function dTree(objName,iconPath) {
      this.config = {
            target: null,
            folderLinks: true,
            useSelection: true,
            useCookies: true,
            useLines: true,
            useIcons: true,
            useStatusText: false,
            closeSameLevel: false,
            inOrder: false,
            check:false//复选框是否被选择
      };
      if(!iconPath)iconPath="img/";//设置树节点图标路径
            this.icon = {
            root: iconPath+'base.gif',
```

```
            folder: iconPath+'folder.gif',
            folderOpen: iconPath+'folderopen.gif',
            node: iconPath+'page.gif',
            empty: iconPath+'empty.gif',
            line: iconPath+'line.gif',
            join: iconPath+'join.gif',
            joinBottom: iconPath+'joinbottom.gif',
            plus: iconPath+'plus.gif',
            plusBottom: iconPath+'plusbottom.gif',
            minus: iconPath+'minus.gif',
            minusBottom: iconPath+'minusbottom.gif',
            nlPlus: iconPath+'nolines_plus.gif',
            nlMinus: iconPath+'nolines_minus.gif'
        };
        this.cbCollection = newObject();
        this.obj = objName;
        this.aNodes = [];
        this.aIndent = [];
        this.root = newNode(-1);
        this.selectedNode = null;
        this.selectedFound = false;
        this.completed = false;
    };
    //向节点序列中增加一个新节点
    dTree.prototype.add =function(id, pid, name, url, title, target, icon, iconOpen, open) {
        this.aNodes[this.aNodes.length] = new Node(id, pid, name, url, title, target, icon, iconOpen, open);
    };
    //向页面输出树形
    dTree.prototype.toString =function() {
        var str = '<div class="dtree">\n';
        if (document.getElementById) {
            if (this.config.useCookies) this.selectedNode = this.getSelected();
        str += this.addNode(this.root);
        } else str += 'Browser notsupported.';
        str += '</div>';
        if (! this.selectedFound) this.selectedNode = null;
        this.completed = true;
        return str;
    };
    //创建树结构
    dTree.prototype.addNode =function(pNode) {
        var str = '';
        var n=0;
        if (this.config.inOrder) n = pNode._ai;
        for (n; n<this.aNodes.length; n++) {
            if (this.aNodes[n].pid == pNode.id) {
```

```
            var cn = this. aNodes[ n ] ;
            cn. _p = pNode;
            cn. _ai = n;
            this. setCS( cn) ;
            if ( ! cn. target && this. config. target) cn. target = this. config. target;
            if (cn. _hc && ! cn. _io && this. config. useCookies) cn. _io = this. isOpen( cn. id) ;
            if ( ! this. config. folderLinks && cn. _hc) cn. url = null;
            if (this. config. useSelection && cn. id == this. selectedNode && ! this. selectedFound) {
                cn. _is = true;
                this. selectedNode = n;
                this. selectedFound = true;
            }
            str += this. node(cn, n) ;
            if (cn. _ls) break;
        }
    }
    return str;
};
//通过 id 获得复选框对象
dTree. prototype. co=function( id) {
    if ( this. cbCollection[ id] ) return this. cbCollection[ id] ;
    for( var n=0; n<this. aNodes. length; n++) {
        if( this. aNodes[ n]. id==id) {
        this. cbCollection[ id] =document. getElementById( "c" +this. obj+n) ;
        break;
    }
  }
  return this. cbCollection[ id] ;
};
//得到所有被选中的复选框的 id 值
dTree. prototype. getCheckedNodes=function( ) {
    var res = new Array( ) ;
    var cko;//checkobject
    for( var n=0; n<this. aNodes. length; n++) {

    cko = this. co( this. aNodes[ n]. id) ;
    if( cko. checked==true) {
        res[ res. length] =this. aNodes[ n]. id;
    }
  }
  return res;
}
dTree. prototype. cc=function( nodeId) {
    var cs = document. getElementById( "c" +this. obj+nodeId). checked;
    var n,node = this. aNodes[ nodeId] ;
    var len =this. aNodes. length;
```

```
        for (n=0; n<len; n++) {
            if (this.aNodes[n].pid == node.id) {
                document.getElementById("c"+this.obj+n).checked=cs;
                this.cc(n);
            }
        }
        if(cs==false)return;
        var pid=node.pid;
        var bSearch;
        do{
            bSearch=false;
            for(n=0;n<len;n++){
                if(this.aNodes[n].id==pid){
                  document.getElementById("c"+this.obj+n).checked=true;
                  pid=this.aNodes[n].pid;
                  bSearch= true;
                  break;
                }
            }
        }while(bSearch==true)
    }
    //创建节点图标,url 和文本
    dTree.prototype.node =function(node, nodeId) {
        var str = '<div class="dTreeNode">' + this.indent(node, nodeId);
        if (this.config.useIcons) {
            if (!node.icon) node.icon = (this.root.id == node.pid) ? this.icon.root : ((node._hc) ? this.icon.folder :
this.icon.node);
            if (!node.iconOpen) node.iconOpen = (node._hc) ? this.icon.folderOpen : this.icon.node;
            if (this.root.id == node.pid) {
                node.icon = this.icon.root;
                node.iconOpen = this.icon.root;
            }
            str += '<img id="i' + this.obj + nodeId + '" src="' + ((node._io)? node.iconOpen : node.icon) + '" alt
="" />';
    }
        if(this.config.check==true){
            str+= '<input type="checkbox" class="cx" id="c'+this.obj + nodeId + '" onclick="javascript:'+this.obj+'
.cc('+nodeId+')"/>';
        }
        if (node.url) {
            str += '<a id="s' + this.obj + nodeId + '" class="' + ((this.config.useSelection) ? ((node._is ? 'nodeSel' :
'node')) : 'node') + '" href="' + node.url +'"';
            if (node.title) str += ' title="' + node.title + '"';
            if (node.target) str += ' target="' + node.target + '"';
            if (this.config.useStatusText) str += ' onmouseover="window.status=\'' + node.name + '\';return true;" on-
mouseout="window.status=\'\';return true;" ';
```

```
            if (this.config.useSelection && ((node._hc && this.config.folderLinks) || !node._hc)) str += ' onclick="javascript: ' + this.obj + '.s(' + nodeId + ');"';
            str += '>';
        }
        else if ((!this.config.folderLinks || !node.url) && node._hc && node.pid != this.root.id)
        str += '<a href="javascript: ' + this.obj + '.o(' + nodeId + ');" class="node">';
        str += node.name;
        if (node.url || ((!this.config.folderLinks || !node.url) && node._hc)) str += '</a>';
        str += '</div>';
        if (node._hc) {
        str += '<div id="d' + this.obj + nodeId + '" class="clip" style="display:' + ((this.root.id == node.pid || node._io) ? 'block' : 'none') + ';">';
        str += this.addNode(node);
        str += '</div>';
        }
      this.aIndent.pop();
      return str;
    };
    //Adds the empty and line icons
    dTree.prototype.indent =function(node, nodeId) {
      var str = '';
      if (this.root.id != node.pid) {
        for (var n=0; n<this.aIndent.length; n++)
          str += '<img src="' + ( (this.aIndent[n] == 1 && this.config.useLines) ? this.icon.line : this.icon.empty ) + '" alt="" />';
          (node._ls) ? this.aIndent.push(0) : this.aIndent.push(1);
          if (node._hc) {
            str += '<a href="javascript: ' + this.obj + '.o(' + nodeId + ');"><img id="j' + this.obj + nodeId + '" src="';
            if (!this.config.useLines) str += (node._io) ? this.icon.nlMinus : this.icon.nlPlus;
            else str += ( (node._io) ? ((node._ls && this.config.useLines) ? this.icon.minusBottom : this.icon.minus) : ((node._ls && this.config.useLines) ? this.icon.plusBottom : this.icon.plus ) );
            str += '" alt="" /></a>';
            } else str += '<img src="' + ( (this.config.useLines) ? ((node._ls) ? this.icon.joinBottom : this.icon.join ) : this.icon.empty) + '" alt="" />';
        }
      return str;
    };
    //判断当前节点是否带子节点并且是否为最终的兄弟节点
    dTree.prototype.setCS =function(node) {
        var lastId;
        for (var n=0; n<this.aNodes.length; n++) {
          if (this.aNodes[n].pid == node.id) node._hc = true;
          if (this.aNodes[n].pid == node.pid) lastId = this.aNodes[n].id;
        }
        if (lastId==node.id) node._ls = true;
```

```
};
//返回选中的节点
dTree.prototype.getSelected = function() {
    var sn = this.getCookie('cs' + this.obj);
    return (sn) ? sn : null;
};
//将选中的节点高亮显示
dTree.prototype.s = function(id) {
  if (!this.config.useSelection) return;
  var cn = this.aNodes[id];
  if (cn._hc && !this.config.folderLinks) return;
  if (this.selectedNode != id) {
    if (this.selectedNode || this.selectedNode==0) {
      eOld = document.getElementById("s" + this.obj + this.selectedNode);
      eOld.className = "node";
    }
    eNew = document.getElementById("s" + this.obj + id);
    eNew.className = "nodeSel";
    this.selectedNode = id;
    if (this.config.useCookies) this.setCookie('cs' + this.obj, cn.id);
  }
};
//关闭或打开节点
dTree.prototype.o = function(id) {
    var cn = this.aNodes[id];
    this.nodeStatus(!cn._io, id, cn._ls);
    cn._io= !cn._io;
    if (this.config.closeSameLevel) this.closeLevel(cn);
    if (this.config.useCookies) this.updateCookie();
  };
//按特定节点展开树
dTree.prototype.openTo = function(nId, bSelect, bFirst) {
    if (!bFirst) {
      for (var n=0; n<this.aNodes.length; n++) {
      if (this.aNodes[n].id == nId) {
        nId=n;
        break;
      }
    }
  }
  var cn=this.aNodes[nId];
  if (cn.pid==this.root.id || !cn._p) return;
  cn._io = true;
  cn._is = bSelect;
  if (this.completed && cn._hc) this.nodeStatus(true, cn._ai, cn._ls);
  if (this.completed && bSelect) this.s(cn._ai);
```

```
    else if (bSelect) this._sn=cn._ai;
    this.openTo(cn._p._ai, false, true);
};

//根据某个节点关闭所有同级别的节点
dTree.prototype.closeLevel =function(node) {
    for (var n=0; n<this.aNodes.length; n++) {
        if (this.aNodes[n].pid == node.pid && this.aNodes[n].id != node.id && this.aNodes[n]._hc) {
            this.nodeStatus(false, n, this.aNodes[n]._ls);
            this.aNodes[n]._io = false;
            this.closeAllChildren(this.aNodes[n]);
        }
    }
}

//关闭一个节点下的所有子节点
dTree.prototype.closeAllChildren =function(node) {
    for (var n=0; n<this.aNodes.length; n++) {
            if (this.aNodes[n].pid == node.id && this.aNodes[n]._hc) {
                if (this.aNodes[n]._io) this.nodeStatus(false, n, this.aNodes[n]._ls);
                this.aNodes[n]._io = false;
                this.closeAllChildren(this.aNodes[n]);
        }
    }
}
//改变节点状态(打开或关闭)
dTree.prototype.nodeStatus =function(status, id, bottom) {
    eDiv= document.getElementById('d' + this.obj + id);
    eJoin= document.getElementById('j' + this.obj + id);
    if (this.config.useIcons) {
        eIcon= document.getElementById('i' + this.obj + id);
        eIcon.src = (status) ? this.aNodes[id].iconOpen : this.aNodes[id].icon;
    }
    eJoin.src = (this.config.useLines)?
      ((status)? ((bottom)? this.icon.minusBottom: this.icon.minus): ((bottom)? this.icon.plusBottom:
this.icon.plus)):
    ((status)? this.icon.nlMinus:this.icon.nlPlus);
    eDiv.style.display = (status) ? 'block': 'none';
};
//清理一个 cookie
dTree.prototype.clearCookie =function() {
    var now = new Date();
    var yesterday = new Date(now.getTime() - 1000 * 60 * 60 * 24);
    this.setCookie('co'+this.obj, 'cookieValue', yesterday);
    this.setCookie('cs'+this.obj, 'cookieValue', yesterday);
};
```

```
//设置一个 cookie 的值
dTree. prototype. setCookie =function( cookieName, cookieValue, expires, path, domain, secure)
{
  document. cookie =
    escape( cookieName) + '=' + escape( cookieValue)
    + ( expires ? '; expires=' + expires. toGMTString( ) : '' )
    + ( path ? '; path=' + path : '' )
    + ( domain ? '; domain=' + domain : '' )
    + ( secure ? '; secure' : '' );
};
//获得一个 cookie 的值
dTree. prototype. getCookie =function( cookieName) {
  var cookieValue = '';
  var posName = document. cookie. indexOf( escape( cookieName) + '=');
  if ( posName ! = -1) {
    var posValue = posName + ( escape( cookieName) + '='). length;
    var endPos = document. cookie. indexOf( ';', posValue);
    if ( endPos ! = -1) cookieValue = unescape( document. cookie. substring( posValue, endPos));
else cookieValue = unescape( document. cookie. substring( posValue));
  }
  return ( cookieValue);
};
//根据一个字符串获得所有打开的节点的 id 的值
dTree. prototype. updateCookie =function( ) {
  var str = '';
  for ( var n=0; n<this. aNodes. length; n++) {
    if ( this. aNodes[ n]. _io && this. aNodes[ n]. pid ! = this. root. id) {
      if ( str) str += '. ';
      str += this. aNodes[ n]. id;
    }
  }
  this. setCookie( 'co' + this. obj, str);
};
    dTree. prototype. isOpen =function( id) {
    var aOpen = this. getCookie( 'co' + this. obj). split( '. ');
    for ( var n=0; n<aOpen. length; n++)
      if ( aOpen[ n] == id) return true;
    return false;
};
if ( ! Array. prototype. push) {
  Array. prototype. push = function array_push( ) {
    for( var i=0;i<arguments. length;i++)
      this[ this. length] =arguments[ i];
    return this. length;
  }
};
```

```
if (! Array.prototype.pop) {
  Array.prototype.pop = function array_pop() {
      lastElement = this[this.length-1];
      this.length = Math.max(this.length-1,0);
      return lastElement;
  }
};
```

运行代码后,效果如图 5.18 所示。

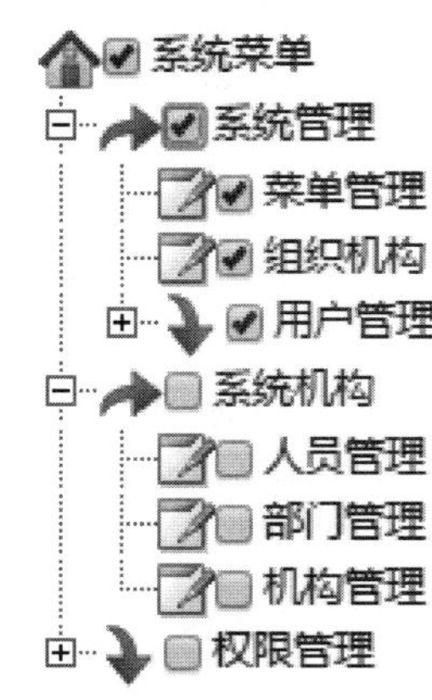

图 5.18　带复选框的树形菜单

5.4　表单序列化

当有 form 表单而且里面的表单元素较多时,为了方便与后台交互并且提高自己的开发效率,在 JavaScript 中,可以利用表单字段的 type 属性,连同 name 和 value 属性一起实现对表单的序列化。

在编写代码之前,有必要搞清楚在表单提交期间,浏览器是怎样将数据发送给服务器的。

(1)对表单字段的名称和值进行 URL 编码,使用和号(&)分割。

(2)不发送禁用的表单字段。

(3)只发送勾选的复选框和单选按钮。

(4)不发送 type 为"reset"和"button"的按钮。

(5)多选择框中的每个选中的值单独一个条目。

在单击提交按钮提交表单的情况下,也会发送提交按钮;否则,不发送提交按钮。也包括 type 为"image"的<input>元素。

<select>元素的值,就是选中的<option>元素的 value 特性的值。如果<option>元素没有 value 特性,则是<option>元素的文本值。

下面用 javascript 来实现 form 表单序列化的函数,步骤如下:

(1)先获取 form 表单使用 ById 或者是 forms。

(2)获取后通过 elements 取到表单中所有元素的数组。

(3)之后进行遍历判断类型(根据类型做相应的对象拼接)实现序列化对象。

(4)在表单序列化过程中,一般不包含任何按钮字段,因为结果字符串很可能是通过其他方式提交的。除此之外的其他上述规则都应该遵循。

例 5.20:实现表单序列化的代码。

```
<script type="text/javascript">
 function serializeForm2(form) {
 var parts = [];
 for (var i = 0,i1= form.elements.length; i < i1; i++) {
  var field = form.elements[i];
  switch (field.type) {
    case 'select-one':
    case 'select-multiple':
     if (field.type.length) {
       for (var j = 0, j1 = field.options.length; j < j1; j++) {
        var option = field.options[j];
        if (option.selected) {
          var optionValue = '';
          if (option.hasAttribute('value') && option.attributes['value'].specified) {
           //specified 表明是否有此属性,有的话返回 true,若定义了此属性但尚未添加到元素中也返回 true。
           optionValue = option.value;
          } else {
           optionValue = optionValue.text;
          }
          parts.push(encodeURIComponent(field.name) + '=' + encodeURIComponent(optionValue));
        }
       }
     }
     break;
    case undefined:
    case 'file':
    case 'submit':
    case 'reset':
    case 'button':
     break;
    case 'radio':
    case 'checkbox':
     if(! field.checked){
       break;
     }else{
       parts.push(encodeURIComponent(field.name) + '=' + encodeURIComponent(field.dataset['index']));
       break;
     }
    default:
```

```
        if(field.name.length){
          parts.push(encodeURIComponent(field.name) + '=' + encodeURIComponent(field.value));
        }
      }
    }
    return parts.join('&');
}
    // 调用
window.onload=function (){
var oForm = document.getElementById('target');
   console.log(serializeForm2(oForm));
}
</script>
</head>

<body>
<form id="target">
<select name="age">
      <option value="age1">20</option>
      <option value="age2" selected>21</option>
</select>
<input name="name" value="Cynthia">
<label>passsword</label>
<input type="password" name="password" value="123456">
<input type="hidden" name="salery" value="3333">
<textarea name="description" cols="15" rows="5">description</textarea>
<input type="checkbox" name="hobby" value="football" checked> Football
<input type="checkbox" name="hobby" value="basketball"> Basketball
<input type="radio" name="sex" value="Female" checked> Female
<input type="radio" name="sex" value="Male"> Male
</form>
</body>
```

显示结果为：

age=age2&name=Cynthia&password=123456&salery=3333&description=description&hobby=undefined&sex=undefined

上面这个 serialize()函数首先定义了一个名为 parts 的数组,用于保存将要创建的字符串的各个部分。然后,通过 for 循环迭代每个表单字段,并将其保存在 field 变量中。在获得了一个字段的引用之后,使用 switch 语句检测其 type 属性。序列化过程最麻烦的就是<select>元素,它可能是单选框也可能是多选框,值可能有一个选中项,而多选框则可能有零或多个选中项。这里的代码适用于这两种选择框,至于可选框的数量是由浏览器控制的。在找到了一个选中项之后,需要确定使用什么值。如果不存在 value 特性,或者虽然存在该特性,但值为空字符串,都要使用选项的文本代替。为检查这个特性,在 DOM 兼容的浏览器中需要使用 hasAttribute()方法,而在 IE 中需要使用特性的 specified 属性。

如果表单中包含<fieldset>元素,则该元素会出现在元素集合中,但没有 type 属性。如果 type 属性未定义,则不需要对其进行序列化。同样,对于各种按钮以及文件输入字段也是如此。对于单选按钮和复选框，要检查其 checked 属性是否被设置为 false，如果是则退出 switch 语句。如果 checked 属性为 ture，则继续执行 default 语句，即将当前字段的名称和值进行编码，然后添加到 parts 数组中。函数的最后一步，就是使用 join( )格式化整个字符串，也就是用和号(&)来分割每一个表单字段。

5.5 富文本编辑

一说起富文本，人们第一印象就是像使用 Word 一样，在网页上操作文档。实际上差不多就是这样。富文本编辑，又称为 WYSIWYG (What You See Is What You Get 所见即所得)，指在网页中编辑富文本内容。

5.5.1 操作富文本

有两种编辑富文本的方式：一种是使用 iframe 元素；另一种是使用 contenteditable 属性。

1. iframe

在页面中嵌入一个包含空 HTML 页面的 iframe。通过设置 designMode 属性，这个空白的 HTML 页面可以被编辑，而编辑对象则是该页面<body>元素的 HTML 代码。例如：

```
<iframe  name="wysiwyg" src="wysiwyg.html" style="height:100px;width: 100px;"></iframe>
  <script>
    window.onload=function(){
      frames['wysiwyg'].document.designMode = 'on';
    }
</script>
```

designMode 属性有两个可能的值："off"(默认值)和"on"。在设置为"on"时，整个文档都会变得可以编辑。

只有在页面完全加载之后才能设置 designMode 属性。因此，在包含页面中，需要使用 onload 事件处理程序。

例 5.21：利用 ifame 实现简单的富文本编辑。

```
<iframe  name="richedit"></iframe>
    <br />
    <button onclick="bold()">黑体</button>
    <button onclick="italic()">斜体</button>

    <script>
     window.onload=function(){
       frames["richedit"].document.designMode="on";
       frames["richedit"].document.contentEditable =true;// 设置元素为可编辑
   }
  function bold(){
      frames["richedit"].document.execCommand("bold", false, null);
   }
```

```
        function italic() {
frames["richedit"].document.execCommand("italic",false,null);
    }
    </script>
```

效果如图 5.19 所示。

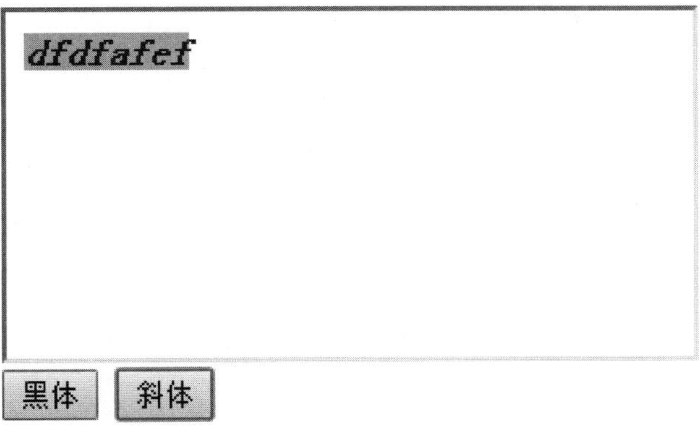

图 5.19　利用 iframe 元素编辑富文本

与富文本编辑器交互的主要方式,是使用 document.execCommand()。这个方法可以对文档执行预定义的命令,而且可以应用大多数格式。

document.execCommand(String aCommandName, Boolean aShowDefaultUI, String aValue-Argument)方法需要传递 3 个参数:

①aCommandName 表示要执行的命令名称,不可省略。

②aShowDefaultUI 表示是否展示用户界面,默认为 false,可省略。Mozilla 没有实现。

③aValueArgument 表示额外参数值(如 insertimage 需要提供这个 image 的 url),默认为 null,可省略。

下面介绍一些常用的命令:

(1)bold。开启或关闭选中文字或插入点的粗体字效果。IE 浏览器使用 <strong> 标签,而不是 <b> 标签。

(2)copy。拷贝当前选中内容到剪贴板。启用这个功能的条件因浏览器不同而不同,而且不同时期,其启用条件也不尽相同。使用之前请检查浏览器兼容表,以确定是否可用。

(3)fontSize。在插入点或者选中文字部分修改字体大小,需要提供一个 HTML 字体尺寸 (1~7) 作为参数。

(4)hiliteColor。更改选择或插入点的背景颜色。需要一个颜色值字符串作为值参数传递。UseCSS 必须开启此功能。(IE 浏览器不支持)

(5)italic。在光标插入点开启或关闭斜体字。(Internet Explorer 使用 EM 标签,而不是 I)

(6)underline。在光标插入点开启或关闭下划线。

2. contenteditable

把 contenteditable 属性应用给页面中的任何元素,然后用户立即就可以编辑该元素设置 document.designMode='on'时,页面的任意位置都可以编辑;使用 contenteditable='true'则只对具体元素和其包含的元素起作用。

注意：一定要区分 contenteditable 和 contentEditable。contenteditable 是元素的特性，而 contentEditable 是对象的属性。

例 5.22：contenteditable 属性应用。

```
<div id="wysiwyg" style="height: 100px;width: 300px;border:1px solid black" contenteditable>测试内容</div>
<button data-name="fontname" data-value="宋体">宋体</button>
<button data-name="fontsize" data-value="5">大字体</button>
<button data-name="forecolor" data-value="red">红色字体</button>
<button data-name="backColor" data-value="lightgreen">浅绿背景</button>
<button data-name="bold">加粗</button>
<button data-name="italic">斜体</button>
<button data-name="underline">下划线</button>
<script>
var btns = document.getElementsByTagName('button');
for(var i = 0; i < btns.length; i++){
    btns[i].onclick = function(){
document.execCommand(this.getAttribute('data-name'),false,this.getAttribute('data-value'));
    }
}
</script>
```

效果如图 5.20 所示。

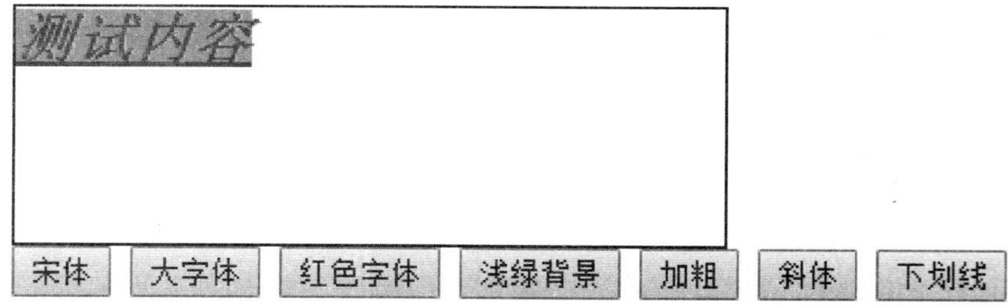

图 5.20　利用 contenteditable 属性编辑富文本

5.5.2　富文本选区

在富文本编辑器中，使用 getSelection() 方法，可以确定实际选择的文本。这个方法是 window 对象和 document 对象的属性，调用它会返回一个表示当前选择文本的 Selection 对象。每个 Selection 对象都有下列属性（IE8-浏览器不支持）：

(1) anchorNode：选区起点所在的节点。

(2) anchorOffset：在到达选区起点位置之前跳过的 anchorNode 中的字符数量。

(3) focusNode：选区终点所在的节点。

(4) focusOffset：focusNode 中包含在选区之内的字符数量。

(5) isCollapsed：布尔值，表示选区的起点和终点是否重合。

(6) rangeCount：选区中包含的 DOM 范围的数量。

Selection 对象提供的方法：

(1) addRange(range)：将指定的 DOM 范围添加到选区中。

(2) collapse(node, offset)：将选区折叠到指定节点中的相应的文本偏移位置。

(3) collapseToEnd()：将选区折叠到终点位置。

(4) collapseToStart()：将选区折叠到起点位置。

(5) containsNode(node)：确定指定的节点是否包含在选区中。

(6) deleteFromDocument()：从文档中删除选区中的文本，与 document. execCommand("delete", false, null) 命令的结果相同。

(7) extend(node, offset)：通过将 focusNode 和 focusOffset 移动到指定的值来扩展选区。

(8) getRangeAt(index)：返回索引对应的选区中的 DOM 范围。

(9) removeAllRanges()：从选区中移除所有 DOM 范围。实际上，这样会移除选区，因为选区中至少要有一个范围。

(10) reomveRange(range)：从选区中移除指定的 DOM 范围。

(11) selectAllChildren(node)：清除选区并选择指定节点的所有子节点。

(12) toString()：返回选区所包含的文本内容。

Selection 对象的这些方法都极为实用，它们利用了 DOM 范围来管理选区。由于可以直接操作选择文本的 DOM 表现，因此访问 DOM 范围与使用 execCommand() 相比，能够对富文本编辑器进行更加细化的控制。下面看一个例子：

例 5.23：Selection 对象应用。

```
<span>测试区间</span>
<button onclick="showColor()">添加背景色</button>
<script>
  function showColor(){
      var selection = document.getSelection();
      //取得选择的文本
      var selectionText = selection.toString();
      //取得代表选区的范围
      var range = selection.getRangeAt(0);
      //突出显示选择的文本
      var span = document.createElement("span");
      span.style.backgroundColor = "yellow";
      range.surroundContents(span);
  }
</script>
```

效果如图 5.21 所示。

测试区间 [添加背景色]

图 5.21　富文本选区

5.5.3 表单与富文本

因为富文本编辑使用的是 iframe,所以它并不属于表单。所以自然不会被自动提交给服务器,因此需要手工处理。可以添加一个隐藏字段,把它的值设置为从 iframe 中提取出的富文本内容。

例 5.24:提取富文本。

```
<input type="hidden" id="comments">
...
var form = document.getElementById("myForm");
EventUtil.addHandler(form, "submit", function (event) {//把富文本域的值添加到表单
event = EventUtil.getEvent(event);
var target = EventUtil.getTarget(event);
target.elements["comments"].value = document.getElementById("richedit").innerHTML;
console.log(target.elements["comments"].value);
})
```

【案例 5.4】富文本编辑器。

```
<input type="image" src="image/bold.png" value="bold" onclick="setFontStyle(this)"/>
<input type="image" src="image/italic.png" value="italic" onclick="setFontStyle(this)"/>
<input type="image" src="image/text_underline.png" value="underline" onclick="setFontStyle(this)"/>
<input type="image" src="image/290-align-left.png" value="justifyLeft" onclick="setContent(this)"/>
<input type="image" src="image/288-align-right.png" value="justifyRight" onclick="setContent(this)"/>
<input type="image" src="image/289-align-center.png" value="justifyCenter" onclick="setContent(this)"/>
<input type="image" src="image/indent_increase.png" value="indent" onclick="setContent(this)"/>
<input type="image" src="image/indent_decrease.png" value="outdent" onclick="setContent(this)"/>
<input type="image" src="image/copy_selected.png" value="copy" onclick="setCopy()"/>
<br />
<div id="editableText" contenteditable="true" style="width:400px;min-height:100px;border:2px dashed #ccc"></div>
<br /><br />
<div id="pasteText" contenteditable="true" style="width:400px;min-height:100px;border:2px dashed #ccc"></div>

  <script type="text/javascript">
      function setFontStyle(obj)
        {
          document.execCommand(obj.value,false,null);
        }
      function setContent(obj){
        document.execCommand(obj.value,false,null);
      }
      function setCopy(){

        document.execCommand('copy');
      }
</script>
```

运行代码后,效果如图 5.22 所示。

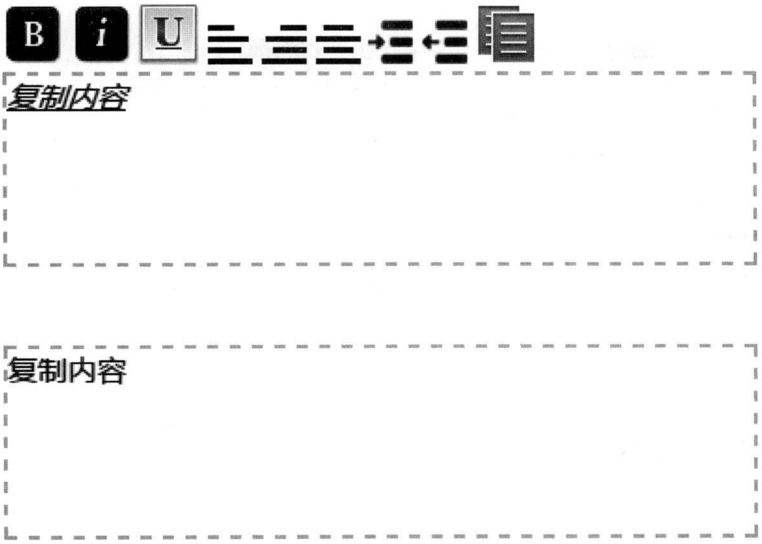

B i U

复制内容

复制内容

图 5.22　富文本编辑器

小　　结

创建表单元素是为了满足用户向服务器发送数据的需求。HTML 表单通过<form/>元素来定义,<input/> 元素主要的 HTML 输入元素,其通过 type 属性确定控件。表单提交可通过 4 种方式进行:submit 提交按钮、button 结合 javascript 方式、将 onsubmit 事件放在 submit 标签中、为 submit 按钮添加上 onclick 事件。文本框 select( ) 方法选中文本框中所有文本(必须已经获得焦点),为确保文本框获得焦点,最好在调用 select( )前调用 focus( )。注意单选框和复选框的区别。需要一个可以编辑同时又可显效果的编辑框。textarea 不行,它只能用来输入纯文本,不能显示颜色、斜体之类的文字样式,因此要使用富文本(所见即所得)编辑器。

第 6 章　文档对象模型

6.1　文档对象模型的定义

6.1.1　DOM 简介

文档对象模型(Document Object Model,DOM),DOM 标准化组织是 W3C。当页面加载时,浏览器会创建页面的文档对象模型(Document Object Model)。文档对象模型定义访问和处理 HTML 文档的标准方法。DOM 将 HTML 文档呈现为带有元素、属性和文本的树结构,即节点树。通过 DOM,JS 可创建动态的 HTML,可以使网页显示动态效果并实现与用户的交互功能。JS 能够改变页面中所有的 HTML 元素、属性和 CSS 样式,并对页面中所有事件做出响应。

6.1.2　DOM 层级

DOM 层级分为:DOM 分层、DOM 级别。

1. DOM 分层

DOM 为树形结构,根据下面的 HTML 代码,画出该 HTML 的 DOM 结构图。

例 6.1:HTML 的 DOM 结构图。

```
<html>
  <head>
    <title>DOM 结构</title>
  </head>
  <body>
    <img src="1.jpg" alt="图片" id="tp">
    <h3>DOM 节点</h3>
    <p>DOM 元素</p>
  </body>
</html>
```

结构图如图 6.1 所示。

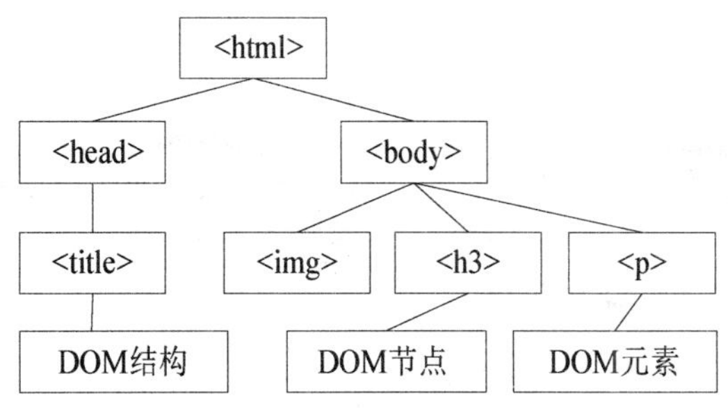

图 6.1　结构图

由图可知,html 是根节点,其余都是其子节点,head 和 body 是兄弟节点,DOM 结构、DOM 节点、DOM 元素是树的叶子节点。

2. DOM 级别

DOM 级别分为:DOM1 级、DOM2 级和 DOM3 级。DOM1 级于 1998 年 10 月成为 W3C 的推荐标准。DOM1 级由两个模块组成:DOM 核心(DOM Core)和 DOM HTML。DOM1 级的主要目标是映射文档的结构,并提供查询的接口。DOM2 级在原来 DOM 的基础上定义了事件接口、CSS 接口,DOM2 级引入且给出了众多新类型和新接口的定义。DOM3 级则进一步扩展了 DOM,引入了以统一方式加载和保存文档的方法、新增了验证文档的方法且对 DOM 核心进行了扩展,开始支持 XML 1.0 规范。

6.1.3　操作 DOM 节点

利用 DOM 既可以查看节点的属性,例如:查看当前节点的名称、值,当前节点的父节点、子节点等;也可以操作节点,如创建节点、删除节点、复制节点等。

1. 节点属性

DOM 对象是一个节点树,所有的节点都可以用属性表示(见表 6.1)。

表 6.1　DOM 节点的常用属性

属　性	说　明
firstChild	返回当前节点的首个子节点
lastChild	返回当前节点的最后一个子节点
previousSibling	返回当前节点的前一个兄弟节点
nextSibling	返回当前节点的后一个兄弟节点
attributes	元素属性
nodeName	节点的名称
nodeValue	节点的值
nodeType	节点的类型
parentNode	返回当前节点的父节点

（续表）

属　性	说　明
childNodes	返回子节点列表
innerHTML	获取或设置 HTML 元素内容

例 6.2:获取节点信息。

```
<body>
  <center>
    <Dl>
      <DT>节点名称 1</DT>
      <DT>节点名称 2</DT>
      <DT>节点名称 3</DT>
    </Dl>
    <script>
    var DT=document.getElementsByTagName("DT");
    for(var i=0;i<DT.length;i++){
    document.write("节点名称:"+DT[i].nodeName+" 节点属性:"+DT[i].nodeValue+"节点类型:"+DT[i]
.nodeType+"<br/>");
  }
  </script>
</body>
```

代码运行的结果,如图 6.2 所示。

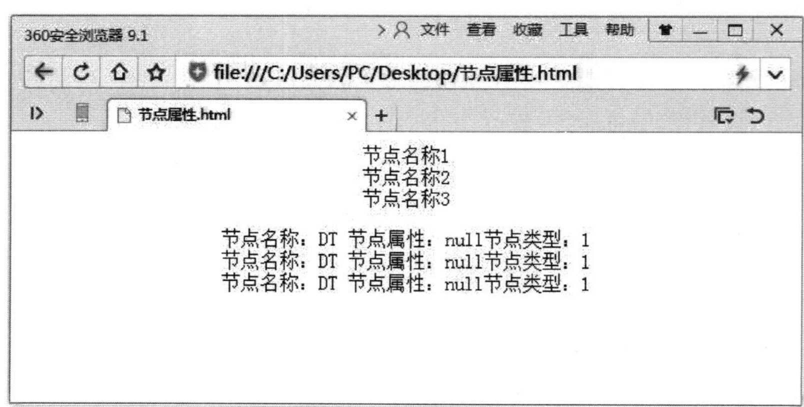

图 6.2　节点属性应用

例 6.3:首尾节点属性应用。

```
<body>
  <center>
    <div id="jied"><p>节点属性 1</p><div>节点属性 2</div><h4>节点属性 3</h></div>
    <script>
      var mn=document.getElementById("jied");
      document.write(mn.firstChild.nodeName+"<br/>");
      document.write(mn.lastChild.nodeName+"<br/>");
    </script>
    </body>
```

代码运行的结果，如图 6.3 所示。

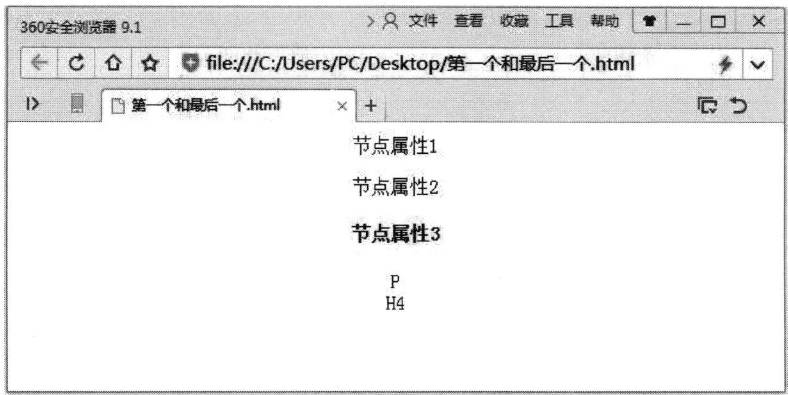

图 6.3　首尾节点属性应用

例 6.4　节点属性应用。

```
<script>
  window.onload=function(){
    var aA=document.getElementsByTagName('a');
    for(var i=0;i<aA.length;i++){
      aA[i].onclick=function(){
        this.parentNode.style.display='none';
      };
    }
  };
</script>
<body>
<ul  id="ul1" >
      <li>aaaaaaaa <a href="javascript:;">隐藏</a></li>
      <li>ssssssss <a href="javascript:;">隐藏</a></li>
      <li>dddddddd <a href="javascript:;">隐藏</a></li>
      <li>ffffffff <a href="javascript:;">隐藏</a></li>
      <li>eeeeeeee <a href="javascript:;">隐藏</a></li>
      <li>rrrrrrrr <a href="javascript:;">隐藏</a></li>
  </ul>
</body>
```

代码运行的结果，如图 6.4 所示。

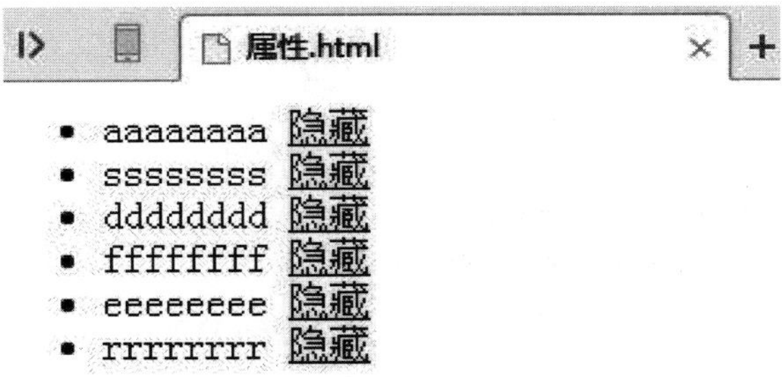

图 6.4　节点属性应用

2. 节点操作

DOM 对象是一个节点树,可以利用 DOM 内置方法创建、删除、添加节点等(见表 6.2)。

表 6.2 DOM 节点操作常用方法

操作节点方法	说 明
createElement( )	创建元素节点
createTextNode( )	创建文本节点
appendChild( )	给元素节点追加一个子节点
insertBefore( )	把一个给定节点插入一个给定元素节点的前面
removeChild( )	从一个给定元素里删除一个子节点
replaceChild( )	把一个给定父元素里的一个子节点,替换为另一个节点
cloneNode( )	复制节点

其语法格式如下:

document. createElement(标签元素);

创建一个元素节点,但是,这个节点不会被自动添加到文档中。

document. createTextNode(文本内容);

创建一个文本节点,常用来往元素节点里添加内容,也不会自动添加到文档中。

对象 . appendChild(添加的内容);

将节点添加到最后,由此实现了创建节点的意义,如果是新的节点是添加到最后,而如果是已经存在的节点则是移动到最后。

对象 . insertBefore(添加的元素, 指定的元素);

其中“指定的元素”是可选项,“指定的元素”存在则添加到指定的地方,否则,将添加到文档的最后,相当于 appendChild。

父节点 . removeChild(删除的节点);

删除节点,假如不知道要删除的节点的父节点是什么,因此一般这么做:node. parentNode. removeChild(node)。

对象 . repalceChild(新节点, 被替换的节点);

用“新节点”替换“被替换的节点”。

node. cloneNode(boolean);

当参数是“true”时,复制整个节点和里面的内容;否则,只复制节点不要里面的内容。复制后的新节点,也不会被自动插入文档,需要应用添加方法实现。

例 6.5:创建节点并添加。

```
<body onload="createChild()">
  <script language="javascript">
    function createChild(){
      var cCh=document.createElement("p");
      var wb=document.createTextNode("新建的节点文本内容");
      cCh.appendChild(wb);
      document.body.appendChild(cCh);
    }
```

```
  </script>
</body>
```

代码运行的结果,如图 6.5 所示。

图 6.5　创建节点并添加

例 6.6:删除节点。

```
<body>
  <div id="wb">
    <h4>如有来生,</h4>
    <h4>做一片云,</h4>
    <h4>漂为永远。</h4>
  </div>
  <script type="text/javascript">
    function shNode() {
      var content=document.getElementById("wb");
        for(var i=content.childNodes.length-1;i>=0;i--) {
          var childNode = content.childNodes[i];
          content.removeChild(childNode);
        }
    }
  </script>
  <button onclick="shNode()">删除节点</button>
</body>
```

代码运行的结果,如图 6.6 所示。

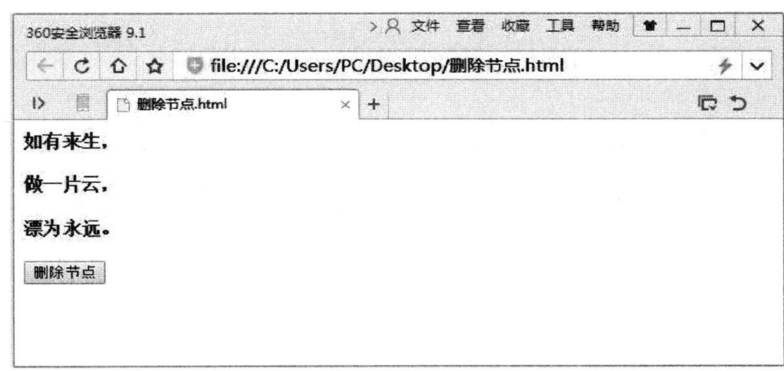

图 6.6　删除节点

例 6.7:替换节点。

```
<body>
    <div><b id="th">替换节点</b></div>
```

```
        <a href="javascript:thNode()">此文本:粗体-斜体</a>
        <script type="text/javascript">
          function thNode(){
          var oldN = document.getElementById("th");
          var oldH = oldN.innerHTML;
          var newN = document.createElement("i");
          oldN.parentNode.replaceChild(newN,oldN);
          newN.innerHTML = oldH;
        }
        </script>
</body>
```

代码运行的结果,如图 6.7 所示。

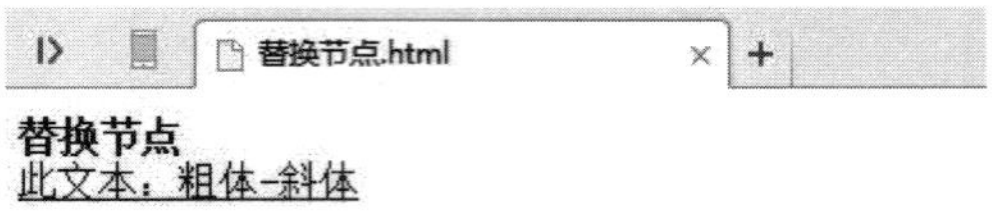

图 6.7　替换节点

例 6.8:增加节点。

```
<head>
  <script type="text/javascript">
    function fzh(){
      var nodeDL = document.getElementsByTagName('DL')[0];
      var newDL = nodeDL.cloneNode(true);
      var node_copy = document.getElementById('copyDL');
      node_copy.appendChild(newDL);
    }
  </script>
</head>
<body>
  <div id="container">
    <DL>
      <DT>生命的天空里,</DT>
      <DT>有晴空万里,</DT>
      <DT>亦有云雾遮挡。</DT>
    </DL>
  </div>
  <div id="copyDL"></div>
  <button onclick="fzh()" value="">指定位置增加节点</button>
</body>
```

代码运行的结果,如图 6.8 所示。

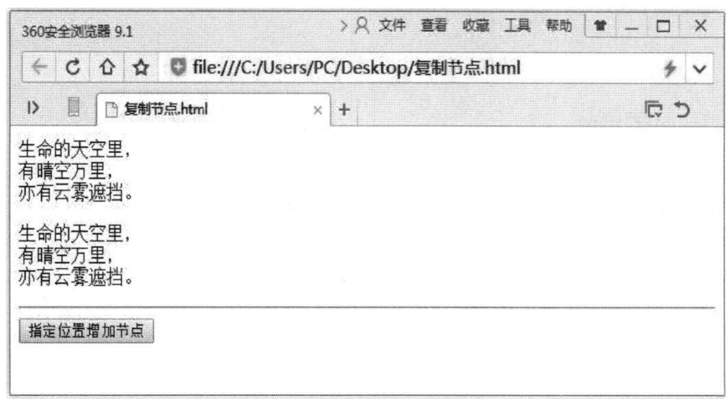

图 6.8　增加节点

6.2　基本的 DOM 方法

利用 DOM 方法可以操作 DOM 对象中的节点，提高了 JS 与 HTML 的交互能力。其常用方法如表 6.3 所示。

表 6.3　获取 DOM 节点的常用方法

方　法	说　明
getElementById( )	获取指定 id 的节点
getElementByName( )	获取指定 name 的所有节点，返回的是一个节点数组
getElementsByTagName( )	获取指定 tag 的所有节点，返回的是一个节点数组

其个别方法的语法格式如下：

```
document. getElementById( elementId) ;
```

该方法通过节点的 id，可以准确获得需要的元素，是比较简单快捷的方法。如果页面上含有多个相同 id 的节点，那么只返回第一个节点。

```
document. getElementsByName( elementName) ;
```

该方法是通过节点的 name 获取节点，从名字可以看出，这个方法返回的不是一个节点元素，而是具有同样名称的节点数组。然后，我们可以通过要获取节点的某个属性来循环判断是否为需要的节点。

```
document. getElementsByTagName( tagName) ;
```

该方法是通过节点的 Tag 获取节点，同样该方法也是返回一个数组，例如：document. getElementsByTagName('A')将会返回页面上所有超链接节点。

例 6.9：显示/隐藏节点。

```
<center>
  <style>
    #div1{ width:100px; height:200px; background:gray; display:none; }
    </style>
    <script>
```

```
        function showhide( ) {
            var a=document. getElementById( 'div1' ) ;
            if( a. style. display= =" block" ) {
                a. style. display=" none" ;
            }
        else{
                a. style. display=" block" ;
        }
    }
    </script>
<body>
    <input type=" button"  value=" 显示隐藏"  onclick=" showhide( ) "/>
    <div id=" div1" ></div>
</body>
```

代码运行的结果,如图 6. 9 所示。

图 6. 9　显示/隐藏节点

例 6. 10:单击选择。

```
<center>
    <script>
        window. onload=function ( ) {
            var tn1=document. getElementById( 't1' ) ;
            var tn2=document. getElementById( 't2' ) ;
            var tn3=document. getElementById( 't3' ) ;
            var tj=document. getElementById( 'div1' ) ;
            var tm=tj. getElementsByTagName( 'input' ) ;
            tn1. onclick=function( ) {
                for( var a=0; a<tm. length; a++) {
                    tm[ a]. checked=true;
                }
            } ;
            tn2. onclick=function( ) {
                for( var a=0; a<tm. length; a++) {
                tm[ a]. checked=false;
            }
        } ;
        tn3. onclick=function( ) {
```

```
      for(var a=0; a<tm.length; a++){
        if(tm[a].checked==true){
          tm[a].checked=false;
        }else{
          tm[a].checked=true;
        }
      }
    };
};
</script>
<body>
  <input id='t1' type="button" value="全选" />
  <input id='t2' type="button" value="不选" />
  <input id='t3' type="button" value="反选" /><br>
  <div id='div1'>
    <input type="checkbox" /><br>
    <input type="checkbox" /><br>
    <input type="checkbox" /><br>
    <input type="checkbox" /><br>
    <input type="checkbox" /><br>
    <input type="checkbox" /><br>
    <input type="checkbox" /><br>
    <input type="checkbox" /><br>
    <input type="checkbox" /><br>
    <input type="checkbox" /><br>
    <input type="checkbox" /><br>
    <input type="checkbox" /><br>
    <input type="checkbox" /><br>
    <input type="checkbox" /><br>
  </div>
</body>
```

代码运行的结果,如图 6.10 所示。

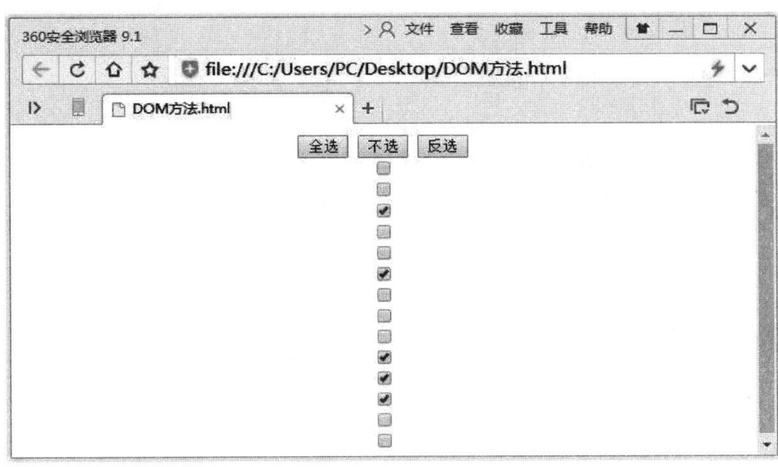

图 6.10　单击选择

【案例 6.1】下拉列表选择。

```
<div id="zuo" style="float:left">
<select id="select1" multiple="multiple" style="width:115px;height:200px;">
        <option>aaaaaa</option>
        <option>bbbbbb</option>
        <option>cccccc</option>
        <option>dddddd</option>
        <option>eeeeee</option>
        <option>ffffff</option>
</select><br/>
<input type="button" value="选中添加到右边" onclick="seltoright();"/><br/>
<input type="button" value="全部添加到右边" onclick="alltoright();"/>
</div>
<div id="you" style="float:left; margin-left:10px;">
<select id="select2" multiple="multiple" style="width:115px;height:200px;">
        <option>gggggg</option>
</select><br/>
<input type="button" value="选中添加到左边" onclick="seltoleft();"/><br/>
<input type="button" value="全部添加到左边" onclick="alltoleft();"/>
</div>
<script type="text/javascript">
    var select1=document.getElementById("select1");
    var option1=select1.getElementsByTagName("option");
    var select2=document.getElementById("select2");
    var select2=document.getElementById("select2");
    var option2=select2.getElementsByTagName("option");
    function seltoright(){
      for(var i=0;i<option1.length;i++){
        var op1=option1[i];
        if(op1.selected==true){
          select2.appendChild(op1);
          i--;
        }
      }
    }
    function alltoright(){
      for(var i=0;i<option1.length;i++){
        select2.appendChild(option1[i]);
        i--;
      }
    }
    function seltoleft(){
      for(var i=0;i<option2.length;i++){
        var op2=option2[i];
        if(op2.selected==true){
          select1.appendChild(op2);
```

```
                i--;
            }
        }
    }
    function alltoleft(){
        for(var i=0;i<option2.length;i++){
          select1.appendChild(option2[i]);
          i--;
        }
    }
</script>
```

代码运行的结果,如图 6.11 所示。

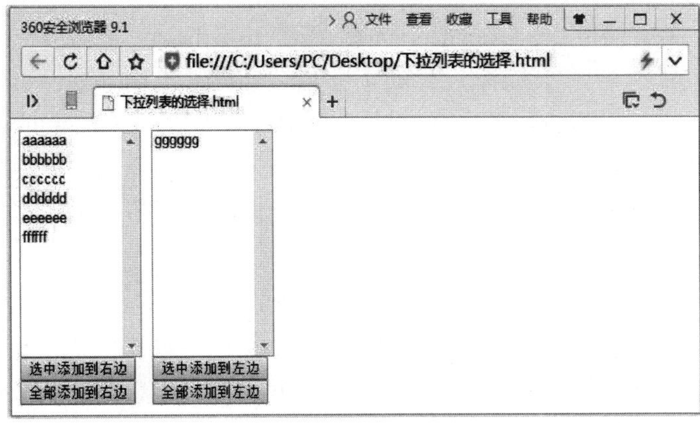

图 6.11　下拉列表选择

小　　结

本章主要介绍了 JavaScript 的 DOM 组成,DOM 出现的作用;DOM 对 HTML 的结构划分;DOM 发展至今经历的阶段;DOM 的属性;DOM 节点的操作。

第7章　了解 jQuery

7.1　什么是 jQuery

jQuery 是一个快速、简洁的 JavaScript 框架，是继 Prototype 之后又一个优秀的 JavaScript 代码库（或 JavaScript 框架）。jQuery 设计的宗旨是“write Less，Do More”，即倡导写更少的代码，做更多的事情。它封装 JavaScript 常用的功能代码，提供一种简便的 JavaScript 设计模式，优化 HTML 文档操作、事件处理、动画设计和 Ajax 交互。

2006 年 1 月 John Resig 等人创建了 jQuery；8 月，jQuery 的第一个稳定版本，并且已经支持 CSS 选择符、事件处理和 AJAX 交互。

2007 年 7 月，jQuery 1.1.3 版发布，这次小版本的变化包含了对 jQuery 选择符引擎执行速度的显著提升。从这个版本开始 jQuery 的性能达到了 Prototype、Mootools 以及 Dojo 等同类 JavaScript 库的水平。同年 9 月，jQuery 1.2 版发布，它去掉了对 XPath 选择符的支持，原因是相对于 CSS 语法它已经变得多余了。这一版能够对效果进行更为灵活的定制，而且借助新增的命名空间事件，也使插件开发变得更容易。同时，jQuery UI 项目也开始启动，这个新的套件是作为曾经流行但已过时的 Interface 插件的替代项目而发布的。jQuery UI 中包含大量预定义好的部件（widget），以及一组用于构建高级元素（如可拖放、拖拽、排序）的工具。

2008 年 5 月，jQuery 1.2.6 版发布，这版主要是将 Brandon Aaron 开发的流行的 Dimensions 插件的功能移植到了核心库中，同时也修改了许多 BUG，而且有不少的性能得到提高。因此，如果以前的 jQuery 版本升级到 1.2.6，那么完全可以从代码中排除 Dimensions 插件（一个获得元素尺寸、定位的插件）。

在 jQuery 迅速发展的同时，一些大的厂商也看中了商机。2009 年 9 月，微软和诺基亚公司正式宣布支持开源的 jQuery 库，另外，微软公司还宣称他们将把 jQuery 作为 Visual Studio 工具集的一部分。他将提供包括 jQuery 的智能提示、代码片段、示例文档编制等内容在内的功能。微软和诺基亚公司将长期成为 jQuery 的用户成员，其他成员还有 Google，Intel，IBM，Intuit 等公司。

2009 年 1 月，jQuery 1.3 版发布，它使用了全新的选择符引擎 Sizzle，在各个浏览器下全面超越其他同类型 JavaScript 框架的查询速度，程序库的性能也因此有了极大提升。这一版本的第 2 个变化就是提供 live( ) 方法，使用 live( ) 方法可以为当前及将来增加的元素绑定事件，在 1.3 版之前，如果要为将来增加的元素绑定事件，需要使用 livequery 插件，而在 1.3 版中，可以直接用 live( ) 方法。

2010 年 1 月，也是 jQuery 的四周年生日，jQuery 1.4 版发布，为了庆祝 jQuery 四周岁生日,jQuery 团队特别创建了 jquery14. com 站点,带来了连续 14 天的新版本专题介绍。

在 1.3 及更早版本中,jQuery 通过 JavaScript 的 eval 方法来解析 json 对象。在 1.4 中,如果你用的浏览器支持,则会使用原生的 JSON. parse 解析 json 对象,这样对 json 对象的书写验证则更为严格。如{foo: "bar"}的写法将不会被验证为合法的 json 对象,必须写成{"foo":"bar"}。如果你的程序打算升级到 1.4 版本,那么这一点要尤其注意。

2010 年 2 月,jQuery 1.4.2 版发布,它新增了有关事件委托的两个方法:delegate()和 undelegate()。delegate()用于替代 1.3.2 中的 live()方法。这个方法比 live()方便,而且也可以达到动态添加事件的作用。比如给表格的每个 td 绑定 hover 事件, 代码如下:

```
//1.4.2
$("table").delegate("td", "hover", function(){
    $(this).toggleClass("hover");
});
//1.3.2
$("table").each(function(){
    $("td", this).live("hover", function(){
        $(this).toggleClass("hover");
    });
});
```

运行 jQuery 所需的条件很简单:一台计算机、一个智能电话或一个可以运行现代浏览器的设备。jQuery 对浏览器的要求也相当自由。官方网站列出了支持 jQuery 的浏览器: FirefoX 2.0+、Internet Explorer 6+、Safari 3+、Opera 10.6+、Chrome 8+。

7.1.1　使用的编程工具

Notepad++:一套有特色的自由软件的纯文字编辑器,有完整的中文化接口及支持多国语言编写的功能。它的功能比 Windows 中的 Notepad(记事本)强大,除了可以用来制作一般的纯文字说明文件,也十分适合当作编写电脑程序的编辑器。Notepad++ 不仅有语法高亮度显示,也有语法折叠功能,并且支持宏以及扩充基本功能的外挂模组。

Brackets:一个免费、开源且跨平台的 HTML/CSS/JavaScript 前端 WEB 集成开发环境(IDE 工具)。该项目由 Adobe 创建和维护,根据 MIT 许可证发布,支持 Windows、Linux 平台。Brackets 的特点是简约、优雅、快捷,它的核心目标是减少在开发过程中那些效率低下的重复性工作,如浏览器刷新,修改元素的样式,搜索功能等等。

JS Nice:一款让经过混淆处理的 JavaScript 代码可读更好的工具。它使用一种用于 JavaScript 代码美化的去混淆和去压缩引擎。JSNice 采用先进的机器学习和程序分析技术,从可用的开源项目学习命名和类型规律。

7.1.2　语言特点

1. 快速获取文档元素

jQuery 的选择机制构建于 Css 的选择器,它提供了快速查询 DOM 文档中元素的能力,而且大大强化了 JavaScript 中获取页面元素的方式。

2. 提供漂亮的页面动态效果

jQuery 中内置了一系列的动画效果,可以开发出非常漂亮的网页,许多网站都使用 jQuery 的内置的效果,比如淡入淡出、元素移除等动态特效。

3. 创建 AJAX 无刷新网页

AJAX 是异步的 JavaScript 和 ML 的简称,可以开发出非常灵敏无刷新的网页,特别是开发服务器端网页时,比如 PHP 网站,需要往返地与服务器通信,如果不使用 AJAX,每次数据更新不得不重新刷新网页,而使用 AJAX 特效后,可以对页面进行局部刷新,提供动态的效果。

4. 提供对 JavaScript 语言的增强

jQuery 提供了对基本 JavaScript 结构的增强,比如元素迭代和数组处理等操作。

5. 增强的事件处理

jQuery 提供了各种页面事件,它可以避免程序员在 HTML 中添加事件处理代码,最重要的是它的事件处理器消除了各种浏览器兼容性问题。

6. 更改网页内容

jQuery 可以修改网页中的内容,比如更改网页的文本、插入或者翻转网页图像,jQuery 简化了原本使用 JavaScript 代码需要处理的方式。

7.2 jQuery 应用举例

要使用 jQuery 实现功能,首先去 JQuery 官网下载相应的文件,网址如下:http://jquery.com。共有两个版本:Production version - 用于实际的网站中,已被精简和压缩;Development version - 用于测试和开发(未压缩,是可读的代码)。下载完后不用安装,只需将文件导入页面中即可,即在<head></head>中加入如下代码:

```
<script language="javascript" type="text/javascript" src="jquery-1.8.3.min.js"></script>
```

编写一个弹出对话框的简单应用:

```
<! DOCTYPE HTML PUBLIC "-//W3C//DTD HTML 4.0 Transitional//EN">
<HTML>
 <HEAD>
   <TITLE> New Document </TITLE>
   <META NAME="Generator" CONTENT="EditPlus">
   <META NAME="Author" CONTENT="">
   <META NAME="Keywords" CONTENT="">
   <META NAME="Description" CONTENT="">
   <script language="javascript" type="text/javascript" src="jquery-1.8.3.min.js">
   </script>
   <script type="text/javascript">
     $(document).ready(function(){ // $是 JQurey 程序的标志
```

```
        alert("您好,欢迎来到 JQuery 世界!");})
      </script>
    </HEAD>
    <BODY>
    </BODY>
</HTML>
```

7.3　jQuery 的选择器

选择器是 jQuery 的一大特色,它在 DOM 操作、事件操作、AJAX 操作中都必不可少。熟练掌握 jQuery 的选择器,可以节省很多代码,在很大程度上简化脚本的编程工作。选择器并没有一个固定的定义,在某种程度上说,jQuery 的选择器和样式表中的选择器十分相似。选择器具有如下特点:简化代码的编写、隐式迭代、无须判断对象是否存在。“ $ ”是选择器不可缺少的部分,在 jQuery 库中, $ 就是 jQuery 的一个简写形式,如 $ ("#foo") 和 jQuery("#foo")是等价的, $. ajax 和 jQuery. ajax 是等价的。如果没有特别说明,可以把程序中的 $ 符号都理解为 jQuery 的简写形式。

7.3.1　选择器分类

根据选择器的功能将选择器进行分类,并且分别进行解释说明,使读者掌握。

1. 基础选择器

说明:通过元素 id、class 和标签名等来查找 DOM 元素。包括:

(1)id 选择器: $ ("#test"); //选取 id 为 test 的元素

(2)类选择器: $ (". test"); //选取所有 class 为 test 的元素,其他: $ ('div. mini')

(3)群组选择器: $ ("p,div,. test"); //选取所有<p>,<div>和拥有 class 为 test 的一组元素

(4)通配选择器: $ (" * "); //通配选择器,匹配页面中所有元素

2. 层级选择器

说明:通过 DOM 元素之间的层次关系获取特定元素,如后代元素、子元素、相邻元素、兄弟元素。

(1) $ ("div span"); //选取<div>里所有的<span>元素

(2) $ ("div>span");//选取<div>下元素名为<span>的子元素

(3) $ ('. one+div');//选取 class 为 one 的下一个<div>元素(相邻元素)

(4) $ ('#two~div') ; //选取 id 为 two 的元素后面所有<div>兄弟元素

注意:

① $ ('prev+next')选择器与 next()方法的等价关系

② $ ('. one+div') 等价于 $ (". one"). next("div")

③ $ ('prev~siblings')选择器与 nextAll()方法的等价关系

④ $ ('. one~div') 等价于 $ (". one"). nextAll("div")

3. 过滤选择器

说明:主要是通过特定的过滤选择器规则来筛选出所需的 DOM 元素,选择器都以一个冒号(:)开头

(1)基本过滤选择器:

① $ ("div:first");//选取所有<div>元素中第一个<div>元素

② $ ("div:last");//选取所有<div>元素中最后一个<div>元素

③ $ ("input:not(. myClass)");// 选取 class 为不是 myClass 的<input>元素

④ $ ("input:even"); //选取索引是偶数的<input>元素

⑤ $ ("input:odd"); //选取索引是奇数的<input>元素

⑥ $ ("input:eq(1)";//选取索引为 1 的<input>元素

⑦ $ ("input:gt(1)"); //选取索引大于 1 的<input>元素(注:大于 1,而不包括 1)

⑧ $ ("input:lt(1)");//选取索引小于 1 的<input>元素(注:小于 1,而不包括 1)

⑨ $ (":header"); //选取网页中所有的<h1>,<h2>,<h3>……

⑩ $ ("div:animated"); //选取正在执行动画的<div>元素

(2)内容过滤选择器:

① $ ("div:contains('我')");//选取含有文本“我”的<div>元素

② $ ("div:empty"); //选取不包含子元素(包括文本元素)的<div>空元素

③ $ ("div:has(p)"); // 选取含有<p>元素的<div>元素

④ $ ("div:parent");// 选取拥有子元素(包括文本元素)的<div>元素

(3)可见性过滤选择器:

① $ (":hidden"); //选取所有不可见的元素

包括<input type = " hidden " >, <div style = " disply: none;" > 和 <div style = " visibility: hidden;">等元素。如果只想选取<input>元素,可以使用 $ ("input:hidden")。

③ $ ("div:visible");//选取所有可见的<div>元素

(4)属性过滤选择器:

① $ ("div[id]"); //选取拥有属性 id 的元素

② $ ("div[title=test]");//选取属性 title 为"test"的<div>元素

③ $ ("div[title! =test]"); //选取属性 title 不等于"test"的<div>元素(注意:没有属性的 title 的<div>元素也会被选取)

④ $ ("div[title^=test]");//选取属性 title 以"test"开始的<div>元素

⑤ $ ("div[title $ =test]");//选取属性 title 以"test"结束的<div>元素

⑥ $ ("div[title * =test]");//选取属性 title 含有"test"的<div>元素

⑦ $ ("div[id][title $ ='tets']");//选取拥有属性 id,并且属性 title 以"test"结束的<div>元素

(5)子元素过滤选择器:

①---:eq(index)只匹配一个元素,而:nth-child 将为每一个父元素匹配子元素,并且:nth-child(index)的 index 是从 1 开始的,而:eq(index)是从 0 算起。

②---:first 只返回单个元素,而:first-child 选择符将为每个父元素匹配第一个子元素。

③---:last 只返回单个元素,而:last-child 选择符将为每个父元素匹配最后一个子元素。

4. 表单选择器

表单选择器是为了更加方便地进行表单操作而根据元素类型来定义的一种选择器类型,其主要包括以下选择器::input、:text、:password、:radio、:CheckBox、:submit、:image、:reset:、button、:file、:hidden。

7.3.2　基础选择器

1. #id 选择器

#id 选择器根据给定的 ID 匹配一个元素。如果选择器中包含特殊字符,可以用两个斜杠转义,其返回值为 Array<Element>。

#id 选择器的语法如下:

```
$("#id");
```

其中,id 为要查询元素的 id 属性值。

例如,要查询 id 属性值为 user 的元素,可以使用下面的 jQuery 代码:

```
$("#user");
```

如果页面中出现了两个相同的 id 属性值,程序运行时页面会报出 JS 运行错误的对话框,所以在页面中设置 id 属性值时要确保该属性值在页面中是唯一的。

2. element 选择器

element 选择器是一个用于搜索的元素。指向 DOM 节点的标签名。其返回值为 Array<Element(s)>。

element 选择器的语法如下:

```
$( element)
```

例如,要查询 div 元素,可以使用下面的 jQuery 代码:

```
$("div")
```

以上代码能够选取所有的 div 元素。

3. class 选择器

.class 选择器根据给定的类匹配元素,是一个用以搜索的类。一个元素可以有多个类,只要有一个符合就能被匹配到,其返回值为 Array<Element(s)>。

.class 选择器的语法如下:

```
$(.class)
```

例如,选取 class="intro" 的元素,可以使用下面的 jQuery 代码:

```
$(.intro)
```

4. * 选择器

*选择器多用于结合上下文来搜索,匹配所有元素的选择器。其返回值为 Array<Element(s)>。

*选择器的语法如下:

```
$ ( * )
```

例如,选择 <body> 内的所有元素,可以使用下面的 jQuery 代码:

```
$ (body  * )
```

5. selector1,selector2,selectorN 选择器

这类选择器,将每一个选择器匹配到的元素合并后一起返回。用户可以指定任意多个选择器,并将匹配到的元素合并到一个结果内,其返回值为:Array<Element(s)>。

语法如下:

```
jQuery( "selector1, selector2 [ , selectorN... ]" )
```

以下面这段 HTML 代码为例:

```
<div id="n1">
    <p id="n2" class="test"></p>
    <p id="n3" class="detail">
        <span id="n4" class="test codeplayer"></span>
    </p>
</div>
```

现在,想要一次性查找到 id 为 n1 的 div 标签、id 为 n2 的 p 标签、包含类名 test 的 span 标签,则可以编写 jQuery 代码:

```
//选择了 id 分别为 n1、n2、n4 的三个元素
$ ("#n1,#n2,span.test");
```

如果要一次性查找到包含类名 detail 的 p 标签、包含类名 test 的所有标签,则对应的 jQuery 代码如下:

```
//选择了 id 分别为 n3、n2、n4 的三个元素
$ ("p.detail,.test");
```

7.3.3 层级选择器

1. ancestor descendant(祖先 后代)选择器

其指在给定的“祖先”元素下匹配所有的“后代”元素,作为参数的 ancestor 代表任何有效的选择器,而 descendant 则用以匹配元素的选择器,并且它是第一个选择器的后代。其返回值为:Array<Element(s)>。

语法如下:

```
//这里的 ancestor 表示具体的祖先选择器
//这里的 descendant 表示具体的后代选择器
jQuery( "ancestor descendant" )
```

以下面这段 HTML 代码为例:

```
<div id="n1">
    <p id="n2" class="test">
        <span id="n3" class="a">Hello</span>
    </p>
    <p id="n4" class="detail">
        <span id="n5" class="b codeplayer">World
            <span id="n6" class="c">365mini.com</span>
```

```
        </span>
    </p>
</div>
```

现在,想要一次性查找到 id 为 n1 的标签内的所有 p 标签,则可以编写如下 jQuery 代码:

```
//选择了 id 分别为 n2、n4 的 2 个元素
$("#n1 p");
```

如果要一次性查找到 p 标签内的所有 span 标签,则对应的 jQuery 代码如下(上述示例 HTML 中所有的 span 标签都包括在内):

```
//选择了 id 分别为 n3、n5、n6 的 3 个元素
$("p span");
```

当然,“祖先”选择器和“后代”选择器可以是任意有效的选择器,因此它们本身也可以是一个“祖先-后代”选择器。

```
//选择了 id 为 n6 的一个元素
$("#n1 p.detail span.c");
```

2. parent>child(父 子)选择器

parent>child 选择器代表在给定的父元素下匹配所有的子元素。两个参数分别代表的意思如下:parent 代表任何有效选择器;child 用以匹配元素的选择器,并且它是第一个选择器的子元素。其返回值为 Array<Element(s)>。

语法如下:

```
//这里的 parent 表示具体的父辈选择器
//这里的 child 表示具体的子辈选择器
jQuery( "parent > child" )
```

“>”号两侧的空格可以省略,但不建议省略,否则字符过于紧密可能影响阅读。

以下面这段 HTML 代码为例:

```
<div id="n1">
    <p id="n2" class="test">
        <span id="n3" class="a">Hello</span>
    </p>
    <p id="n4" class="detail">
        <span id="n5" class="b codeplayer">World
            <span id="n6" class="c">365mini.com</span>
        </span>
    </p>
</div>
```

现在,想要一次性查找到 p 标签内所有的 span 子元素,则可以编写如下 jQuery 代码:

```
//选择了 id 分别为 n3、n5 的两个元素
// n6 不是 p 标签的子元素,而是孙子辈的元素,因此无法匹配
$("p > span");
```

接着,我们查找 span 标签的 span 子元素,则可以编写如下 jQuery 代码:

```
//选择了 id 为 n6 的一个元素
$("span > span");
```

可以配合使用所有元素选择器(*)来实现只查找“孙子辈”元素的选择器。例如:想要

查找 id 为 n1 的元素的“孙子辈”的 span 标签,对应的 jQuery 代码如下:

```
//选择了 id 分别为 n3、n5 的两个元素
$("#n1 > * > span");
```

3. prev+next(前+后)选择器

这类选择器的作用是匹配所有紧接在 prev 元素后的 next 元素。两个参数分别代表的意思如下:prev 代表任何有效选择器;next 代表一个有效选择器并且紧接着第一个选择器。其返回值为 Array<Element(s)>。

语法如下:

```
//这里的 prev 表示具体的选择器
//这里的 next 表示具体的选择器
jQuery( "prev + next" )
```

“+”号两侧的空格可以省略,但不建议省略,否则字符过于紧密可能影响阅读。

以下面这段 HTML 代码为例:

```
<div id="n1">
    <p id="n2" class="test">
        <span id="n3" class="a">Hello</span>
        <span id="n4">Hello</span>
    </p>
    <p id="n5" class="detail">
        <span id="n6" class="b codeplayer">World
            <span id="n7" class="a">http://365mini.com</span>
            <span id="n8"></span>
            <span id="n9"></span>
        </span>
    </p>
</div>
```

现在,想要查找与 p 标签相邻的下一个同辈 p 标签,则可以编写如下 jQuery 代码:

```
//选择了 id 为 n5 的一个元素
$("p + p");
```

接着,查找与 span 标签相邻的下一个同辈 span 标签,则可以编写如下 jQuery 代码:

```
//选择了 id 分别为 n4、n8、n9 的三个元素
// n4 是 n3 的 next,n8 是 n7 的 next,n9 是 n8 的 next
$("span + span");
```

查找与包含类名 a 的 span 标签相邻的下一个同辈 span 标签,对应的 jQuery 代码如下:

```
//选择了 id 分别为 n4、n8 的两个元素
// n8 没有包含类名 a,因此无法匹配其 next——n9
$("span.a + span");
```

查找与 p 标签相邻的下一个同辈 span 标签,对应的 jQuery 代码如下:

```
//返回一个空的 jQuery 对象
// HTML 中虽然有 span 标签,但不是 p 标签的同辈元素,而是其子代或后代
$("p + span");
```

4. prev~siblings(前~兄弟)选择器

prev ~ siblings 选择器代表匹配 prev 元素之后的所有 siblings 元素。两个参数分别代表

的意思如下：prev 代表任何有效选择器，siblings 代表一个选择器，并且它作为第一个选择器的同辈。其返回值为 Array<Element(s)>。

语法如下：

```
//这里的 prev 表示具体的选择器
//这里的 siblings 表示具体的选择器
jQuery( "prev ~ siblings" )
```

"～"号两侧的空格可以省略，但不建议省略，否则字符过于紧密可能影响阅读。

以下面这段 HTML 代码为例：

```
<div id="n1">
    <p id="n2" class="test">
        <span id="n3" class="a">Hello</span>
        <span id="n4">Hello</span>
    </p>
    <p id="n5" class="detail">
        <span id="n6" class="b codeplayer">World
            <span id="n7" class="a">http://365mini.com</span>
            <span id="n8"></span>
            <span id="n9"></span>
        </span>
    </p>
</div>
```

现在，想要查找 p 标签之后的同辈 p 标签，则可以编写如下 jQuery 代码：

```
//选择了 id 为 n5 的一个元素
$("p ~ p");
```

接着，查找位于 id 为 n8 的 span 标签之后的同辈 span 标签，则可以编写如下 jQuery 代码：

```
//选择了 id 为 n9 的一个元素
// n7 虽然也是 n8 的同辈元素，但不在 n8 之后，而是之前，因此匹配不到
$("#n8 ~ span");
```

查找位于 span 标签之后的同辈 span 标签，对应的 jQuery 代码如下：

```
//选择了 id 分别为 n4、n8、n9 的三个元素
// n9 属于 n7 的~siblings，也是 n8 的~siblings，同一个元素只计入一次
$("span ~ span");
```

7.3.4　过滤选择器

过滤选择器通过特定的过滤规则来筛选元素，语法特点是使用"："，如使用 $("li:first")来选取第一个 li 元素。主要分类有基本过滤选择器、内容过滤选择器、可见性过滤选择器、属性过滤选择器、子元素过滤选择器、表单对象属性过滤选择器几种，下面就其中的几种重点进行分析。

1. 基本过滤选择器

基本过滤选择器是过滤选择器中最常用的一种，此选择器可以选取第一个元素、最后一

个元素、索引为偶数或奇数的元素，主要包括以下几种形式(见表 7.1)：

表 7.1　基本过滤选择器

选择器	描　述	示　例
:first	选取第一个元素	$(" li:first")选取所有<li>元素中的第一个<li>元素
:last	选取最后一个元素	$(" li:last")选取所有<li>元素中的最后一个<li>元素
:even	选取索引是偶数的所有元素(index 从 0 开始)	$(" li:even")选取索引是偶数的所有<li>元素
:odd	选取索引是奇数的所有元素(index 从 0 开始)	$(" li:odd")选取索引是奇数的所有<li>元素
:eq(index)	选取索引等于 index 的元素(index 从 0 开始)	$("li:eq(1)")选取索引等于 1 的<li>元素
:gt(index)	选取索引大于 index 的元素(index 从 0 开始)	$(" li:gt(1)")选取索引大于 1 的<li>元素(注:大于 1,不包括 1)
:lt(index)	选取索引小于 index 的元素(index 从 0 开始)	$("li:lt(1)")选取索引小于 1 的<li>元素(注:小于 1,不包括 1)
:not(selector)	选取去除所有与给定选择器匹配的元素	$(" li:not(.three)")选取 class 不是 three 的元素
:header	选取所有标题元素,如 h1～h6	$(":header")选取网页中所有标题元素
:focus	选取当前获取焦点的元素	$(":focus")选取当前获取焦点的元素

2. 内容过滤选择器

内容过滤选择器主要包括:contains、:empty、:has、:parent 4 种过滤器，这部分过滤器是对上面介绍基本过滤选择器的一个补充，对于页面选取、设置元素显示等方面发挥着重要的作用，几种过滤器的使用如表 7.2 所示。

表 7.2　内容过滤器

选择器	描　述	示　例
:contains(text)	选取含有内容为“text”的元素	$("div:contains('相机'")选取含有文本内容“相机”的<div>元素
:empty	选取不包含子元素或者文本的空元素	$("div:empty")选取不包含子元素的<div>空元素
:has(selector)	选取含有选择器所匹配的元素	$("div:has(p)")选取不包含子元素的<div>空元素
:parent	选取含有子元素或文本的元素	$("div:parent")选取拥有子元素的<div>元素

3. 可见性过滤选择器

可见性过滤选择器比较简单,其包含两种选择器,主要是用来匹配所有可见元素和不可见元素。

(1)hidden 选择器。

hidden 选择器用来匹配所有不可见元素,并且其可以匹配所有 type 为 hidden 的元素。

(2)visible 选择器。

visible 选择器可以用来匹配所有的可见元素,其用法和:hidden 类似,都会将结果存储到一个数组中。

4. 属性过滤选择器

属性过滤选择器是用于匹配包含给定属性的元素,当然也可以匹配不包含此属性的元素等。属性过滤选择器共含有以下 7 种选择器。

(1)[attribute]选择器。[属性名]可以使用 $ ([属性名])过滤器匹配包含指定属性名的元素,需要匹配的属性(字符串形式)以参数的形式传递,匹配后将会存入数组中等待调用处理。

语法如下:

```
$("[attribute]")
```

例如,选取带有 id 属性的每个元素:

```
$("[id]")
```

(2)[attribute=value]、[attribute!=value]选择器(此处包含 2 种)。

[attribute=value]和[attribute!=value]是一对具有相反功能的选择器,前者匹配给定的属性是某个特定值的元素,而后者则匹配不含有给定属性或者属性不等于特定值的元素,它们有一个必选属性和一个可选属性,分别代表要匹配的属性名和属性值。最终匹配成功的元素将会存储到数值中等待操作。

语法如下:

```
$("[attribute=value]")
$("[attribute!='value']")
```

例如,选取 id 属性值为 "choose" 的每个元素:

```
$("[id=choose]")
```

例如,选取所有 class 属性值不为 "intro" 的 <p> 元素:

```
$("p[class!='intro']")
```

(3)[attribute^=value]、[attribute$=value]、[attribute*=value]选择器(此处包含 3 种)。这 3 种选择器的使用方法是相似的。它们所匹配的元素其属性必须满足一定的规则。而对于各自的规则各有不同。[attribute^=value]要求匹配的元素给定的属性是以某些值开始的;[attribute$=value]要求匹配的元素给定的属性是以某些值结束的;[attribute*=value]要求匹配的元素给定的属性必须包含某些值。同[attribute=value]选择器一样,这 3 种选择器的参数传递也是传递要匹配的属性的。最后匹配成功后结果存放发到数组中。

语法如下:

```
$("[attribute^='value']")
$("[attribute$='value']")
$("[attribute*='value']")
```

例如,选取所有带有以 "nation" 开头的 name 属性的 <input> 元素:

```
$("input[name^='nation']")
```

例如,选取所有带有以 ". org" 结尾的 href 属性的 <a> 元素:

```
$("a[href $='.org']")
```

例如,选取所有带有包含字符串 "nation" 的 name 属性的 <input> 元素:

```
$("input[name *='nation']")
```

(4)[selector][selector2]选择器。通过上面的学习可以发现,原来提到的所有选择器仅仅是对单一条件的约束,而在现实生活中这些是远远不够的,经常会遇到由两个条件甚至多个条件共同控制来选取元素的情况,因此这个选择器的选择就尤其重要。[selector][selector2]选择器是一个复合属性的选择器,每个条件以参数的形式传递,最后将符合条件的元素存储到一个数组中。

例如,多属性选过滤,同时满足两个属性的条件的元素:

```
$("input[id][name $='man']")
```

5. 子元素过滤选择器

html 由层层嵌套在一起的标签组成,由于一些标签需要进行单独处理,如何选取一个或者一些特定的嵌套标签在程序中就成为了一个问题。jQuery 提供了子元素过滤选择器解决了这个问题。它包括 4 个选择器,具体内容将在下面详细讲解。

(1):nth-child 选择器。用来匹配父元素下的第 N 个元素。这些元素可以是在任何子元素(index:N)、也可以是奇元素(odd:2N+1)、偶元素(even:2N)等。这些都是以索引的形式完成的。:nth-child 与基本过滤器中的:eq 完成的功能一样,但是也有区别,:eq 选择器的返回值为一个单元素的数组,而:nth-child 则可以匹配一个甚至多个元素,并且它们的索引开始项也是不同的,:eq 是从 0 开始算起,而:nth-child 则是从 1 开始算起。

语法如下:

```
:nth-child(n|even|odd|formula)
```

例如,选取属于其父元素的第三个子元素的每个 <p> 元素:

```
$("p:nth-child(3)")
```

(2):first-child、:last-child 选择器(2 种)。:first-child 用来匹配设定标签中的第一个子元素,:last-child 选择器则用于选择匹配设定标签中最后一个子元素。这两个选择器不需要参数,其返回值存储在数组中统一调用。

语法如下:

```
$(":first-child")
$(":last-child")
```

例如,选取属于 <p> 的父元素中第一个为 <p> 的元素:

```
$("p:first-child")
```

例如,选取属于其父元素的最后一个 <p> 的子元素:

```
$("p:last-child")
```

(3):only-child 选择器。如果某些元素时父元素唯一的子元素,那样可以使用:only-child 选择器来匹配。当然如果其为唯一元素,那样也是第一个子元素,也可以称为最后一个子元素。

语法如下:

```
$(":only-child")
```

例如,选取属于其父元素的唯一子元素的每个 <p> 元素:

```
$("p:only-child")
```

【案例 7.1】基础选择器应用。

```
<! DOCTYPE html PUBLIC "-//W3C//DTD XHTML 1.0 Transitional//EN" "http://www.w3.org/TR/xhtml1/DTD/xhtml1-transitional.dtd">
<html xmlns="http://www.w3.org/1999/xhtml">
<head>
<title>Jquery 基本选择器_www.jbxue.com</title>
    <style type="text/css">
        .myDiv{width:100px;background-color:Blue;}
    </style>
    <script src="jquery-1.11.1.min.js" type="text/javascript"></script>
    <script type="text/javascript">
    //JQuery 选择器用于查找满足条件的元素。
    //基本选择器是 JQuery 中最常用的选择器,也是最简单的选择器,它通过元素 id,class 和 tagName 来查找 dom 元素
    //1. $("#id") : id 选择器,document.getElementById("id");
    //2. $("div") :元素选择器 document.getElementByTagName("div");
    //3. $(".myClass") :类选择器,返回所有 class="myClass"的元素
    //4. $("*") :返回所有元素,多用于结合上下文搜索
    //5. $("div,span,p.myClass") :多条件选择器,返回所有查到的元素
        $(function () {
            //-----1. id 选择器
            //var $divMain = $("#main");
            //alert($divMain.get(0));
            //-----2. 元素选择器
            var $divs = $("div");
            for (var i = 0; i < $divs.length; i++) {
            alert($divs.get(i).innerHTML);
            }
            //-----3. 类选择器
            //var $divs = $(".myDiv");
            //for (var i = 0; i < $divs.length; i++) {
            //alert($divs.get(i).innerHTML);
            //}
            //-----4. 返回所有元素
            //var $Elements = $("*");
            //for (var i = 0; i < $Elements.length; i++) {
            //alert($Elements.get(i).innerHTML);
            //}
            //-----5. 多条件选择器
            var $MyObjs = $("div,input,span");
            for (var i = 0; i < $MyObjs.length; i++) {
              alert($MyObjs.get(i).id);
            }
        });
    </script>
</head>
<body>
    <input id="button1" type="button" value="我是 button1" />
```

```
    <div id="main">
        <div id="div1" class="myDiv">我是 div1<span id="span1">我是 span1</span></div>
        <div id="div2" class="myDiv">我是 div2<span id="span2">我是 span2</span></div>
    </div>
    <input id="button2" type="button" value="我是 button2" />
</body>
</html>
```

【案例 7.2】层级选择器的应用。

```
<!DOCTYPE html PUBLIC "-//W3C//DTD XHTML 1.0 Transitional//EN" "http://www.w3.org/TR/xhtml1/DTD/xhtml1-transitional.dtd">
<html xmlns="http://www.w3.org/1999/xhtml">
<head>
  <title>Jquery 基本选择器_www.jbxue.com</title>
  <script src="jquery-1.11.1.min.js" type="text/javascript"></script>
</head>
<body
<h2>子选择器与后代选择器</h2>
    <div class="left">
        <div class="aaron">
            <p>div 下的第一个 p 元素</p>
        </div>
        <div class="aaron">
            <p>div 下的第一个 p 元素</p>
        </div>
    </div>
    <div class="right">
        <div class="imooc">
            <article>
                <p>div 下的 article 下的 p 元素</p>
            </article>
        </div>
        <div class="imooc">
            <article>
                <p>div 下的 article 下的 p 元素</p>
            </article>
        </div>
    </div>
    <script type="text/javascript">
        //子选择器
        //$('div > p')选择所有 div 元素里面的直接子元素 P
        $('div > p').css("border", "3px groove yellow");
    </script>
    <script type="text/javascript">
        //后代选择器
        //$('div  p')选择所有 div 元素里面的 p 元素
        $('div p').css("border", "1px groove red");
    </script>
    <h2>相邻兄弟选择器与一般兄弟选择器</h2>
```

```
    <div class="bottom">
        <div>兄弟节点 div, +~选择器不能向前选择</div>
        <span class="prev">选择器 span 元素</span>
        <div>span 后第一个兄弟节点 div</div>
        <div>兄弟节点 div
            <div class="small">子元素 div</div>
        </div>
        <span>兄弟节点 span,不可选</span>
        <div>兄弟节点 div</div>
    </div>
    <script type="text/javascript">
        //相邻兄弟选择器
        //选取 prev 后面的第一个的 div 兄弟节点
        $('.prev + div').css("border", "3px groove red");
    </script>
    <script type="text/javascript">
        //一般相邻选择器
        //选取 prev 后面的所有的 div 兄弟节点
        $(".prev ~ div").css("border", "3px groove blue");
    </script>
</body>
</html>
```

运行代码效果如图 7.1 所示。

子选择器与后代选择器
div下的第一个p元素
div下的第一个p元素
div下的article下的p元素
div下的article下的p元素

相邻兄弟选择器与一般兄弟选择器

兄弟节点div, +~选择器不能向前选择
选择器span元素
span后第一个兄弟节点div
兄弟节点div
子元素div
兄弟节点span,不可选
兄弟节点div

图 7.1　层级选择器的应用

【案例 7.3】使用 jQuery 子元素过滤选择器选择元素。

```
<! DOCTYPE html PUBLIC "-//W3C//DTD XHTML 1.0 Transitional//EN" "http://www.w3.org/TR/xhtml1/DTD/xhtml1-transitional.dtd">
<html xmlns="http://www.w3.org/1999/xhtml">
<head>
    <title>Jquery 基本选择器_www.jbxue.com</title>
    <script src="jquery-1.11.1.min.js" type="text/javascript"></script>
    <style type="text/css">
        body{font-size:12px;text-align:center}
        ul{width:241px;list-style-type:none;padding:0px}
        ul li{height:23px;width:60px;line-height:23px;
            float:left;border-top:solid 1px #eee;
        border-bottom:solid 1px #eee;margin-bottom:5px}
```

```
        .GetFocus{width:58px;border:solid 1px #666;
            background-color:#eee}
    </style>
    <script type="text/javascript">
            $(function(){ //增加每个父元素下的第二个子元素类别
            $("li:nth-child(2)").addClass("GetFocus");
            })
            /* $(function(){ //增加每个父元素下的第一个子元素类别
              $("li:first-child").addClass("GetFocus");
            })
              $(function(){ //增加每个父元素下的最后一个子元素类别
              $("li:last-child").addClass("GetFocus");
            })
              $(function(){ //增加每个父元素下只有一个子元素类别
              $("li:only-child").addClass("GetFocus");
            })*/
    </script>
</head>
<body>
    <ul>
        <li>Item 1-0</li>
        <li>Item 1-1</li>
        <li>Item 1-2</li>
        <li>Item 1-3</li>
    </ul>
    <ul>
        <li>Item 2-0</li>
        <li>Item 2-1</li>
        <li>Item 2-2</li>
        <li>Item 2-3</li>
    </ul>
    <ul>
        <li>Item 3-0</li>
    </ul>
</body>
</html>
```

运行代码效果如图 7.2 所示。

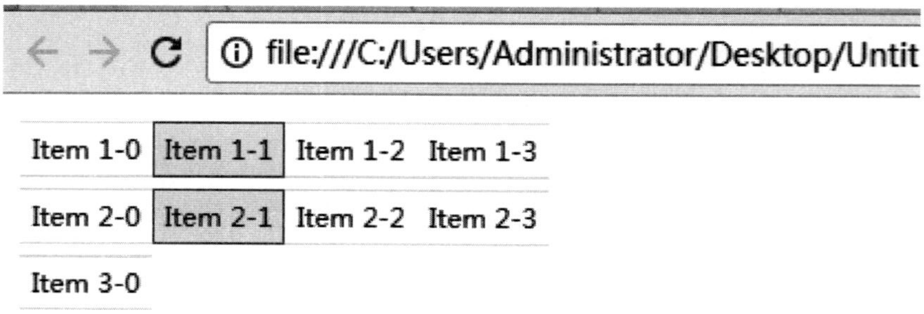

图 7.2 使用 jQuery 子元素过滤选择器选择元素

7.4　jQuery 操作 DOM 节点

DOM 接口提供了一种通过分层对象模型来访问 HTML 文档信息的方式,这些分层对象模型依据 HTML 的文档结构形成了一棵节点树。无论 HTML 文档中所描述的是什么类型的信息,即便是制表数据、项目列表或一个文档,利用 DOM 所生成的模型都是节点树的形式。也就是说,DOM 强制使用树模型来访问 HTML 文档中的信息。由于 HTML 本质上就是一种分层结构,所以这种描述方法是相当有效的。

为了能够给大家一个直观的认识,并且全面地讲解 DOM 操作,首先需要构建一个网页。每个 HTML 文档都能用 DOM 表示出来,而每一份 DOM 都可以看成一棵 DOM 树。

例 7.1: 列出一个所学课程的无序列表。

```
<html>
<head>
    <meta http-equiv="Content-Type" content="text/html; charset=utf-8" />
    <title>jQuery DOM 操作</title>
</head>
<body>
    <p title="你学过的课程.">你学过的课程</p>
    <ul>
      <li title="软件工程">软件工程</li>
      <li title="Java 语言">Java 语言</li>
      <li title="数据结构">数据结构</li>
    </ul>
</body>
</html>
```

7.4.1　查找 DOM 的节点

使用 JavaScript 提供的 getElementById 和 getElementByTagName 方法获得 DOM 节点已经是非常容易的事情,但是 jQuery 在此基础上提供了更为丰富的获取方式。

1. 查找元素节点

```
var li1 = $("ul li:eq(1)");        //获取 ul 里第二个 li 节点,注意这里也是从 0 开始编码的
var li_text=li1.text();            //获取第二个 li 元素节点的文本内容
alert(li_text);                    //打印文本内容
```

以上代码就可以非常容易地获取<ul>元素中的第 2 个<li>节点,并将它的文本内容用 java 语言打印出来,如图 7.3 所示。

2. 查找属性节点

```
var para = $("p");                    //获取 p 节点
var p_text=para.attr("title");        //获取 p 元素节点的属性 title
alert(p_text);                        //打印 title 属性值
```

以上代码就可以获取<p>节点,并将它的属性 title 的值打印出来,如图 7.4 所示。

图 7.3　查找到第二个节点并打印节点内容　　**图 7.4　打印属性 title 后的结果**

完整代码如下:

```
<html>
  <head>
    <meta http-equiv="Content-Type" content="text/html; charset=utf-8" />
    <script src="jslib/jquery.js" language="javascript"></script>
    <title>jQuery DOM 操作</title>
    <script language="javascript">
      $(document).ready(function test(){
        var li1 = $("ul li:eq(1)");
        var li_text=li1.text();
        alert(li_text);
        var para = $("p");
        var p_text=para.attr("title");
        alert(p_text);
      })
    </script>
</head>
<body>
    <p title="你学过的课程.">你学过的课程</p>
    <ul>
        <li title="软件工程">软件工程</li>
        <li title="Java 言">Java 语言</li>
        <li title="数据结构">数据结构</li>
      </ul>
    </body>
</html>
```

attr()方法的参数是两个时,第一参数规定属性的名称,第二个参数规定返回属性值的函数,该函数可接收并使用选择器的 index 值和当前属性值。

7.4.2　创建 DOM 的节点

在 DOM 操作中,常常需要动态地创建 HTML 内容,使文档在浏览器中的呈现效果发生变化。

1. 创建元素节点

例如,要创建两个 li 元素节点,并且要把它们作为 ul 元素节点的子节点添加到 DOM 节点树上,此时需要进行如下两个操作:

(1)创建两个 li 新元素。

(2)将这两个新元素插入文档中,并将其作为 ul 的子元素。

使用 jQuery 的工厂函数 $ ( )其中的 $ (HTML)方法会根据传入的 HTML 标记字符串,创建一个 DOM 对象,并将这个 DOM 对象包装成一个 jQuery 对象后返回。

首先,创建两个 li 元素,具体代码如下:

```
var li_1= $ ("<li></li>");              //创建第一个 li 元素
var li_2= $ ("<li></li>");              //创建第二个 li 元素
```

创建完这两个元素之后,下一步是将这两个新元素插入文档之后,这里可以使用 jQuery 提供 append( )等方法,具体代码如下:

```
//添加到 ul 节点中,使之能在网页中显示
$ ("ul").append(li_1);
$ ("ul").append(li_2);
```

运行代码后,新创建的 li 元素将被添加到网页中,但是因为还没有在其内容添加任何文本,所以只能看到 li 元素默认的"-",效果如图 7.5 所示。

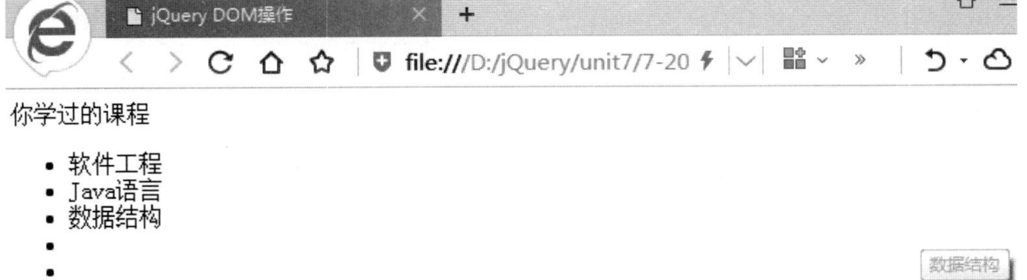

图 7.5　添加无内容列表后的效果

2. 创建文本节点

前面已经创建了两个 li 元素节点并把它们插入文档中了,此时需要为创建的元素节点添加文本内容。

例 7.2:为创建的元素节点添加文本内容。

```
//创建第一个 li 元素,包括元素节点和文本节点,"数据库原理"就是创建的文本节点
var li_1= $ ("<li>数据库原理</li>");
//创建第二个 li 元素,包括元素节点和文本节点,"专业英语"就是创建的文本节点
var li_2= $ ("<li>专业英语</li>");
//添加到 ul 节点中,使之能在网页中显示
$ ("ul").append(li_1);
$ ("ul").append(li_2);
```

由以上代码可知,创建文本节点就是在创建元素节点时直接把文本内容写出来,然后使用 append( )等方法将它们添加到文档中,运行结果如图 7.6 所示。

你学过的课程

- 软件工程
- Java语言
- 数据结构
- 数据库原理
- 专业英语

图 7.6 将文本内容附加到空节点后的效果

7.4.3 添加 DOM 的节点

动态创建元素节点并没有实际用处,还需要将新创建的元素插入 DOM 树上,才能使新节点在页面中显示。将新创建的节点插入文档最简单的方法是让它成为这个文档中某个节点的子节点。append()方法插入节点,它会在元素内部末尾追加新创建的节点,即将新创建的节点作为某元素的最后一个子节点。jQuery 只是提供的插入节点的一种方式,jQuery 还提供了几种插入节点的方式(见表 7.3)。

表 7.3 jQuery 插入节点的方法

方 法	描 述	示 例
append()	向元素内部追加内容	$("p").append("<b>Good</b>"); 结果:<p><b>Good</b></p>
appendTo()	将内容追加到指定元素	$("<b>Good</b>").appendTo("p"); 结果:<p><b>Good</b></p>
prepend()	在指定元素内容前增加新元素	已有<p>morning</p> $("p").prepend("<b>Good</b>"); 结果:<p><b>Good</b> morning </p>
prependTo()	将内容增加到指定元素内容前	$("<b>Good</b>").prependTo("p"); 结果:<p><b>Good</b> morning </p>
after()	在匹配的元素之后加入内容	$("p"). after("<b>Good</b>"); 结果:<p></p><b>Good</b>
insertAfter()	将内容加入到匹配的元素之后	$("<b>Good</b>"). insertAfter ("p"); 结果:<p></p><b>Good</b>
before()	在匹配的元素之前加入内容	$("p"). before ("<b>Good</b>"); 结果: <b>Good</b><p></p>
insertBefore()	将内容加入匹配的元素之前	$("<b>Good</b>"). insertBefore ("p"); 结果: <b>Good</b><p></p>

表7.3中所列的插入节点的方法不仅能将新建的DOM元素插入文档中,也能对原有的DOM元素进行移动。

例7.3:创建新元素并将其插入。

```
//创建第一个li元素,包括元素节点和文本节点,并包括title属性
var li_1= $ ("<li title='计算机组成原理>计算机组成原理</li>");
//创建第二个li元素,包括元素节点和文本节点,并包括title属性
var li_2= $ ("<li title='专业英语'>专业英语</li>");
var li_3= $ ("<li title='数据库原理'>数据库原理</li>");
//获得ul节点
var parent= $ ("ul");
//获取ul节点的第一个li元素节点
var one_li= $ ("ul li:eq(0)");
//获取ul节点的第二个li元素节点
var two_li= $ ("ul li:eq(1)");
//移动节点,将第二个节点放到第一个节点之前,成为第一个节点
two_li.insertBefore(one_li);
//将创建的第一个li元素添加到父元素上
parent.append(li_1);
parent.append(li_2);
//将创建的第三个li元素插入到获取的第二个元素之后
li_3.insertAfter(two_li);
```

运行代码后,效果如图7.7所示。

你学过的课程

- Java语言
- 数据库原理
- 软件工程
- 数据结构
- 专业英语

图7.7　使用insertAfter()后的效果

当然,现在也可以使用insertBefore()方法对原有的DOM元素进行移动,具体代码如下:

```
var one_li= $ ("ul li:eq(0)");      //获取ul节点的第一个li元素节点
var two_li= $ ("ul li:eq(1)");      //获取ul节点的第二个li元素节点
two_li.insertBefore(one_li); //移动节点,将第二个节点放到第一个节点之前,成为第一个节点
```

上段代码的意思就是将原来ul内的第二个li元素移动到第一li元素之前,也就是将“java语言”放到第一位,运行后效果如图7.8所示。

file:///D:/jQuery/unit7/7-23

你学过的课程

- Java语言
- 数据库原理
- 软件工程
- 数据结构
- 专业英语

图 7.8　移动列表项后的效果

例 7.4：移动列表后形成的 HTML 代码文档。

```
<html>
<head>
    <meta http-equiv="Content-Type" content="text/html; charset=utf-8" />
    <script src="jslib/jquery.js" language="javascript"></script>
    <title>jQuery DOM 操作</title>
    <script language="javascript">
      $(document).ready(function test(){
        //创建第一个 li 元素,包括元素节点和文本节点,并包括 title 属性
        var li_1= $("<li title='计算机组成原理>计算机组成原理</li>");
        //创建第二个 li 元素,包括元素节点和文本节点,并包括 title 属性
        var li_2= $("<li title='专业英语'>专业英语</li>");
        var li_3= $("<li title='数据库原理'>数据库原理</li>");
        //获得 ul 节点
        var parent= $("ul");
        //获取 ul 节点的第一个 li 元素节点
        var one_li= $("ul li:eq(0)");
        //获取 ul 节点的第二个 li 元素节点
        var two_li= $("ul li:eq(1)");
        //移动节点,将第二个节点放到第一个节点之前,成为第一个节点
        two_li.insertBefore(one_li);
        //将创建的第一个 li 元素添加到父元素上
        parent.append(li_1);
        parent.append(li_2);
        //将创建的第三个 li 元素插入到获取的第二个元素之后
        li_3.insertAfter(two_li);
      }
    )
  </script>
</head>
<body>
<p title="你学过的课程.">你学过的课程</p>
<ul>
```

```
        <li title=" 软件工程">软件工程</li>
        <li title="Java 语言">Java 语言</li>
        <li title="数据结构">数据结构</li>
    </ul>
  </body>
</html>
```

7.4.4　删除 DOM 的节点

如果文档中的某个节点在某一时刻失去了它的作用,或者文档中某一个节点是多余的,那么应该将这个节点删除掉,jQuery 提供了 3 种删除节点的办法 remove( )、detach( ) 和 empty( )(见表 7.4)。

表 7.4　删除 DOM 节点方法

方　法	功　能	示　例
remove( )	删除指定的元素,后代节点也会删除。返回值是一个指向已被删除的节点的引用	$("p").remove( )删除 p 元素
detach( )	删除指定元素,但其绑定的事件、附加的数据都会保留下来	$("p").detach( )
empty( )	清空指定元素	$("p").empty( )清空 p 元素

1. remove( )方法

remove( )方法的作用是从 DOM 中删除所有匹配元素,参数可有可无。无参数时直接从 DOM 中删除。remove( )方法的调用者。有参数时参数为 jQuery 表达式,用来筛选元素。

删除“Java 语言”节点,jQuery 代码如下:

```
$("ul li:eq(0)").remove(); //获取<ul>下的第一个<li>节点后,删除该节点
```

使用带参数的 remove( )方法,jQuery 代码如下:

```
$("ul li").remove("li[title=专业英语]"); //删除<ul>中 title 属性为“专业英语”的<li>节点
```

2. detach( )方法

detach( )方法与 remove( )方法的相同点是,该方法在删除元素节点后,也可以恢复。不同的是 detach( )方法删除所匹配的元素时,并不会删除该元素所绑定的事件、附加的数据。

3. empty( )方法

empty( )方法并不是删除节点,而是清空节点,它能清空元素中的所有后代节点。

例 7.5:empty( )清空节点。

```
$("ul li:eq(0)").empty();//获取第一个 li 元素节点后,清空此元素里的内容
```

运行代码后,第一个<li>元素的内容被清空了,只剩下<li>标签默认的符号“-”,如图 7.9 所示。

你学过的课程

-
- 数据库原理
- 软件工程
- 数据结构
- 专业英语

图 7.9　empty( )方式使用效果

在 firebug 工具中查看源代码,如图 7.10 所示,可以看出被清空的节点的 title 属性并没有删除,只是清空了它的所有后代节点。

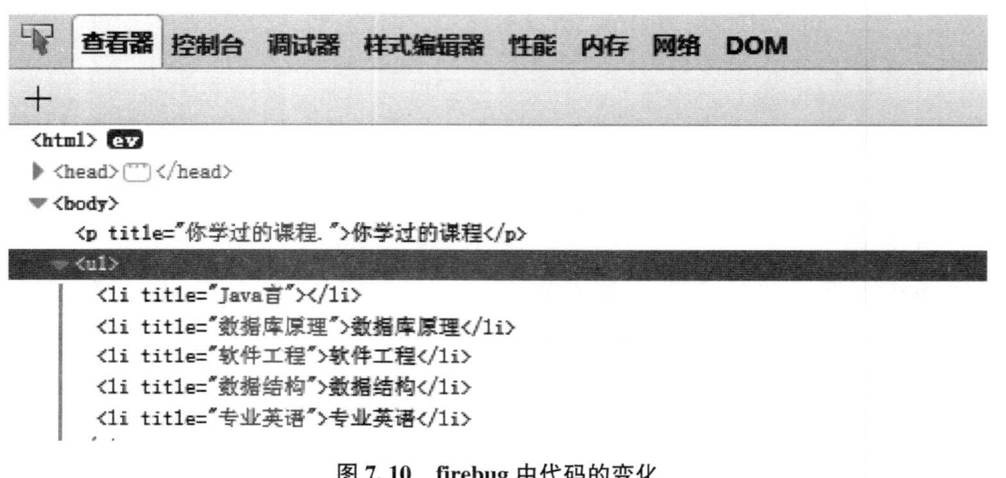

图 7.10　firebug 中代码的变化

7.4.5　复制 DOM 的节点

复制 DOM 节点也是常用的 DOM 操作之一,这种操作往往能给用户的操作带来非常良好的用户体验,对于一个将要重复出现的节点,可以通过复制来达到快速创建的目的。在 jQuery 中提供了这样一个方法 clone( )用于节点的复制。

继续沿用前面的例子,如果想在单击某个 li 元素后再复制一个当前元素,并显示在<ul>节点最后面。

例 7.6:clone( )复制节点。

```
$("ul li").click(function(){
  $(this).clone().appendTo("ul");
})            //复制当前节点,并将它追加到<ul>中,this 代表当前对象
```

当单击“软件工程”按钮后,列表下方出现新节点“软件工程”,但复制的新节点并不具有任何行为,效果如图 7.11 所示。

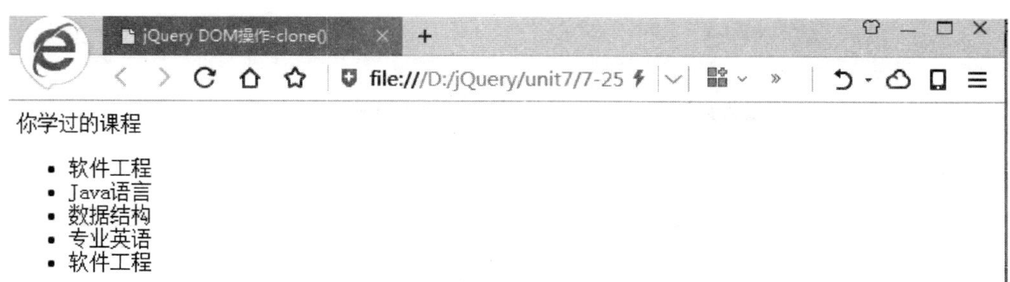

图 7.11　复制节点后的效果

如果需要新元素也同样具有复制功能,可以使用下面代码:

例 7.7:复制绑定参数的节点。

```
$(this).clone(true).appendTo("ul");  //注意参数 true
```

上面代码在 clone()方法中传递一个参数 true,它的含义是复制节点同时使新复制的节点具有原节点相同的事件,当单击“Java 语言”后,列表下方出现新节点“Java 语言”,再单击新创建的“Java 语言”,效果如图 7.12 所示。

图 7.12　使复制节点绑定原有节点对应的事件

7.4.6　替换 DOM 的节点

和复制节点不同,替换节点就是先创建一个新节点,然后再将原有的节点替换成为新创建的节点。在 jQuery 中同样提供了两个可以实现替换功能的函数:一是 replaceWith();二是 replaceAll()。

replaceWith()方法的作用是将所有匹配的元素都替换成指定的 HTML 或者 DOM 元素,例如,将页面中的所有 p 元素替换为<b>课程设置</b>,注意是每一个匹配的 p 都会被替换,则代码如下:

```
$("p").replaceWith("<b>课程设置</b>");
```

replaceAll()方法同样也是每一个匹配项都会被替换,只是颠倒了 replaceWith()代码,将页面中的所有 p 元素用<b>课程设置</b>替换,则代码如下:

```
$("<b>课程设置<</b>").replaceAll("p");
```

运行上面的两种代码,可以看到如图 7.13 所示的效果。

课程设置

- 软件工程
- Java语言
- 数据结构
- 专业英语

图 7.13　替换节点后的效果

例 7.8:替换节点代码。

```
<head>
    <meta http-equiv="Content-Type" content="text/html; charset=utf-8" />
    <script src="js/jquery-3.2.1.min.js" language="javascript"></script>
    <title>jQuery DOM 操作</title>
    <script language="javascript">
      $(document).ready(function test(){
          $("p").replaceWith("<h1>课程设置</h1>");//替换节点
      })
      </script>
    </head>
    <body>
      <p id="biaoti" title="你学过的课程.">你学过的课程</p>
      <ul>
        <li title="软件工程">软件工程</li>
        <li title="Java 言">Java 语言</li>
        <li title="数据结构">数据结构</li>
      </ul>
</body>
```

7.4.7　包裹 DOM 的节点

包裹节点是 jQuery 提供的一种比较特殊的功能,当需要在文档中插入额外的结构化标记时使用,这种处理节点方法的优势在于它不会破坏原始文档的语义。例如,在对 HTML 进行 CSS 布局的时候,为了达到想要的布局效果,经常会在某些节点上插入 div 标签,以便于能够顺利完成页面的布局。jQuery 就可提供相应的包裹节点的方法 wrap()。现在如果想要把刚才替换的 h1 节点的外侧用 div 节点包裹住,就可以使用下面的代码。

例 7.9:包裹节点。

```
$("h1").wrap("<div></div>");      //用 div 标签把 h1 标签包裹起来
```

页面上看不出什么变化,因为仅仅通过节点无法区分页面间显示的差异,同样可以通过 firefox 提供的 firebug 插件来查看它的 HTML 代码,结果如图 7.14 所示。

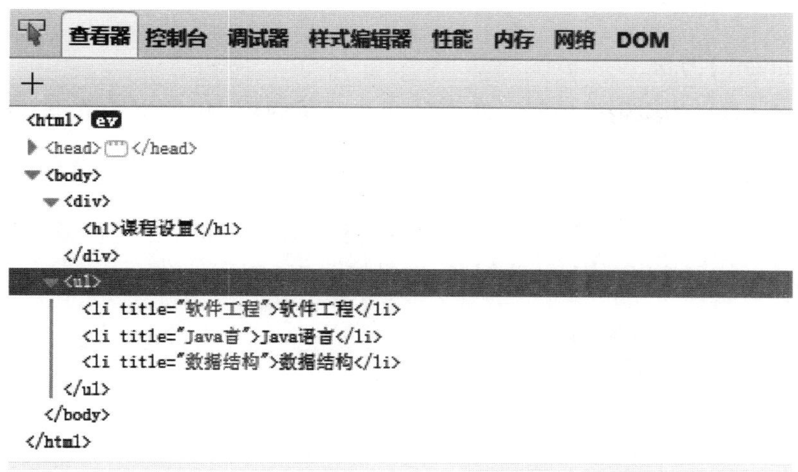

图 7.14　使用 wrap( )方法包裹节点后的效果

从图 7.14 中可以看到 h1 节点已经被 div 节点包裹起来。如果想对 h1 节点进行布局，就可以通过 wrapAll( )和 wrapInner( )这两种方式来完成，并且可以保留原始文档的语义结构。

1. wrapAll( )方法

该方法会将所有匹配的元素用一个元素包裹起来。这个方法不同于 wrap( )方法，wrap( )方法是将所有的元素进行单独的包裹。为了区分这两个方法的不同，就不能再包含一个单一元素了，可以通过包裹无序列表中的 li 元素来检验这两个方法的不同之处。使用 wrap( )方法包裹 li 元素，具体代码如下：

```
$("li").wrap("<div></div>");
```

运行代码后，使用 firebug 查看页面的 HTML 代码，效果如图 7.15 所示。

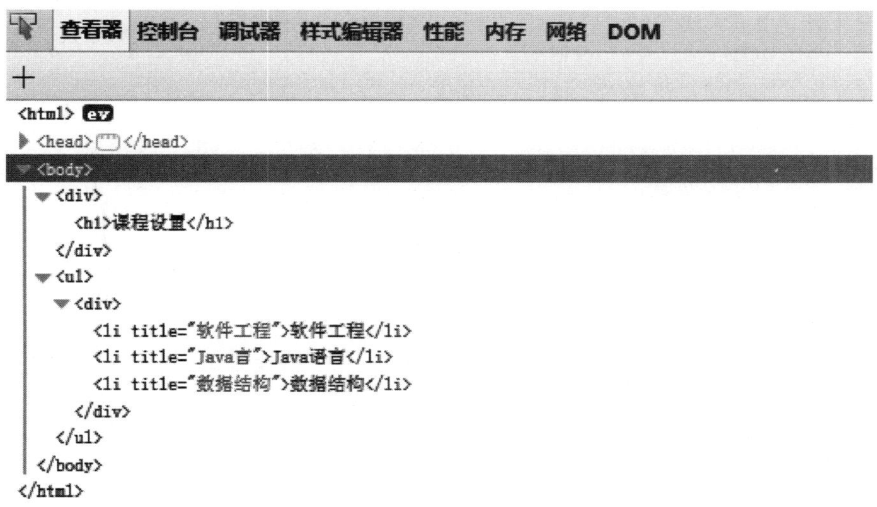

图 7.15　使用 wrapAll( )方法包裹节点后的效果

从图 7.14 与图 7.15 中可以非常清楚地看出这两种不同包裹方式的区别，但是需要注意的是它们之间的区别只能是在包裹多个元素时才能看到，如果包裹的是一个元素，区别则不明显。

2. wrapInner( )方法

wrapInner( )方法的作用是将每一匹配的元素的子内容(包括文本节点)用其他结果化的标记包裹起来。例如,可以使用它来包裹 h1 标签的子内容,具体代码如下:

```
$("h1").wrapInner("<font color='green'></font>");
```

通过上面一行代码,就可以将 h1 标签内容的子内容使用 font 标签包裹起来,并使用 font 标签的属性,让 h1 标签的字体显示为绿色,效果如图 7.16 所示。

图 7.16　使用 wrapInner( )方法包裹 h1 标签

例 7.10:上面操作的详细 HTML 代码。

```
<html>
  <head>
      <meta http-equiv="Content-Type" content="text/html; charset=utf-8" />
      <script  src="js/jquery-3.2.1.min.js" language="javascript"></script>
      <title>jQuery DOM 操作</title>
      <script language="javascript">
       $(document).ready(function test(){
       $("p").replaceWith("<h1>课程设置</h1>");
       $("h1").wrap("<div></div>");    //用 div 标签把 h1 标签包裹起来
       $("h1").wrapInner("<font  color='green'></font>");  //使用 wrapInner 包裹元素的子内容
       $("li").wrapAll("<div></div>");     //使用 wrapAll()方法包裹所有 li 元素
       })
    </script>
  </head>
  <body>
      <p>所学的课程</p>
      <ul>
        <li title="软件工程">软件工程</li>
        <li title="Java 言">Java 语言</li>
        <li title="数据结构">数据结构</li>
      </ul>
    </body>
</html>
```

7.4.8　遍历 DOM 的节点

jQuery 的选择器可以获得页面中几乎所有的节点,但是有一点缺陷就是这种节点的获取方式不能体现出节点之间的关系,如父子关系、兄弟关系等。jQuery 允许我们基于这些基层关系,在现存集合的基础上获得新的元素集合,而这些正是遍历函数发挥作用之处。jQuery 提供了很多遍历函数,下面简单介绍几种遍历函数的用法。

1. children( )方法

这个函数的语法形式为 children(expr),作用是返回匹配对象的子节点中符号表达式的节点。

例 7.11:children( )方法使用。

```
<html>
  <head>
    <script language="javascript">
      function test( ) {
        alert( $("#ch").children( ));
      </script>
  </head>
<body onLoad="test( )" >
<div id="ch">
    span>欢迎加入</span>
    span id="sp">jQuery 学习</span>
    </div>
  </body>
</html>
```

程序运行代码,如图 7.17 所示。

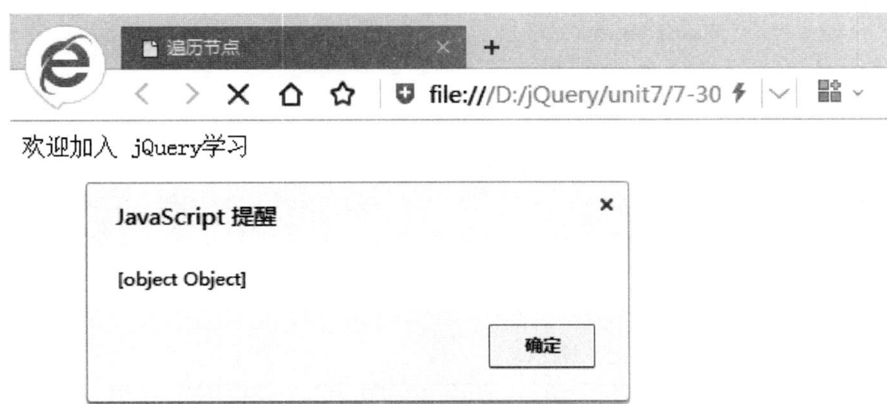

图 7.17　使用 children( )方法返回的两个对象

这说明 $("#ch").children( )产生的内容包含了两个对象,分别是<span>欢迎加入</span>和<span id="sp"> jQuery 学习</span>。如果 children( )函数内使用参数,就可以得到这个对象的匹配对象,如 $("#ch").children("#sp")这个对象可以过滤得到[<span id="sp"> jQuery 学习</span>]。

2. parent( )

这个函数的语法形式为 parent(expr),作用是返回匹配对象父节点中符合表达式的节点。这个方法的作用和 children( )方法刚好相反,使用方式和 children( )方法完全一致。

3. contains( )方法

这个函数的语法形式为 contains(str),作用是返回匹配对象中包含字符串 str 的对象。例如下面的代码:

```
<p>This is just a test. </p><p>So is this</p>
……
function jq( ){
  alert( $("p"). contains("test"). html( ) );
}
```

通过这个方法 $("p")得到两个对象,而包含字符串 test 的对象只有一个,所以该函数返回的是 jQuery 对象[<p>This is just a test. </p>]。

4. filter( )方法

这个函数的语法形式为 filter(exprs),它的功能是过滤现实匹配符合表达式的对象。需要注意的是参数 exprs 是数组,在使用时应添加"[ ]"。

应用 filter( )方法对符合 jQuery 代码要求的节点进行过滤。HTML 代码如下:

例 7.12:使用 fllter( )方法过滤节点。

```
<html>
  <head>
    <meta http-equiv="Content-Type" content="text/html; charset=utf-8" />
       <script  src="js/jquery-3.2.1.min.js" language="javascript"></script>
    <title>遍历节点</title>
    <script language="javascript">
    function test( ){
         alert( $("p"). filter(".selected"). html( ) );
       }
    </script>
    </head>
  <body onLoad="test( )" >
    <p>Very</p><p>Very Good</p>
    <p class="selected"> Very Good </p>
</body>
</html>
```

程序运行代码,效果如图 7.18 所示。

图 7.18 使用 fllter( )方法过滤节点

5. next( ) 函数

这个函数的语法形式为 next(expr),它的作用是返回匹配对象剩余的兄弟节点。

例 7.13:应用 next( ) 方法,返回符合当前 jQuery 代码作用对象的兄弟节点,具体的 jQuery 代码及 HTML 代码如下:

```
<p>Very</p><p id="a">Very Good</p><p class="selected"> Very Good </p>
  ……
function jq(){
    alert( $("p").next().html());
    alert( $("p").next(".selected").html());
}
```

运行代码后可以看到,$("p").next()返回[<p id="a">Very Good</p>和<p class="selected"> Very Good </p>]两个对象,而 $("p").next(".selected")只返回[<p class="selected"> Very Good </p>]一个对象,如图 7.19 所示。

图 7.19　使用 next( ) 方法遍历节点

当然,jQuery 中还有一些对于节点的遍历函数,表 7.5 列出和遍历相关的函数及描述。

表 7.5　jQuery 和遍历相关的函数及描述

.add( )	将元素添加到匹配元素的集合中
.andSelf( )	把堆栈中之前的元素集添加到当前集合中
.children( )	获得匹配元素集合中每个元素的所有子元素
.closest( )	从元素本身开始,逐级向上级元素匹配,并返回最先匹配的祖先元素
.contents( )	获得匹配元素集合中每个元素的子元素,包括文本和注释节点
.each( )	对 jQuery 对象进行迭代,为每个匹配元素执行函数
.end( )	结束当前链中最近的一次筛选操作,并将匹配元素集合返回到前一次的状态
.eq( )	将匹配元素集合缩减为位于指定索引的新元素
.filter( )	将匹配元素集合缩减为匹配选择器或匹配函数返回值的新元素
.find( )	获得当前匹配元素集合中每个元素的后代,由选择器进行筛选
.first( )	将匹配元素集合缩减为集合中的第一个元素
.has( )	将匹配元素集合缩减为包含特定元素的后代的集合

(续表)

. add( )	将元素添加到匹配元素的集合中
. is( )	根据选择器检查当前匹配元素集合,如果存在至少一个匹配元素,则返回 true
. last( )	将匹配元素集合缩减为集合中的最后一个元素
. map( )	把当前匹配集合中的每个元素传递给函数,产生包含返回值的新 jQuery 对象
. next( )	获得匹配元素集合中每个元素紧邻的同辈元素
. nextAll( )	获得匹配元素集合中每个元素之后的所有同辈元素,由选择器进行筛选(可选)
. nextUntil( )	获得每个元素之后所有的同辈元素,直到遇到匹配选择器的元素为止
. not( )	从匹配元素集合中删除元素
. offsetParent( )	获得用于定位的第一个父元素
. parent( )	获得当前匹配元素集合中每个元素的父元素,由选择器筛选(可选)
. parents( )	获得当前匹配元素集合中每个元素的祖先元素,由选择器筛选(可选)
. parentsUntil( )	获得当前匹配元素集合中每个元素的祖先元素,直到遇到匹配选择器的元素为止
. prev( )	获得匹配元素集合中每个元素紧邻的前一个同辈元素,由选择器筛选(可选)
. prevAll( )	获得匹配元素集合中每个元素之前的所有同辈元素,由选择器进行筛选(可选)
. prevUntil( )	获得每个元素之前所有的同辈元素,直到遇到匹配选择器的元素为止
. siblings( )	获得匹配元素集合中所有元素的同辈元素,由选择器筛选(可选)
. slice( )	将匹配元素集合缩减为指定范围的子集

【案例 7.4】操作 DOM 元素。

```
<! DOCTYPE html PUBLIC "-//W3C//DTD XHTML 1.0 Transitional//EN" "http://www.w3.org/TR/xhtml1/DTD/xhtml1-transitional.dtd">
<html xmlns="http://www.w3.org/1999/xhtml">
  <head>
    <title>Jquery 基本选择器_www.jbxue.com</title>
    <script src="jquery-1.11.1.min.js" type="text/javascript"></script>
    <style type="text/css">
      .bandDiv {
      float: left;
      font-size: 15px;
      }
  </style>
  <script type="text/javascript">
    $(function () {
     $("h5").click(function () {
       var $jdDiv = "<div class='bandDiv' id='jd'>
  <img src='https://ss1.bdstatic.com/lvoZeXSm1A5BphGlnYG/icon/95541.png' alt='品牌'>京东</div>";
              //向所选择的元素中插入元素
              $("#contentDiv").append($jdDiv);
              //将选中元素中插入目标元素
              /   $($jdDiv).appendTo("#contentDiv");
```

```
                var $tbDiv = "<div class='bandDiv' id='tb'><img src='https://ss2.bdstatic.com/
lfoZeXSm1A5BphGlnYG/icon/10062.png' alt='品牌'>淘宝</div>";
                //向所选择的元素中最前面插入元素
                $("#contentDiv").prepend($tbDiv);
                //将选中元素中插入目标元素最前面
                // $($tbDiv).prependTo("#contentDiv");
                var $nmDiv = "<div class='bandDiv' id='nm'><img src='https://ss3.bdstatic.com/
lPoZeXSm1A5BphGlnYG/icon/9483.png' alt='品牌'>糯米</div>";
                //向所选择的元素外部后面插入元素
                $("#tb").after($nmDiv);
                var $ddDiv = "<div class='bandDiv' id='dd'><img src='https://ss1.bdstatic.com/
lvoZeXSm1A5BphGlnYG/icon/95517.png' alt='品牌'>当当</div>";
                //向所选择的元素外部前面插入元素
                $("#tb").before($ddDiv);
                //每个被选元素后面插入一个已有元素
                $("#tb").insertBefore($("#jd"));
                //每个被选元素前面插入一个已有元素
                $("#nm").insertAfter($("#tb"));
                //复制节点
                var $vp = $("#tb").clone(true).attr({"id":"vp"});
                $("#nm").before($vp);
                $("#vp >img").attr(
                "src","https://ss1.bdstatic.com/lvoZeXSm1A5BphGlnYG/icon/95693.png");
                //替换节点
                $("#vp").replaceWith("<div class='bandDiv' id='vp'>
  <img src='https://ss1.bdstatic.com/lvoZeXSm1A5BphGlnYG/icon/95517.png' alt='品牌'>唯品会</div>");
                //所有选择的元素用加粗包裹起来
                $("#contentDiv >div").wrap("<b></b>");
                //遍历元素
                $("#vp").each(function () {
                    $("#vp >img").attr(
                "src","https://ss1.bdstatic.com/kvoZeXSm1A5BphGlnYG/icon/93289.png");
                });
                //删除节点
                $("#nm").remove();
            });
        });
    </script>
  </head>
  <body>
  <div>
        <h5>动态添加元素</h5>
      <div id="contentDiv"> </div>
  </div>
  </body>
  </html>
```

运行代码后效果如图 7.20 所示。

图 7.20　操作 DOM 元素

7.5　jQuery 操作元素属性

jQuery 除了能够操作 DOM 树,对 DOM 树中的节点进行相关的操作之外,还具有其他更为强大的内容。例如,使用 jQuery 可以完成对节点属性的操作,对页面样式的操作,以及对页面中文本内容的操作等。在 jQuery 提供的函数中,对于属性操作可以使用 attr( )方法和 removeAttr( )方法来完成。

7.5.1　获取和设置属性

attr( )方法的主要作用是获取属性和设置属性,获取元素属性只需要给 attr( )方法传递一个参数,即属性名称。某图片的 id 为"photo"获取 src 属性代码如下:

```
var $(“img”) = $("#photo");      //获取图片<img>元素
var path = $ img. attr("src");   //获取图片<img>元素节点属性值
```

如果要设置属性值,需要继续使用 attr( )方法,不同的是要传递两个参数,即属性名和对应的值,代码如下:

```
$("img").attr("src","路径");   //设置图片<img>元素节点 src 属性值
```

如果一次性为同一个元素设置多个属性,可以使用以下代码来实现:

```
$("img").attr({"src":"路径","title":"图片提示文字"});   //同时设置同一个元素多个属性
```

7.5.2　删除属性

在某些情况下,需要删除文档中某元素的属性,可以使用 removeAttr( )方法。例如要删除图片的"title"属性,可以使用以下代码:

```
$("#photo").removeAttr("title");   //删除 img 元素的 title 属性
```

代码运行后,使用 Firebug 来查看生成的 HTML 文档,图片的 title 属性被删除,图片的 HTML 结构由

```
<img src="images/flower1.jpg" title="rose"/>
```

变为

```
<img src="images/flower1.jpg"/>
```

【案例 7.5】jQuery 操作元素属性。

```
<! DOCTYPE html PUBLIC "-//W3C//DTD XHTML 1.0 Transitional//EN" "http://www.w3.org/TR/xhtml1/DTD/
```

```
xhtml1-transitional.dtd" >
    <html xmlns = "http://www.w3.org/1999/xhtml" >
      <head>
       <title>Jquery 基本选择器_www.jbxue.com</title>
      <style type = "text/css" >
          * { margin:0 auto;padding:5px; }
        body{ margin:0 auto;width:810px; }
        input{ width:800px;height:22px;line-height:22px;font-size:12px; }
      </style>
      <script language = "text/javascript" >
       $(function() {
        alert("例题说明:body 中的标签效果,要当所有的弹出框弹出完毕才能在最下面的【文本域】中显示出效果。");
        alert("取得第一个匹配属性值是 src 的元素,此元素方法为:\n\n\t $(\" * \").attr(\"src\")\n\n\t 此元素的
src 为:" + $("img").attr("src"));
        alert("为第一个 DIV 标签一次性设置 ID、Name 以及 style");
         $("div:first").attr({ID:"div1",Name:"div",style:"color:#f00;"});
        alert("设置完毕,设置方法为:\n\n $(\"div:first\").attr({ID:\"div1\",Name:\"div\",style:\"color:#f00;
\"})\n\n\t 请查看文本框");
         $("input").eq(0).val($("#a").html().toLowerCase());
        alert("如果 1+1=2,那么为#h img 标签中 src 设置一张图片");
         $("#h img").attr("src",function() {
        if(1+1 = =2) { return "images/5.png"; }
        else { return "" } })
        alert("设置完毕,设置方法为:\n\n $(\"#h img\").attr(\"src\",function() { if(1+1 = =2) { return \"images/
5.png\"; } else { return \"\" } })\n\n\t 请查看文本框");
          $("#h img").removeAttr("alt");
          $("input").eq(2).val($("#h").html().toLowerCase());
        })
          </script>
     </head>
     <body>
        <span id = "a" ><div>我是 div1</div></span>
        <span id = "b" ><div>我是 div2</div></span>
        <span id = "c" ><div>我是 div3</div></span>
        <span id = "d" ><img src = "images/1.png" /></span>
        <span id = "e" ><img src = "images/2.png" /></span>
        <span id = "f" ><img src = "images/3.png" /></span>
        <span id = "g" ><img src = "images/4.png" /></span>
        <span id = "h" ><img src = ""  alt = "I have alt attributes!" /></span>
        <br />
        <input type = "text" />
        <br /><br /><br />
        <input type = "text" />
         <br /><br /><br />
         <input type = "text" />
         <br /><br /><br />
         <textarea name = ""  cols = "80"  rows = "9" >
        <span id = "a" ><div>我是 div1</div></span>
        <span id = "b" ><div>我是 div2</div></span>
```

```
    <span id="c"><div>我是 div3</div></span>
    <span id="d"><img src="images/1. png"/></span>
    <span id="e"><img src="images/2. png"/></span>
    <span id="f"><img src="images/3. png"/></span>
    <span id="g"><img src="images/4. png"/></span>
    <span id="h"><img src="images/5. png/></span>
</body>
</html>
```

运行代码效果如图 7.21 所示。

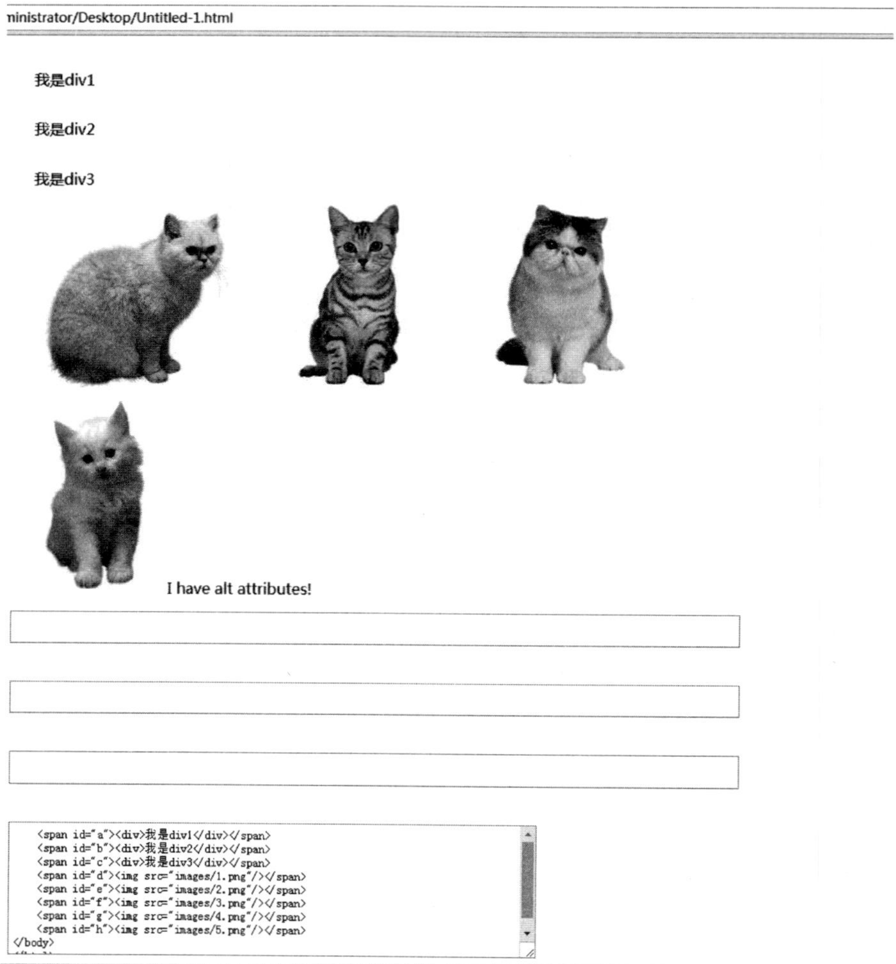

图 7.21 jQuery 操作元素属性

7.6 jQuery 操作类样式

阅读本节内容，如没有掌握相关的 CSS 知识，请先简单了解一下有关 CSS 的基础知识。熟悉 CSS 的读者知道样式类是 CSS 的一个概念，它用于设定页面上对应于 class 属性的样式显示。如果定义这样一个 HTML 标签：

```
<p class="yellow">黄色样式</p>
```

定义完成 p 标签之后,就可以使用 CSS 样式去装饰这个元素。

程序测试代码如图 7.22 所示。

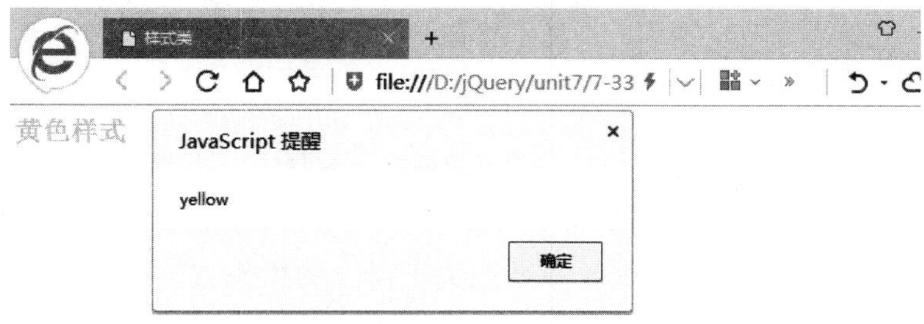

图 7.22　yellow 样式的作用

上面 p 元素的样式类 class,其实也是 p 元素的一个属性,只是能够用它来设置元素的样式而已。因此,如果想获取和设置 class 都可以使用 attr( )方法来完成。

例 7.14:改变 class 属性值应用。

```
<html>
<head>
  <meta http-equiv="Content-Type" content="text/html; charset=utf-8" />
  <script  src="js/jquery-3.2.1.min.js" language="javascript"></script>
<title>样式类</title>
<style>
.yellow{
    color:#ff0;
    font-size:20px;
    font-weight:bold;}
.red{
    color:#F00;
    font-weight:600;
    font-size:24px;}
</style>
<script language="javascript">
  $(document).ready(function(){
    var yellow_class= $("p").attr("class");
    alert(yellow_class);
     $("p").attr("class","red");//将 p 元素的 class 属性值设置为 red
    })
  </script>
</head>
<body>
  <p class="yellow">黄色样式</p>
</body>
</html>
```

单击确定后,程序运行结果如图 7.23 所示。

黄色样式

图 7.23　设置 p 元素的 class 属性

由上面例子可知,通过对元素属性 class 的设置,就可以完成对样式类的简单操作。为了方便地运用样式类,jQuery 还提供了一系列关于样式的操作方法,主要包括追加样式类、删除样式类、切换样式类等,下面通过几个简单的例子讲解 jQuery 对于样式类的操作。

7.6.1　追加类样式

什么是追加类样式呢? 假如<p>元素原本的 class 为 yellow,那么追加一个名为 big 的 class 后,class 属性变为“yellow big”,即 yellow 和 big 两种样式的叠加。jQuery 提供了专门的 addClass( )方法来追加样式。

(1)Step01:定义一组样式,代码如下:

```
.big{
    font-size:48px;
    font-weight: 500;
    color:red;}
.small{
    font-size:8px;
    font-weight:100;
}
```

(2)Step02:在网页中添加两行文字,用于样式类的测试,代码如下:

```
<p id="big" class="yellow" >big 类测试</p>
<p id="small" class="yellow"> small 类测试</p>
```

(3)Step03:设置鼠标事件代码为:

```
$("#big" ).mouseover(function(){ $(this).addClass("big");});
//当光标在“big 类测试”移动时,当前文字变大
$("#small" ).mouseover(function(){ $(this).addClass("small");});
//当光标在“small 类测试”移动时,当前文字变小
```

使用 Firebug 查看代码发现,元素 p 的属性变为了 yellow big 和 yellow small。也就是说,一个元素的 class 属性允许同时拥有两个值。当一个 class 中有两个值时,CSS 规定了如下样式的规定。

(4)如果给一个元素添加多个 class 值,那么就相当于合并了它们的样式。

(5)如果不同的 class 设定了同一种样式属性,则后者会覆盖前者。

7.6.2　删除类样式

在 jQuery 的方法体系中如果有添加方法,一般也会存在一个与这个方法功能相反的方

法，即删除方法。removeAttr( )方法用于从匹配的元素中删除全部或者指定的 class。

例如，可以使用如下的 jQuery 代码来删除<p>元素中值为“big”的 class

```
$ ( "#big" ). mouseout( function( ) { $ ( this). removeClass( "big" ) ; } ) ;
```

如果需要移除多个 class，jQuery 提供了简单的方法，可以以空格的方式删除多个 class，代码如下：

```
$ ( "#small" ). mouseout( function( ) { $ ( this). removeClass( "small yellow" ) ; } ) ;
```

例 7.15：追加和删除样式示例。

```
<html xmlns="http://www.w3.org/1999/xhtml">
<head>
  <meta http-equiv="Content-Type" content="text/html; charset=utf-8" />
  <script src="js/jquery-3.2.1.min.js" language="javascript"></script>
  <title>样式类</title>
  <style>
  .big{
    font-size:48px;
    font-weight: 600;
    color:red;}
  .small{
    font-size:10px;
    font-weight:100;
    }
</style>
<script language="javascript">
  $(document).ready(function(){
    $("#addbtn").click(function(){
      //添加 big 类
      $("p").addClass("big");
      });
    $("#addbtn1").click(function(){
      //添加 small 类
      $("p").addClass("small");
      });
    $("#delbtn").click(function(){
      //去除 big 类
      $("p").removeClass("big");
      });
    })
</script>
</head>
<body>
<input type="button" value="点击按钮添加 big 样式类" id="addbtn" />
    <input type="button" value="点击按钮添加 small 样式类" id="addbtn1" />
    <input type="button" value="点击按钮移除 big 样式类" id="delbtn" />
    <p>看看我发生了什么变化!!! </p>
</body>
</html>
```

程序运行结果，如图 7.24 所示。

图 7.24　追加和删除样式

7.6.3　切换类样式

在 jQuery 的方法体系中还提供了一个 toggleClass( )方法,用于控制样式上的重复切换。如果类名存在,则删除它,如果类名不存在,则添加它。例如,对 p 元素的 toggleClass( )进行操作,添加一个切换按钮来完成功能的测试,具体代码如下:

例 7.16:切换类样式应用示例。

```
<html xmlns="http://www.w3.org/1999/xhtml">
 <head>
   <meta http-equiv="Content-Type" content="text/html; charset=utf-8" />
   <script src="js/jquery-3.2.1.min.js" language="javascript"></script>
   <title>样式类</title>
   <style>
     .big{
       font-size:48px;
       font-weight: 600;
       color:red;}
     .small{
       font-size:10px;
       font-weight:100;
     }
   </style>
   <script language="javascript">
      $(document).ready(function(){
       $("#chgbtn").click(function(){
         //切换 big 类
       $("p").toggleClass("big"); //重复切换类名 big
     });
    })
  </script>
</head>
 <body>
   <input type="button" value="切换 big 样式类" id="chgbtn" />
   <p class="small">切换样式类的测试</p>
 </body>
</html>
```

程序运行,结果如图 7.25 所示。

切换样式类的测试

图 7.25　toggleClass( ) 方法示例

【案例 7.6】jQuery 的样式操作。

```
<! DOCTYPE html PUBLIC "-//W3C//DTD XHTML 1.0 Transitional//EN" "http://www.w3.org/TR/xhtml1/DTD/xhtml1-transitional.dtd">
<html xmlns="http://www.w3.org/1999/xhtml">
<head>
  <title>Jquery 基本选择器_www.jbxue.com</title>
   <script src="jquery-1.11.1.min.js" type="text/javascript"></script>
   <style>
     div {
     width: 100px;
       height: 100px;
       background-color: pink;
     }
     .current {
       background-color: red;
       }
   </style>
   <script src = jquery-1.11.1.js></script>
   <script>
       $(function () {
//--------------------------------样式操作方法---------------------------------
          //样式操作方法 1(设置样式):  css(json);
          // $("div").css({"width":100,"height":100,"background-color":"pink"});
          //样式操作方法 2(设置样式):  css(属性,值);
          $("div").css("background-color","red");
          //样式操作方法 2(获取样式):  css(属性);
          //获取的时候如果有很多,那么获取 jquery 对象中的第一个
          alert($("div").css("width"));

//------------------类操作添加和删除、切换、判断----------------------------------
          $("button").eq(0).click(function () {
              //添加类
              $("div").addClass("current");
              //判断类
              alert($("div").hasClass("current"));//has 是 have 的单三 返回 bool 类型
          });
          $("button").eq(1).click(function () {
              //删除类
```

```
                $("div").removeClass("current");
                //判断类
                alert($("div").hasClass("current"));//has 是 have 的单三
            });
            //alert($("div").hasClass("current"));
            // jquery 对象中有一个带有类名的也是 true,所有都不带才是 false;
        })
    </script>
</head>
<body>
    <button>添加</button>
    <button>删除</button>
    <div></div>
    <div></div>
    <div></div>
    <div class="current"></div>
</body>
</html>
```

运行代码效果如图 7.26 所示。

图 7.26　jQuery 的样式操作

7.7　jQuery 操作 css 样式

jQuery 可以对任何一个元素的样式进行操作,这种技术叫做 CSS-DOM 技术。简单地说,这种技术就是用来获取和设置样式对象的各种属性的。style 属性很有用,几乎所有的 HTML 标签都有这个属性,这个属性是用来设置标签样式的一种属性。虽然元素的 style 属性很有用,但是它也有缺点,最大的不足是无法通过它提取到通过外部 CSS 设置的样式信息。然而在 jQuery 中这些是很简单的。jQuery 提供了一个 css( )方法,这个方法也具有两个作用:一是提取元素的样式属性;二是设置元素的元素属性。

使用 css( )方法获取 CSS 属性的语法如下:

```
值 = css( 属性名 );
```

使用 css( )方法设置 CSS 属性的语法如下:

```
css(属性名, 值);
```

例 7.17:使用 css 方法设置 css 属性。

```
<html xmlns="http://www.w3.org/1999/xhtml">
  <head>
    <meta http-equiv="Content-Type" content="text/html; charset=utf-8" />
    <title>操作 css 样式类</title>
    <script src="js/jquery-3.2.1.min.js" language="javascript"></script>
    <script type="text/javascript">
      $(document).ready(function(){
        $("button").click(function(){
          $("p").css({"background-color":"red","font-size":"200%"});
      });
    });
  </script>
</head>
<body>
    <h2>注意字体和背景色的变化</h2>
    <p>注意字体和背景色的变化</p>
    <p>注意字体和背景色的变化</p>
<button type="button">Click me</button>
  </body>
</html>
```

程序运行结果如图 7.27 所示。

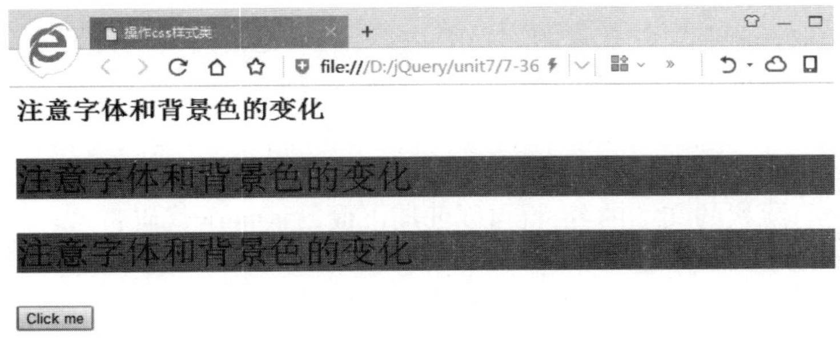

图 7.27　使用 css 方法设置 css 属性

7.8 jQuery 操作元素内容

在节点遍历时,html( )方法会经常使用到,该方法的作用是改变元素内容。除了该方法,jQuery 还提供了另外几种方法操作元素的文本内容,其中包括 text( )方法、val( )方法等,在本节中作具体介绍。

7.8.1 html( )方法

html( )方法有两种形式:一种是有参数形式;另一种是无参数形式。

1. html( )

它的作用是取得第一个匹配元素的 HTML 内容。该函数不能用于 XML 文档,但可以用于 XHTML 文档,返回的是一个字符串。例如有下面一行 HTML 代码:

```
<div><p>你好</p></div>
```

如想要获得 p 元素的内容"你好",就可以使用下面的 jQuery 代码:

```
$("div").html();
```

这样就可以返回"你好"。

2. html(val)

它的作用是设置匹配元素的 HTML 内容。该函数不能用于 XML 文档,但可以用于 XHTML 文档,返回一个 jQuery 对象。例如,可以建立一个空的 div 元素,代码如下:

```
<div></div>
```

如果使用下面的 jQuery 代码:

```
$("div").html(<p>"How are you</p>");
```

就会产生[<div><p>How are you</p></div>]这样一个 jQuery 对象。

7.8.2 text 方法

text( )方法也有两种形式:一种是有参数形式,另一种是无参数形式。

1. text( )

它的作用是取得所有匹配元素的 HTML 内容,结果是由所有匹配元素包含的文本内容组合起来的文本,返回的是一个字符串。例如下面的代码:

```
<p><b>你好</b>先生! </p>
<p>欢迎光临! </p>
```

想要获得所有元素的文本内容,就可以使用下面的 jQuery 代码:

```
$("p").text();
```

运行代码就可以得到"你好先生! 欢迎光临!"这样一串字符串。

2. text (val)

它的作用是设置或返回所有匹配元素的 HTML 内容,与 html( )类似,它将 HTML 编码

(将"<"和">"替换成相应的 HTML 实体)。它返回一个 jQuery 对象。

7.8.3　val( )方法

在 jQuery 中,对于元素内容的操作方法还有一个,就是 val( )方法。这个方法比较特殊,它不是针对普通元素的一种内容操作方法,而是针对 HTML 中表单元素的一种方法。val( )方法有两种形式;一是有参数形式;二是无参数形式。

1. val( )

它的作用是获得任意一个匹配元素的当前值,返回值是一个数组或者是一个字符串。例如下面一段代码:

例 7.18:使用 val( )方法示例。

```
<p></p><br/>
性别:
  <select id="single">
    <option>男</option>
    <option>女</option>
  </select>
<br>
爱好:
  <select id ="multiple" multiple="multiple">
    <option selected="selected">游泳</option>
    <option>上网</option>
    <option selected="selected">足球</option>
  </select>
  <br>如果想在 p 元素后面添加上两个复选框中的值,就可以使用下面的 jQuery 代码:
 $("#button").click(function(){
     $("p").append("性别:"+$("#single").val()+"<br/>"+"<b>爱好:</b>"+$("#multiple").val().join
(","));
   });
```

运行结果如图 7.28 所示。

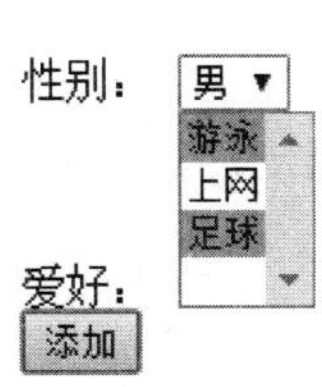

图 7.28　使用 val( )方法示例效果

2. val(val)

它的作用是设置每一个匹配元素的值。当然,这个方法也可以为 check、select、radio 元素赋值,返回一个 jQuery 对象。有下面这样一段代码:

```
<input type="text"/>
```

如果要想给 text 元素赋值,就可以使用下面的代码:

```
$("input").val("北京欢迎您!");
```

运行代码后可以发现,在文本框中出现"北京欢迎您!"。

小　　结

本章详细介绍了 DOM 的一些最为基本的知识,以及 jQuery 对于 DOM 的一些相关操作。对于 DOM 的相关知识掌握得不太好的读者,可以先了解一下 DOM 的相关书籍,再学习本章的内容。

第 8 章　jQuery 的事件

8.1　jQuery 的事件处理机制

JQuery 的事件处理机制在 JQuery 框架中起着重要的作用，它就像电视机的开关，打开电视机的开关才能看到各个电视台精彩的节目，那么我们使用 JQuery 的事件处理机制就可以创造我们自定义的行为，比如提交、改变样式、效果显示等，使网页更加丰富。当然它的优点并不只在于这点，使用 JQuery 事件处理机制比直接使用 JavaScript 本身内置的一些事件相应方式更加灵活，更加不容易暴露在外，而且有更加优雅的语法，大大减少了我们工作的量度。

JQuery 的事件处理机制包括：页面加载、事件绑定、事件委派、事件切换四种机制。

8.1.1　页面加载

在 jQuery 中是用 $(document).ready() 方法来替代 JavaScript 中的 window.onload 方法的，但是他们也有一些不同点。

(1)执行时机。例如，有一个有很多图片的网页，$(document).ready() 方法是在这个网页的 DOM 树加载完就可以执行的，而 window.onload 方法必须在 DOM 树加载完和图片都加载完才执行。如果使用 jQuery，想要在整个页面加载完再执行可以使用 load() 方法，下面两段代码的功能是一样的：

```
// jQuery $(window).load(function(){
  //代码 1
});
// JavaScriptwindow.onload =function(){
  //代码 2
};
```

(2)多次使用。JavaScript 的 onload 事件一次只能保存对一个函数的引用，而 $(document).ready() 可以保存多个。

```
function one(){
    alert('1');
}
function two(){
    alert('2');
}
// JavaScript
window.onload = one;
```

```
window.onload = two;    //只执行 two()
//jQuery
$(document).ready(function(){
    one();
});
$(document).ready(function(){
    two();
});   //one() 和 two()都会执行
```

(3)简写方式。$(document).ready(function(){});可以简写为$(function(){});

8.1.2 事件绑定

bind()函数的语法：

```
bind(type,[.data],fn)
```

第一个参数是事件类型;第二个参数是可选参数,作为 event.data 属性值传递给事件对象的额外数据对象;第三个参数是用来绑定的处理函数。

用例子来看,有两个 div,第二个 div 隐藏,单击第一个 div 时,第二个 div 显示：

```
<div id="div1"></div>
<div id="div2"></div>
<script type="text/javascript">
  $(function(){
    $('#div1').bind('click',function(){
      $(this).next().show();
  });
});
```

增加功能,当点击 div1 时如果 div2 是显示的,则隐藏它,否则就显示它：

```
$(function(){
  $('#div1').bind('click',function(){
    if($(this).next().is(':visible')){
      $(this).next().hide();
      }else{
        $(this).next().show();
    }
  });
  });
```

简写：

```
$('#div1').click(function(){
  if($(this).next().is(':visible')){
    $(this).next().hide();
     }else{
      $(this).next().show();
  }
})
```

8.1.3　事件切换

文件切换只有两个方法:hover( )和 toggle( )。由于他们截取组合的用户操作,并且以多个函数响应,因此也称为复合事件处理机制。hover( )方法是一个模仿鼠标悬停变化的方法,简单地说就是鼠标移入移出的时候执行指定的行为的方法,我们最常用的就是做菜单切换效果。toggle( )方法就是当点击按照顺序执行指定的函数方法,第一次单击执行第一个函数按钮,第二次单击“执行第二个函数”按钮,依此类推,它可以使用事件绑定中的 unbind('click')方法删除。

(1)hover( )方法。用于模拟光标悬停事件。当光标移动到元素上时触发第一个函数,当光标移出元素时,会触发第二个函数:

```
$('#div1').hover(function(){
    $(this).next().show();
  },function(){
     $(this).next().hide();
 });
```

(2)toggle( )方法。用于模拟鼠标连续单击事件,当鼠标第一次单击元素,触发第一个函数,当鼠标单击同一个函数时触发第二个函数:

```
$('#div1').toggle(function(){
    $(this).next().show();},
 function(){
    $(this).next().hide();
});
```

8.1.4　事件委派

文件委派只有两个方法:live( )和 die( )。这两个方法是 1.3 版本之后才新增的,之前的版本是没有的。live( )可以理解成元素组事件委派方法,比如 li 元素用 live 绑定了 click 事件,那么当在以后增加一个 li 到这个页面时,对于这个新增加的 li,其 click 事件依然可用,而无需重新给这种新增加的元素绑定事件,在编写树形插件的时候相当有用。die( )方法就很好解释,用来解除 live( )绑定的方法。

live(type, fn):live( )中 type 参数目前只支持 click, dblclick, mousedown, mouseup, mousemove, mouseover, mouseout, keydown, keypress, keyup 事件。代码如下:

```
  $("li").live('click', function(){
var index = $("li").index(this);    //获取 li 的索引
    var text = $("li").eq(index).text();  //根据单击项索引获得文本值
    alert("索引:" + index + ",文本值:" + text);
  });
```

8.2　jQuery 的常用事件函数

jQuery 把很多事件进行了封装,在 jQuery 中的事件大致上可以分为键盘操作事件、鼠标操作事件和其他事件,下面对这几类事件进行简单介绍。

8.2.1 鼠标操作事件

鼠标事件是在用户移动鼠标光标或者使用任意鼠标键单击时触发的,jQuery 中鼠标操作事件不仅包括了简单的单击、双击等事件,还实现了很多复杂的鼠标操作,如敲击鼠标、移动鼠标、松开鼠标等操作。jQuery 对于所有事件的封装都采用了两种实现方式:一是触发某个元素的某个事件;二是单击某个元素触发事件。jQuery 提供的与鼠标事件相关的函数如表 8.1 所示。

表 8.1 与鼠标事件相关的方法

方　法	说　明
click(handler(eventObject))	绑定到 click 事件处理函数的方法。click 事件当单击鼠标时触发
dblclick (handler(eventObject))	绑定到 dblclick 事件处理函数的方法。dblclick 事件当双击鼠标时触发
hover(handlerIn(eventObject), handlerOut(eventObject))	指定鼠标指针进入和离开指定元素时的处理函数
.mousedown(handler(eventObject))	绑定到 mousedown 事件处理函数的方法。mousedown 事件当按下鼠标按键时触发
mouseenter(handler(eventObject))	绑定到鼠标进入元素的事件处理函数
mouseleave(handler(eventObject))	绑定到鼠标离开元素的事件处理函数
.mousemove(handler(eventObject))	绑定到 mousemove 事件处理函数的方法。mousemove 事件当移动鼠标时触发
mouseout(handler(eventObject))	绑定到 mouseout 事件处理函数的方法。Mouseout 事件当鼠标指针离开被选元素时触发。不论鼠标指针离开被选元素还是任何子元素,都会触发 mouseout 事件;而只有在鼠标指针离开被选元素时,才会触发 mouseleave 事件。
mouseover(handler(eventObject))	绑定到 mouseover 事件处理函数的方法。mouseover 事件当鼠标指针位于元素上方时触发
.toggle(handler(eventObject))	绑定 2 个或更多处理函数到指定元素,当单击指定元素时,交替执行时处理函数

下面就对 jQuery 提供的常用的鼠标事件用法进行相应的解说与分析,其中包括如下几个:

1. click 事件

click 事件于用户在元素敲击鼠标左键,并在相同元素上松开左键时触发。当然,这个事件也是采用两种实现方式:一种是没有参数的实现;另一种是含有参数的实现。没有参数的实现方式是调用执行绑定到 click 事件的所有函数;而有参数的实现方式是针对某一个元素

而实现的 click 操作,例如:

```
$("p").click();
```

这种方式是执行绑定到 click 事件的所有函数,这里需要首先绑定事件。另外一种方式就是:

```
$("p").click(function(){
  alert("click function is running!");
});
```

这是经常使用的一种方式,这段 jQuery 代码的含义就是单击 p 对应的所有元素时,就会弹出“click function is running!”对话框,运行结果,如图 8.1 所示。

2. dbclick 事件

dbclick 事件在用户完成迅速连续两次单击之后触发,双击的速度取决于操作系统的设置。一般双击事件在页面中不经常使用。

例 8.1:click 事件应用示例,代码如下:

```
<script type="text/javascript">
  $(document).ready(function(){
     $("p").click(function(){
      alert("click function is running!");
    })
  });
</script>
```

这段 jQuery 代表的意思是双击所有的段落时都会弹出“dbclick function is running!”对话框,程序运行结果如图 8.1 所示。

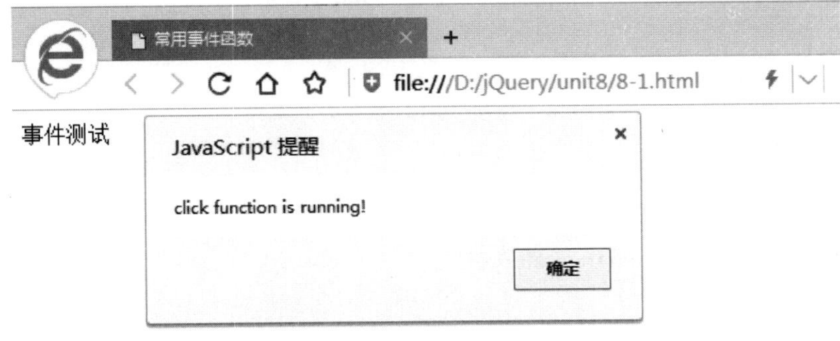

图 8.1　click 事件应用示例

3. mousedown 事件

mousedown 事件在用户敲击鼠标键时触发,跟 keydown 事件不一样,该事件仅在按下鼠标时触发。当然这个事件和鼠标单击事件 click 也有一定的区别,click 事件是在鼠标按下后并不发生响应,而是鼠标按下后松开的一瞬间发生反应,并且这个动作连续发生才会触发事件的发生。

```
$("p").mousedown(function(){
  alert("mousedown function is running!");
});
```

4. mouseup 事件

mouseup 事件在用户松开鼠标时触发,如果在与按下鼠标的元素相同的元素上松开,要么 click 事件也会触发,jQuery 代码如下:

例 8.2:mouseup 事件应用示例。

```
<script type="text/javascript">
  $(document).ready(function(){
    $("p").mouseup(function(){
      alert("mouseup function is running!");
    })
   $("p").click(function(){
    alert("click function is running!");
  });
  });
</script>
```

程序运行,结果如图 8.2 所示。

图 8.2　mouseup() 事件示例效果

5. mouseover 事件

mouseover 事件于用户把鼠标从一个元素移动到另外一个元素上时触发,如果需要知道来自哪个元素,可以使用 relatedTagrget 属性。

6. mouseout 事件

mouseout 事件于用户把鼠标移除一个元素时触发,这包含从父元素移动到子元素上,或者使用键盘跳到元素上。mouseover 和 mouseout 这两个事件一般不常用,很难实现与用户的交互,也就是说不宜捕捉用户事件。

7. mouseenter 事件

mouseenter 事件在用户光标进入元素上时触发。

```
$("p").mouseenter(function(){
  alert("mouseenter function is running!");
});
```

8. mouseleaver 事件

mouseenter 事件在用户光标离开元素上时触发。

```
$("p").mouseleaver(function(){
  alert("mousleaver function is running!");
});
```

一般情况下在 jQuery 中,mouseenter 和 mouseleaver 这两个事件连起来使用,当然也可以是有 hover 函数来代替这两个函数,所以说 hover 函数只不过是这两个事件函数的又一次封装而已。

例 8.3:mouseenter 和 mouseleaver 应用示例。

```
$("li").mouseenter(function(){
      $("this").append($("<span> * * *</span>"));
}).mouseleaver(function() {
   $("this").find("span:last").remove();
```

就可以用下面的代码来代替:

```
$("li").hover(
  function () {
     $(this).append($("<span> * * *</span>"));
  },
  function () {
     $(this).find("span:last").remove();
  });
```

程序运行,结果如图 8.3 所示。

图 8.3 mouseenter()与 mouseleaver()事件示例

8.2.2 键盘操作事件

键盘事件可以传递一个参数 event,其实所有的 jQuery 事件都可以传递这么一个参数。这个 event 是一个对象,其包括一些属性,在触发事件时可以通过 event 来获得一些关于事件的值。jQuery 的键盘事件和鼠标事件一样,每种事件都有两种形式。例如,keydown 事件的两种形式为 keydown()这种无参数的形式和 keydown(fn)这种有参数的形式,后面的这种形式是为 keydown 这种键盘事件绑定一个处理函数,至于“绑定”是个什么概念,在下面的学习中还会提到。jQuery 提供的与键盘事件相关的方法如表 8.2 所示。

表 8.2 与键盘事件相关的方法

方　法	说　明
focusin(handler(eventObject))	绑定到 focusin 事件处理函数的方法。focusin 事件当光标进入 HTML 元素时触发

（续表）

方　　法	说　　明
focusout(handler(eventObject))	绑定到 focusout 事件处理函数的方法。Focusout 事件当光标离开 HTML 元素时触发
keydown(handler(eventObject))	绑定到 keydown 事件处理函数的方法。keydown 事件当按下按键时触发
. keypress(handler(eventObject))	绑定到 keypress 事件处理函数的方法。keypress 事件当按下并放开按键时触发
keyup(handler(eventObject))	绑定到 keyup 事件处理函数的方法。Keyup 事件当放开按键时触发

例 8.4：使用 keypress( )方法的实例。

```
<html>
    <head>
    <meta http-equiv="Content-Type" content="text/html; charset=utf-8" />
    <title>无标题文档</title>
    <script type="text/javascript" src="js/jquery-3.2.1.min.js"></script>
    <script type="text/javascript">
      i=0;
      $(document).ready(function(){
        $("input").keypress(function(){
          $("span").text(i+=1);
      });
    });
  </script>
</head>
<body>
    <input type="text" />
    <p>按键次数<span>0</span></p>
  </body>
</html>
```

程序运行结果如图 8.4 所示。

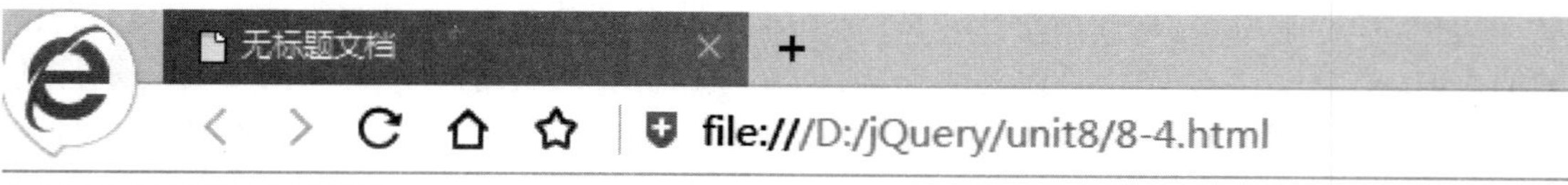

图 8.4　keypress( )方法示例

当输入普通按键时，在下面的区域就会逐次加 1，而如果使用功能按键则不会起作用。

8.2.3 绑定事件

1. bind 事件

语法格式：

```
bind(type,[data],function(eventObject))
```

bind 是使用频率较高的一种，作用就是在选择到的元素上绑定特定事件类型的监听函数，参数的含义如下：

type：事件类型，如 click、change、mouseover 等；

data：传入监听函数的参数，通过 event. data 取到，可选；

function：监听函数，可传入 event 对象，这里的 event 是 jQuery 封装的 event 对象，与原生的 event 对象有区别，使用时需要注意。

bind 的源码如下：

```
bind: function( types, data, fn ) {
  return this.on( types, null, data, fn );
}
$('#myol li').bind('click',getHtml);
```

bind 的特点就是会把监听器绑定到目标元素上，有一个绑一个，在页面上的元素不会动态添加的时候使用它没什么问题。但如果列表中动态增加一个"列表元素 5"，单击它是没有反应的，必须再 bind 一次才行。若不想这么麻烦，可以使用 live。

2. live 事件

语法格式：

```
live(type, [data], fn)
```

代码如下：

```
live: function( types, data, fn ) {
  jQuery( this.context ).on( types, this.selector, data, fn );
   return this;
}
```

可以看到 live 方法并没有将监听器绑定到自己(this)身上，而是绑定到了 this. context 上了。这个 context 是什么东西呢？其实就是元素的限定范围，看了下面的代码就清楚了：

```
$('#myol li').context; //document
$('#myol li','#myol').context; //document
$('#myol li', $('#myol')[0]); //ol
```

通常情况下，不会像第三种方式那样使用选择器，所以也就认为这个 context 通常就是 document 了，即 live 方法把监听器绑定到了 document 上了。若不想把监听器直接绑定在元素上，可使用事件委托机制来实现。若没有，可以单击这里回忆一下。live 正是利用了事件委托机制来完成事件的监听处理，把节点的处理委托给了 document。在监听函数中，我们可以用 event. currentTarget 来获取到当前捕捉到事件的节点。下面通过例子揭晓：

```
$('#myol li').live('click',getHtml);
```

3. delegate()

参数多了一个 selector，用来指定触发事件的目标元素，监听器将被绑定在调用此方法的元素上。源码如下：

```
delegate: function( selector, types, data, fn ) {
  return this.on( types, selector, data, fn );
}
```

4. on( )

其实是将以前的绑定事件方法作了统一，无论 bind( )还是 delegate( )其实都是通过 on( )方法实现的，只是参数不同罢了。代码如下：

```
$("div").on("click","p",function(){
  alert($(this).text());
})
```

8.2.4 触发事件

trigger( )函数用于在每个匹配元素上触发指定类型的事件。此外，还可以在触发事件时为事件处理函数传入额外的参数。使用该函数可以手动触发执行元素上绑定的事件处理函数，也会触发执行该元素的默认行为。

以表单元素<form>为例，使用 trigger("submit")可以触发该表单绑定的 submit 事件，也会执行表单 submit 事件的默认行为——表单提交操作。

从 jQuery 1.3 开始，trigger( )函数触发的事件还支持事件冒泡，可以冒泡传递到 DOM 树上。该函数属于 jQuery 对象(实例)。

trigger( )函数主要有以下两种形式的用法：

1. 用法一

```
jQueryObject.trigger( events [ , extraArguments ] )
```

在每个匹配元素上触发指定类型(events)的事件，并可为事件处理函数传入额外的参数(extraArguments)。

2. 用法二

```
jQueryObject.trigger( eventObject [ , extraArguments ] )
```

为指定事件处理函数传入的 Event 对象(eventObject)，用于触发执行对应的事件处理函数，并可为事件处理函数传入额外的参数(extraArguments)(见表 8.3)。

表 8.3 参数表

参 数	描 述
Events	String 类型指定的事件类型和可选的命名空间，例如"click"、"focus"、"keydown. myPlugin"
extraArguments	可选/Object 类型为事件处理函数传入的额外参数。如果要传入多个参数，请以数组方式传入
eventObject	Object 类型一个 Event 对象，用于触发传入该对象的事件处理函数

8.2.5　移除事件

有时候事件执行完了,想取消事件的效果可以通过一定的办法来处理。如 bind( )方法,可以通过 unbind( )方法来移除事件的效果。

例如下面一个例子:

```
<script type="text/javascript">
    $(function(){
      $('#btn').bind("click", function(){
                 $('#test').append("<p>我的绑定函数 1</p>");
           }).bind("click", function(){
                 $('#test').append("<p>我的绑定函数 2</p>");
           }).bind("click", function(){
                   $('#test').append("<p>我的绑定函数 3</p>");
           });
    })
</script>

<body>
<button id="btn">点击我</button>
<div id="test"></div>
</body>
```

当单击 btn 按钮时,触发了 3 个事件,这里的 append( )方法,向 div 层中传递了 3 个段落内容。

append( )方法在被选元素的结尾(仍然在内部)插入指定内容。它与 html( )方法还是不同的,html( )方法是改变整个元素中的内容,而不是向元素结尾插入内容。text( )方法与 html( ) 方法类似,但区别在于 html( )方法中可以写入 html 的代码,而且可以被正确地解析,而 text( ) 只能当 html 代码为正常的字符串。

这里每次单击,都会执行一次事件,向 div 层末尾添加段落。

下面的代码是取消事件效果的,可以通过删除事件,使单击事件失效:

```
<script type="text/javascript">
    $(function(){
      $('#btn').bind("click", function(){
                 $('#test').append("<p>我的绑定函数 1</p>");
           }).bind("click", function(){
                 $('#test').append("<p>我的绑定函数 2</p>");
           }).bind("click", function(){
                 $('#test').append("<p>我的绑定函数 3</p>");
           });
      $('#delAll').click(function(){
             $('#btn').unbind("click");
      });
    })
</script>
```

$('#btn').unbind("click");这句代码的作用就是取消元素 btn 下的 click 事件。它不仅对于 bind()方法有效,对于 click()方法也同样有效。从某种角度上讲,bind("click",function(){})与 click(function(){})是等价的。

【案例 8.1】鼠标拖动效果。

```
<! DOCTYPE html PUBLIC "-//W3C//DTD XHTML 1.0 Transitional//EN" "http://www.w3.org/TR/xhtml1/DTD/xhtml1-transitional.dtd">
<html xmlns="http://www.w3.org/1999/xhtml">
<head>
<meta http-equiv="Content-Type" content="text/html; charset=utf-8" />
<title>无标题文档</title>
<style type="text/css">
    #Main{
      width:400px;
      height:400px;
      position:absolute;
      top:10px;
      left:0;
      border:1px solid #CCC;
      border-radius:5px;
      background--color:Green;
    }
    h3 {
      margin:0;
      width:400px;
      height:40px;
      background-color:Gray;
      cursor:move;
      line-height:40px;
      border-radius:5px 5px 0 0;
    }
    </style>
  <script type="text/javascript" src="jquery-1.11.1.min.js"></script>
  <script type="text/javascript">
  //注册一个 Jquery 的鼠标拖动函数,参数为要拖动的对象
  $.fn.extend({ SliderObject: function (objMoved) {
      var mouseDownPosiX;
      var mouseDownPosiY;
      var InitPositionX;
      var InitPositionY;
      var obj = $(objMoved) == undefined ? $(this) : $(objMoved);
      $(this).mousedown(function (e) {
        //当鼠标按下时捕获鼠标位置以及对象的当前位置
        mouseDownPosiX = e.pageX;
        mouseDownPosiY = e.pageY;
        InitPositionX =obj.css("left").replace("px", "");
        InitPositionY =obj.css("top").replace("px", "");
```

```
            obj.mousemove(function (e) {//这个地方改成 $ (document).mousemove 貌似可以避免因鼠标移动太快而
失去焦点的问题
            //貌似只有 IE 支持这个判断,Chrome 和 Firefox 还没想到好的办法
            //if ( $ (this).is(":focus")) {
            var tempX = parseInt(e.pageX) - parseInt(mouseDownPosiX) + parseInt(InitPositionX);
            var tempY = parseInt(e.pageY) - parseInt(mouseDownPosiY) + parseInt(InitPositionY);
            obj.css("left", tempX + "px").css("top", tempY + "px");
            //};
            //当鼠标弹起或者离开元素时,将鼠标弹起置为 false,不移动对象
          }).mouseup(function () {
              obj.unbind("mousemove");
            }).mouseleave(function () {
              obj.unbind("mousemove");
             });
          })
        }
      });
    $ (document).ready(function () {
        $ ("h3").SliderObject( $ ("#Main"));
    })
      </script>
    </head>
    <body>
        <div id="Main">
            <h3>鼠标放在这里拖动我</h3>
          <div id="Container">可以使用鼠标拖动的层</div>
        </div>
      </body>
    </html>
```

运行代码后效果如图 8.5 所示。

图 8.5　鼠标拖动效果

【案例 8.2】支持键盘按键的 jQuery 导航应用。

```
<! DOCTYPE html PUBLIC "-//W3C//DTD XHTML 1.0 Transitional//EN" "http://www.w3.org/TR/xhtml1/DTD/xhtml1-transitional.dtd">
<html xmlns="http://www.w3.org/1999/xhtml">
<head>
<meta http-equiv="Content-Type" content="text/html; charset=utf-8" />
<title>无标题文档</title>
<style type="text/css">
  #nav{width:460px; margin:0 auto}
  #navul{list-style:none; height:24px}
  #nav ulli{float:left; font-size:14px; font-weight:bold}
  #nav ul lia{display:block; color:#369; margin-right:20px}
  #nav ul li a:hover{color:#f90}
  .box{width:400px; height:300px; margin:20px auto; padding:10px 20px; line-height:22px}
  .boxh2{padding:5px 10px; width:200px; background:#9cf; color:#fff}
  #home{background:#15add1}
  #about{background:#fdc700}
  #product{background:#f80083}
  #service{background:#f18300}
  #blog{background:#98c313}
  </style>
  <script type="text/javascript" src="jquery-1.11.1.min.js"></script>
  <script type="text/javascript">
    $(function(){
    $(".box").css("display","none");
    $("#home").css("display","block");

   // listens for any navigation keypress activity
    $(document).keypress(function(e){
        switch(e.which){
          // user presses the "a"
          case 97:
            showViaKeypress("#home");
            break;

            // user presses the "s" key
            case 115:
              showViaKeypress("#about");
              break;

            // user presses the "d" key
          case 100:
          showViaKeypress("#product");
              break;

          // user presses the "f" key
```

```
            case 102:
              showViaKeypress("#service");
              break;

              // user presses the "g" key
            case 103:
            showViaKeypress("#blog");
          }
      });
    });
      function showViaKeypress(element_id){
       $(".box").css("display","none");
       $(element_id).slideDown("slow");
    }
  </script>
</head>
<body>
   <div id="nav">
     <ul>
          <li><a href="#home">首页[A]</a></li>
          <li><a href="#about">关于[S]</a></li>
          <li><a href="#product">产品[D]</a></li>
          <li><a href="#service">服务[F]</a></li>
          <li><a href="#blog">BLOG[G]</a></li>
     </ul>
  </div>
  <div id="home" class="box">
     <h2>Welcome! </h2>
     <p>Some Text</p>
  </div>
  <div id="about" class="box">
     <h2>About me</h2>
     <p>Some Text</p>
  </div>
  <div id="product" class="box">
     <h2>Product</h2>
     <p>Some Text</p>
  </div>
  <div id="service" class="box">
     <h2>Service</h2>
     <p>Some Text</p>
  </div>
  <div id="blog" class="box">
     <h2>My Blog</h2>
     <p>Some Text</p>
  </div>
```

```
</body>
</html>
```

代码运行后效果如图 8.6 所示。

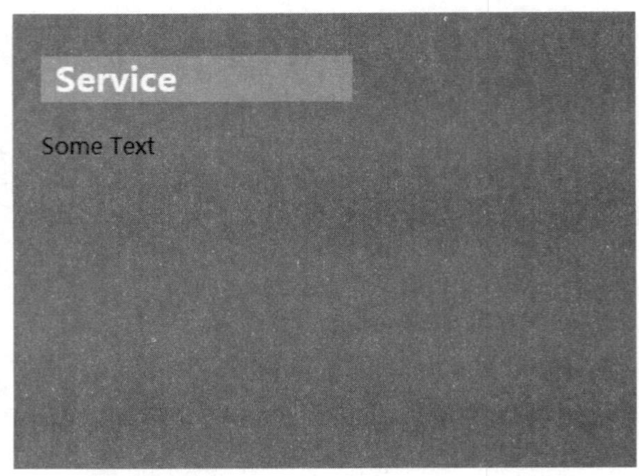

图 8.6　支持键盘按键的 jQuery 导航应用

小　　结

所谓事件机制,就是指某一时刻页面上的元素对某一操作的响应处理,可以说是脚本语言编程的核心部分,但是在很多脚本编程语言中,事件处理都是既复杂又十分重要的一部分,在 JavaScript 中也不例外。同时,事件处理也是 JavaScript 中比较晦涩难懂的部分,jQuery 在 JavaScript 基本的事件处理机制的基础上进行了增强和扩展。jQuery 不仅提供了十分有益的事件处理语法,而且也对事件处理机制本身做了很大的增强。本章深入地介绍了 jQuery 中这一重要的部分,学习了 jQuery 的事件机制、jQuery 中常用的事件以及 jQuery 中事件的具体使用方式。

第 9 章　jQuery 制作动画效果

利用 JavaScript 能编写出很多漂亮的动画,并且能够直接在浏览器中使用而不需要使用 Adobe 的 flash 插件。如果直接使用 JavaScript 编写动画,会显得非常繁琐,而且极其容易出现程序崩溃现象。自从有了 jQuery 这种 JavaScript 框架之后,动画的编写就变得相对容易很多,并且使用框架编写的动画也不易崩溃,使得呈现的内容更加丰富。本章将具体介绍如何使用 jQuery 编写形式丰富的动画。

9.1　动画的基本原理

在浏览网页时,会看到很多使用到动画的地方,如幻灯片、下拉菜单、层的展开和关闭、元素的显示与隐藏,以及浮动广告。当然,在对这些进行处理的时候,也可以不用加入动画效果,但是如果适当地加入动画效果,无疑会让界面变得更加吸引人。动画可以说在现在的前端开发中随处可见,几乎每一个站点的每一个网页都可以看到动画的存在。对于 JavaScript 动画,目前有很多的动画插件库,如 Jquery。以下就简单介绍 JavaScript 动画的实现原理。

9.1.1　动画的原理

动画是利用人眼的视觉残留特性而达成的一种视觉效果,即人眼看到的影像会有短暂时间的残留,这个时间约为 1/24 秒,当一段连续变化的影像在较短时间内变化时就会给人以流畅的感觉。根据 1/24 秒这个数据我们可以推断出,当连续变化的影像为每秒 24 次的速度就能给人流畅的感觉。所以电影的帧频为 24 帧,而电视一般采用的是 25 帧和 30 帧两种制式。

帧:是动画中最小单位的单幅影像画面,在讲多少帧的时候指的就是每秒钟画面切换的次数。

9.1.2　JavaScript 中的动画简介

在 JavaScript 中没有帧的概念,但是我们可以通过 setTimeout( ) 和 setInterval( ) 这两个方法来实现类似的效果。

setTimeout(callback, time):延迟一段时间(time/ms)后执行对应的方法 callback,只执行一次。

setInterval(callback, time): 延迟一段时间(time/ms)后执行对应的方法 callback,循环

执行,直到取消。

列举以下简单例子:

```
<div id="divTest" style="position:absolute;width=10px;height:10px;background-color:red;">
</div>
var ele = document. getElementById("divTest");
function changeStyle(){
  var originLeft = parseInt(obj. style. left);
    obj. style. left=originLeft+20+'px'
  //当 left 值大于 100 px 时, 停止移动效果
    if(originLeft>=100)
      clearInterval(timer);
}
var timer=setInterval(changeStyle,40);
```

以上是一个最简单的动画效果,方块向右移动,当距离大于 100px 时, 停止移动。在真实的应用中,效果就比这个复杂多了,这里只是简单描述 JavaScript 动画的原理。

9.2 制作动画的方法

jQuery 的动画函数主要分为基本动画函数、淡入淡出动画函数、滑动动画函数、自定义函数和其他函数几类,这几类动画函数效果各不相同,用法基本一致。

9.2.1 animate()方法

animate()方法是用于创建自定义动画的函数。这个函数的关键在于指定动画形式及结果样式属性对象,这个对象中每个属性都表示一个可以变化的样式属性(如“height”“top”或“opacity”)。

注意:所有指定的属性必须用骆驼形式命名,比如用 marginLeft 代替 margin-left。而每个属性的值表示这个样式属性到多少时动画结束。如果是一个数值,样式属性就会从当前的值渐变到指定的值。如果使用的是“hide”“show”或“toggle”这样的字符串值,则会为该属性调用默认的动画形式。

1. animate(params, [duration], [easing], [callback])函数

这个函数的作用是创建自定义的动画函数,它有 4 个参数。

params:该函数唯一必选参数,代表了一组包含作为动画属性和终值的样式属性以及其值的集合,比如 backgroundPosition、borderWith、margin、padding、font、height、width 等。

duration:可选参数,作用是指定动画效果运行的时间长度,单位为 ms,默认值为 nomal(400 ms)。它有两种参数形式:一种字符串形式;另一种是数字形式。如果参数是字符串形式,那么它的取值包括 slow、normal 和 fast 3 种;如果参数是数字形式,则表示动画时长的毫秒数,如 1000,就是表示动画的持续时间长为 1 000 ms。

easing:可选参数,作用是设置不同动画点中动画速度的 easing 函数(也称为动画缓冲函数或缓冲函数),内置擦除函数包括 swing(摇摆缓冲)和 linear(线性缓冲)。如果使用其他擦除效果,可以借助 jQuery 的扩展插件完成。

callback：可选参数，作用是指定动画完成后执行的函数。

例 9.1：单击按钮，然后使 div 元素发生相应的变化。

```
<html>
  <head>
    <meta http-equiv="Content-Type" content="text/html; charset=utf-8" />
    <script type="text/javascript" src="js/jquery-3.2.1.min.js"></script>
    <script type="text/javascript">
      $(document).ready(function(){
            $("#btn1").click(function(){
              $("#box").animate({height:"300px",borderWidth:2});
            });
             $("#btn2").click(function(){
          $("#box").animate({height:"100px"});
            });
      });
</script>
</head>
<body>
    <div id="box" style="background:#ff0;height:100px;width:100px;margin:6px;">animate
    </div>
    <input type="button" id="btn1" value="变长"></input>
    <input type="button" id="btn2" value="恢复"></input>
  </body>
</html>
```

在浏览器中查看 HTML 文档，页面的初始状态如图 9.1 所示，在浏览器中单击“变长”“恢复”按钮，div 元素便会由图 9.1 初始状态转化为如图 9.2 所示的最终状态。

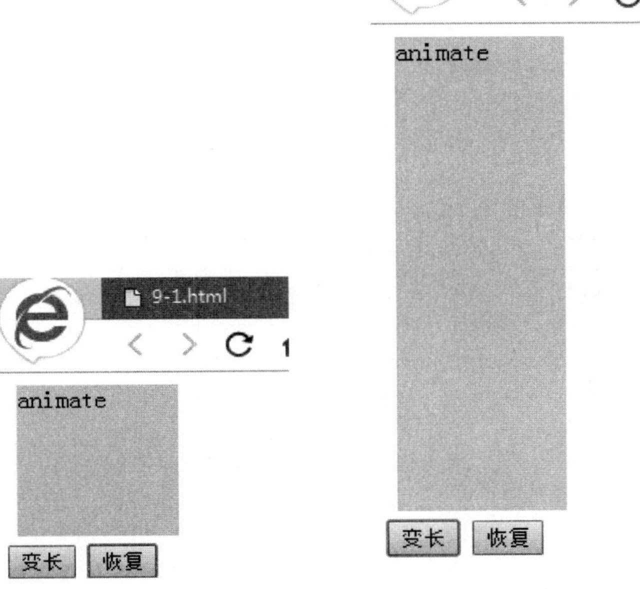

图 9.1　自定义动画初始状态　　图 9.2　自定义动画最终状态

2. animate(params, options)函数

这个函数和上一个函数的用法基本类似,其最大的区别就是 options 参数,这个参数的含义是一组包含动画选项的值的集合,这组参数包括以下内容:

duration:与上面的 duration 参数相同。

easing:与上面的 easing 参数相同。

complet:类型为 function,在动画完成时执行的函数。

step:callback,可选参数,在动画完成时执行的函数。

queue(Boolean):默认值为 true,设定为 false 将使此动画不进入动画队列。

对于这个函数的代码,可以参照前面的例子来完成,这里不再详细阐述。

9.2.2 show()方法、hide()方法

在 jQuery 中,可以以基本动画形式显示和隐藏 HTML 元素,是最常用的动画效果函数。在 jquery 中,show()方法和 hide()方法在不带任何参数的情况下,相当于 css(“display”“none/block/inline”),其作用是立即隐藏或显示匹配的元素,不会有任何动画。

1. show()

如果被选元素已被隐藏,则显示这些元素。

```
$(selector).show(speed,callback);
```

主要参数如表 9.1 所示。

表 9.1 show()参数

参 数	描 述
Speed	可选。规定元素从隐藏到完全可见的速度。默认为 "0" 可能的值: • 毫秒(比如 1500) • "slow" • "normal" • "fast" 在设置速度的情况下,元素从隐藏到完全可见的过程中,会逐渐地改变其高度、宽度、外边距、内边距和透明度
Callback	可选。show 函数执行完之后,要执行的函数。除非设置了 speed 参数,否则不能设置该参数

例 9.2:使用 show()函数显示 HTML 元素的实例。

```
<html>
  <meta http-equiv="Content-Type" content="text/html; charset=utf-8" />
  <head>
    <title>show()方法 test</title>
    <style>
      p { background:yellow; }
    </style>
```

```
    <script src="js/jquery-3.2.1.min.js"></script>
  </head>
  <body>
    <button >显示</button>
      <p style="display: none">非常开心</p>
    <script>
      $("button").click(function () {
        $("p").show("slow");
      });
    </script>
  </body>
</html>
```

程序运行结果如图 9.3 所示。

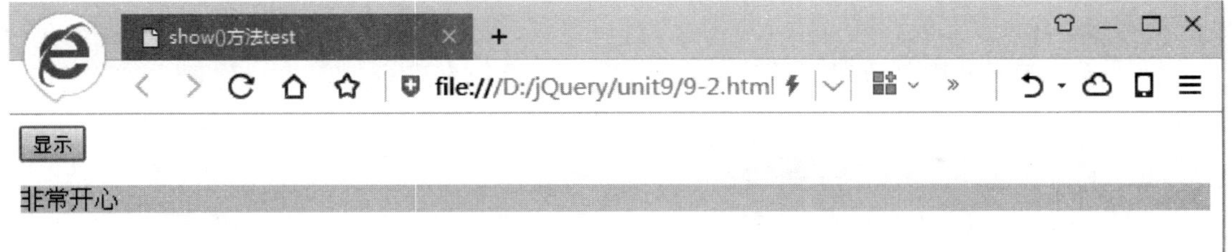

图 9.3　show( )方法测试结果

页面中定义了一个隐藏的 p 元素。单击“显示”按钮,会以动画形式显示 p 元素。

2. hide( )

如果被选的元素已被显示,则隐藏该元素。

```
$(selector).hide(speed,callback)
```

表 9.2　hide( )参数

参　　数	描　　述
Speed	可选。规定元素从隐藏到完全可见的速度。默认为 "0" 可能的值: • 毫秒 (比如 1500) • "slow" • "normal" "fast" 在设置速度的情况下,元素从隐藏到完全可见的过程中,会逐渐地改变其高度、宽度、外边距、内边距和透明度
Callback	可选。show 函数执行完之后,要执行的函数。除非设置了 speed 参数,否则不能设置该参数

例 9.3:hide( )方法应用示例。

```
<html>
  <meta http-equiv="Content-Type" content="text/html; charset=utf-8" />
  <head>
```

```
        <title>show( )方法 test</title>
         <style>
           p { background:yellow; }
        </style>
        <script src="js/jquery-3.2.1.min.js"></script>
    </head>
    <body>
          <button >隐藏</button>
          <p >非常开心要变化了~~</p>
    <script>
        $("button").click(function () {
            $("p").hide("slow");
        });
    </script>
</body>
```

程序运行结果如图 9.4 所示。

图 9.4　hide( )方法测试结果

</html>页面中定义了一个隐藏的 p 元素。单击“隐藏”按钮,会以动画形式显示 p 元素。

9.2.3　fadeIn( )方法、fadeOut( )方法

在显示幻灯片时,经常使用淡入淡出的效果。淡入淡出效果实际上就是透明度的变化,淡入就是由透明到不透明的过程,淡出就是由不透明到透明的过程。

1. 淡入效果 fadeIn( )函数

使用 fadeIn( )函数可以实现淡入效果,语法如下:

```
$(selector).fadeIn(speed,easing,callback);
```

例 9.4:使用 fadeIn( )函数实现淡入效果的实例。

```
<!DOCTYPE html>
  <html>
    <head>
      <title>fadeIn( )方法测试</title>
      <meta http-equiv="Content-Type" content="text/html; charset=utf-8" />
      <style>
        span { color:red; cursor:pointer; }
```

```
        div { margin:3px; width:80px; display:none; height:80px; float:left; }
        div #red { background:#f00; }
        div #pink { background:pink; }
        div #blue{ background:#00f; }
      </style>
      <script type="text/javascript" src="js/jquery-3.2.1.min.js"></script>
    </head>
  <body>
       <span>Click here...</span>
      <div id="red">红色</div>
       <div id="pink">粉色</div>
       <div id="blue">蓝色</div>
    <script>
       $(document.body).click(function () {
         $("div:hidden:first").fadeIn("slow");
      });
    </script>
  </body>
</html>
```

页面定义了 3 个初始为隐藏的 div 和 1 个 span 元素。单击 span 元素,会以淡入效果显示第一个隐藏(由选择器 $("div:hidden:first")决定)的 div 元素。3 个 div 元素都显示出来之后的效果如图 9.5 所示。

图 9.5　fadeIn( )函数测试结果

2. 淡出效果 fadeOut ( )函数

使用 fadeOut ( )方法可以实现淡出效果,语法如下:

```
$(selector).fadeOut(speed,easing,callback);
```

例 9.5:使用 fadeOut( )方法实现淡入效果的实例。

```
<! DOCTYPE html>
  <html>
    <head>
      <title>fadeOut()函数测试</title>
      <meta http-equiv="Content-Type" content="text/html; charset=utf-8" />
      <script>
        $("#btn1").click(function() {
```

```
            function complete( ) {
              $ ( "<div/>" ). text( this. id). appendTo( "#log" ) ;
            }
            $ ( "#box1" ). fadeOut( 1600, "linear", complete) ;
            $ ( "#box2" ). fadeOut( 1600, complete) ;
        }) ;
        $ ( "#btn2" ). click( function( ) {
            $ ( "div" ). show( ) ;
            $ ( "#log" ). empty( ) ;
        }) ;
    </script>
    <style>
      . box, button { float:left; margin:5px 10px 5px 0; }
      . box{ height:80px; width:80px; background:#090; }
      #log{ clear:left; }
    </style>
    <script type="text/javascript" src="js/jquery-3. 2. 1. min. js"></script>
</head>
<body>
    <button id="btn1">fade out</button>
    <button id="btn2">show</button>
    <div id="log"></div>
    <div id="box1" class="box">linear</div>
    <div id="box2" class="box">swing</div>
</body>
```

</html>页面定义了 2 个 div 元素(box1 和 box2)和 2 个按钮元素。单击“fade out”按钮，淡出效果隐藏 2 个 div 元素，隐藏之后调用 complete( )函数，将 div 元素的 id 显示 id=“log”的 div 元素中。单击“show”按钮，会显示 2 个 div 元素，淡出效果如图 9.6 所示。

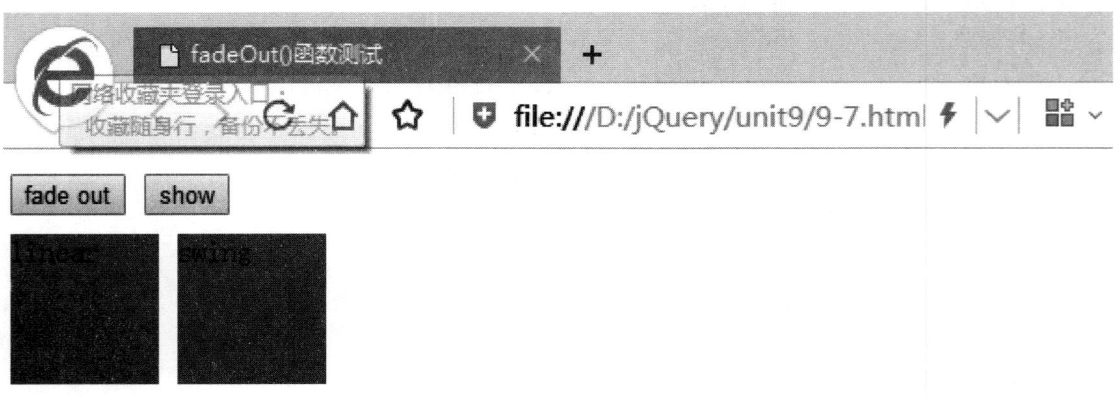

图 9.6　fadeOut( )函数测试结果

9.2.4　slideDown( )方法、slideUp( )方法

要实现元素的滑动效果，需要调用 JQuery 中的两个方法：一是 slideDown( )；二是

slideUp( )。其调用的语法格式如下:

slideDown( )方法格式:

```
slideDown(speed,[callback])
```

其功能是以动画的效果将所选择的高度向下增大,使其呈现一种“滑动”的效果,而元素的其他属性并不发生变化;参数 speed 为动画显示的速度,可选项[callback]为动画显示完成后没执行的回调函数。

参数列表如表 9.3 所示。

表 9.3 slideDown( )参数列表

参 数	描 述
speed	三种预定速度之一的字符串("slow", "normal","fast")或表示动画时长的毫秒数值(如:1000)。
easing	可选。指定切换效果,默认是"swing",可用参数"linear"。
callback	可选动画完成时执行的函数。

slideUp( )方法格式:

```
slideUp(speed,[callback])
```

其功能是以动画的效果将所选择的高度向上减小,同样也是仅改变高度属性,其包含的参数作用与 slideDown( )方法一样。

例 9.6:以滑动效果显示隐藏的 HTML 元素。

```
<! DOCTYPE html>
  <html>
    <head>
      <title>slideUp( )测试</title>
      <meta http-equiv="Content-Type" content="text/html; charset=utf-8" />
       <style>
        div { background:#de9a44; margin:3px; width:80px;height:40px; float:left; }
      </style>
      <script type="text/javascript" src="js/jquery-3.2.1.min.js"></script>
      <script type="text/javascript">
          $ (document.body).click(function () {
            if ( $ ("div:first").is(":hidden")) {
                $ ("div").show();
            } else {
                $ ("div").slideUp("slow");
            }});
        </script>
      </head>
  <body>
    Click me! 单击试试看
      <div></div>
      <div></div>
      <div></div>
</body>
```

```
</html>
```

页面定义了 3 个初始为隐藏的 div 元素。单击"Click me! 单击试试看"按钮时,如果第一个 div 元素是隐藏的($("div:first").is(":hidden"))则调用 $("div").slideDown("slow")方法以滑动效果显示 div 元素;否则隐藏 div 元素。3 个<div>元素都显示出来之后的效果如图 9.7 所示。

图 9.7 slideUp()方法测试结果

9.2.5 stop()方法

在 jQuery 中有一个很强大的方法——stop(),它是阻止在连续动画或事件中出现重复累积状况的方法。

语法如下:

```
$(selector).stop([queue][,clearQueue][,jumpToEnd])
```

参数说明:

queue:队列的名称;

clearQueue:指定是否删除队列中的动画。如果设置为 true,清空动画队列;默认为 False,即不删除;

jumpToEnd:指定是否立即完成当前的动画,并且重设 show 和 hide 的原始样式,以及调用回调函数等。如果设置为 true,需要执行完成当前正在执行的动画后才能结束,也就是立即完成当前正在执行的动画;如果设置为 false,则当前正在执行的动画理解结束,即不完成当前动画的执行,一般默认为 False。

例 9.7:验证 stop([queue][,clearQueue][,jumpToEnd])函数的效果。

```
<html>
  <head>
    <meta http-equiv="Content-Type" content="text/html; charset=utf-8" />
    <title>动画测试</title>
    <script src="jslib/jquery.js" language="javascript"></script>
    <script type="text/javascript">
    $(document).ready(function(){
      //为 start 元素添加单击事件
      $("#start").click(function(){
        //让 box 元素采用动画的形式进行大小的缩放
        $("#box").animate({height:300},"slow");
        $("#box").animate({width:300},"slow");
        $("#box").animate({height:100},"slow");
```

```
            $("#box").animate({width:100},"slow");
        });
        //给 stop 元素添加单击事件
        $("#stop").click(function(){
          //让 box 元素的动画停止
            $("#box").stop(false,true);
        });
    });
    </script>
</head>
<body>
    <p><button id="start">开始动画</button><button id="stop">结束动画</button></p>
    <div id="box" style="background:#98bf21;height:100px;width:100px;position:relative">
    </div>
</body>
</html>
```

程序运行结果如图 9.8 所示。

图 9.8　stop( ) 函数测试结果

这里，stop( ) 的两个参数设置成了 false 和 true，也就是说，不清除动画队列，并且在每个动画执行的过程中，若单击“结束动画”按钮，会立即停止当前正在执行的动画。

【案例 9.1】自定义动画。

```
<!DOCTYPE html PUBLIC "-//W3C//DTD XHTML 1.0 Transitional//EN" "http://www.w3.org/TR/xhtml1/DTD/xhtml1-transitional.dtd">
<html xmlns="http://www.w3.org/1999/xhtml">
<head>
  <meta http-equiv="Content-Type" content="text/html; charset=utf-8" />
  <title>无标题文档</title>
  <style>
        div {
              background-color: #FFFF22;
              width: 100px;
              text-align: center;
              border: 2px solid #000000;
```

```
                margin: 3px;
                font-size: 13px;
                font-family: Arial, Helvetica, sans-serif;
            }
            input {
                border: 1px solid #000033;
            }
    </style>
    <script type="text/javascript" src="jquery-1.11.1.min.js"></script>
    <script type="text/javascript">
        $(function() {
            $("input:eq(0)").click(function() {
             //第一个 animate 与第二个 animate 同时执行,然后再执行第三个
                $("#block1").animate({
                    width: "90%"
                }, {
                        queue: false,
                        duration: 1500
                }).animate({fontSize: "24px" }, 1000)
                        .animate({borderRightWidth: "20px" }, 1000);
            });
            $("input:eq(1)").click(function() {
             //依次执行三个 animate
                $("#block2").animate({width: "90%"}, 1500)
                            .animate({fontSize: "24px" }, 1000)
                            .animate({borderRightWidth: "20px" }, 1000);
            });
             $("input:eq(2)").click(function() {
                    $("input:eq(0)").click();
                    $("input:eq(1)").click();
            });
            $("input:eq(3)").click(function() {
                //恢复默认设置
                $("div").css({
                width: "",
                fontSize: "",
                borderWidth: ""
                });
            });
        });
    </script>
    <body>
<input type="button" id="go1" value="Block1 动画">
        <input type="button" id="go2" value="Block2 动画">
        <input type="button" id="go3" value="同时动画">
        <input type="button" id="go4" value="重置">
```

```
    <div id="block1">Block1</div>
    <div id="block2">Block2</div>
</body>
```

运行代码后的效果如图 9.9、图 9.10 所示。

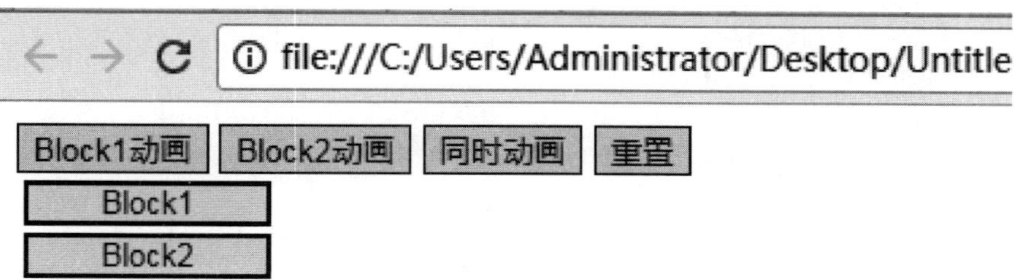

图 9.9　未进行动画

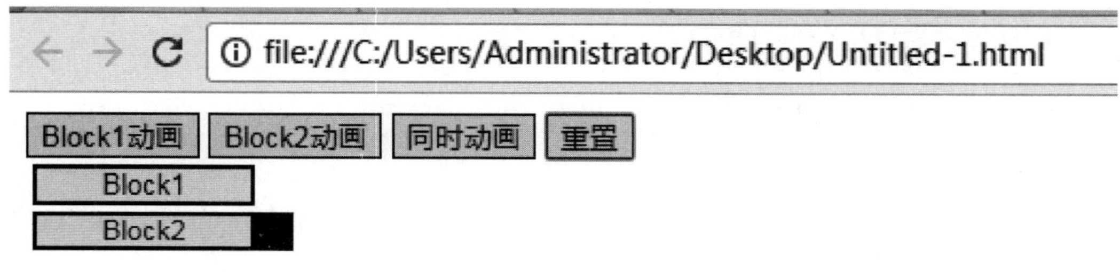

图 9.10　动画效果

【案例 9.2】元素显隐的渐入渐出效果。

```
<! DOCTYPE html PUBLIC "-//W3C//DTD XHTML 1.0 Transitional//EN" "http://www.w3.org/TR/xhtml1/DTD/xhtml1-transitional.dtd">
<html xmlns="http://www.w3.org/1999/xhtml">
  <head>
  <meta http-equiv="Content-Type" content="text/html; charset=utf-8" />
 <title>无标题文档</title>
  <script type="text/javascript" src="jquery-1.11.1.min.js"></script>
  <script language="javascript">
    $(function(){
      $("input:eq(0)").click(function(){
        $("img").hide(3000);
      });
      $("input:eq(1)").click(function(){
        $("img").show(2000);
      });
      $("input:eq(2)").click(function(){
        $("img").fadeOut(2000);
      });
      $("input:eq(3)").click(function(){
        $("img").fadeIn(2000);
      });
      $("input:eq(4)").click(function(){
        $("img").fadeTo(1000,0.5);
```

```
        });
        $("input:eq(5)").click(function(){
          $("img").fadeTo(1000,0.0);
        });
        $("input:eq(6)").click(function(){
          $("img").slideUp(1000);
        });
        $("input:eq(7)").click(function(){
          $("img").slideDown(1000);
        });
    });
  </script>
</head>
<body>
    <input type="button"  value="Hide">
    <input type="button"  value="Show">
    <input type="button"  value="FadeOut">
    <input type="button"  value="FadeIn">
    <input type="button"  value="FadeTo 0.5">
    <input type="button"  value="FadeTo 0">
    <input type="button"  value="SlideUp">
    <input type="button"  value="SlideDown">
    <p><img src="123.jpg"></p>
  </body>
</html>
```

运行代码后的效果如图 9.11 所示。

图 9.11　元素显隐的渐入渐出效果

小　结

本章从动画的形成原理说起,依次介绍了 JavaScript 动画的实现原理,jQuery 的动画机制,并深入介绍了 jQuery 动画实现的各类函数,包括一些 jQuery 内置的动画函数,还有 jQuery 为了扩展动画效果而设计的自定义动画函数。其中,内置的动画函数包括 animate 函数、slide 动画函数和 fade 动画函数。使用这三种动画函数已经基本可以满足我们的日常开发需求。最后简单介绍了 jQuery 的 stop 函数,通过这些函数能够设计出更加丰富多彩的动画形式。

第 10 章　jQuery 的扩展插件

10.1　jQuery 的插件简介

什么是插件？插件是遵循一定接口规范编写的程序；是原有系统平台功能的扩展和补充；只能运行在规定的系统平台下，而不能单独运行。

注意：由于 jQuery 插件是基于 jQuery 脚本库的扩展，所以所有 jQuery 插件都必须依赖于 jQuery 基础脚本库，在加入插件时需要先引入 jQuery 基础脚本库，再引入插件库，一定要注意引入的先后顺序。

jQuery 插件的参数一般采用的是 JSON 格式。

从广义上来说，插件分为 3 类，即封装方法插件、封闭函数插件、选择器插件，但最后一种很少要去开发使用，自定义的插件多数属于前面两种。

1. 封装方法插件

封装方法插件在本质上来说，是一个对象级别的插件，这类插件首先通过 jQuery 选择器获取对象，并为对象添加方法，然后将方法进行打包，封闭成一个插件，这种类型的插件编写简单，极易调用，也很方便地使用了 jQuery 中功能强大的选择器，因此，成为开发插件的首选。

2. 封装函数插件

封闭函数插件是一个类级别的插件，这类插件最大的特点，就是可以直接给 jQuery 添加静态方法，并且可以将函数置于 jQuery 命名空间中，如 $. ajax( ) 、$. trim( ) 全局性函数，就是以内部插件的形式植入 jQuery 内核中。

10.2　常用的扩展插件

10.2.1　UI 插件

这是一个非常强大的 jQuery 插件，它能够实现很多特效功能例如自动补全，选项卡风格的功能，日历的功能等。jQuery UI 包含了许多维持状态的小部件(Widget) ，因此，它与典型的 jQuery 插件使用模式略有不同。所有的 jQuery UI 小部件(Widget) 使用相同的模式，所以,只要学会使用其中一个,就知道如何使用其他的小部件(Widget)。

1. UI 组成

jQuery UI 主要分为 3 个部分:交互、小部件和效果库。

1)交互(Interactions)

交互部件是一些与鼠标交互相关的内容,包括缩放(Resizable),拖动(Draggable),放置(Droppable),选择(Selectable),排序(Sortable)等。

2)小部件(Widgets)

主要是一些界面的扩展,包括折叠面板(Accordion),自动完成(Autocomplete),按钮(Button),日期选择器(Datepicker),对话框(Dialog),菜单(Menu),进度条(Progressbar),滑块(Slider),旋转器(Spinner),标签页(Tabs),工具提示框(Tooltip)等,新版本的 UI 将包含更多的微件。

3)效果库(Effects)

用于提供丰富的动画效果,让动画不再局限于 jQuery 的 animate()方法。包括特效(Effect),显示(Show),隐藏(Hide),切换(Toggle),添加 Class(Add Class),移除 Class(Remove Class),切换 Class(Toggle Class),转换 Class(Switch Class),颜色动画(Color Animation)等。

2. UI 插件应用

(1)选项卡功能。

```
<div id="tabs">
    <ul>
        <li><a href="#tabs-1">用户信息</a></li>
        <li><a href="#tabs-2">许可信息</a></li>
    </ul>
    <div id="tabs-1"  style="background:#FFFFFF" >
         </div>
    <div id="tabs-2"   style="background:#FFFFFF">
    </div>
</div>


<script language="text/javascript">
   $(function(){
      $('#tabs').tabs();
   });
</script>
```

(2)日历功能。

```
<script language="text/javascript">
      var cfg = {
      "dateFormat" : "yy-mm-dd",      //日期的格式
      changeMonth: true,
      changeYear: true,
        showSecond: true,
        timeFormat: 'hh:mm:ss'
```

```
    }
    ("#expireTime").datetimepicker(cfg);        //设定指定的文本框单击出来日历控件
</script>
```

10.2.2 Form 插件

jQuery Form 插件是一个优秀的 Ajax 表单插件,可以非常容易地、无侵入地升级 HTML 表单以支持 Ajax。jQuery Form 有两个核心方法 -- ajaxForm() 和 ajaxSubmit(),它们集合了从控制表单元素到决定如何管理提交进程的功能。另外,插件还包括其他的一些方法:formToArray()、formSerialize()、fieldSerialize()、fieldValue()、clearForm()、clearFields() 和 resetForm()等。核心方法为 ajaxForm() 和 ajaxSubmit()。下载地址:http://malsup.com/jquery/form/#download。

通过 Form 插件的两个核心方法,都可以在不修改表单的 HTML 代码结构的情况下,轻易地将表单的提交方式升级为 Ajax 提交方式。ajaxForm() 和 ajaxSubmit() 都能接受 0 个或 1 个参数,当为单个参数时,该参数既可以是一个回调函数,也可以是一个 options 对象,上面的例子就是回调函数,下面介绍 options 对象,使得它们对表单拥有更多的控制权。

例如:

```
[javascript]
$('#myForm').ajaxForm(function() {
    $('#output1').html("提交成功! 欢迎下次再来!").show();
});
$('#myForm2').submit(function() {
    $(this).ajaxSubmit(function() {
        $('#output2').html("提交成功! 欢迎下次再来!").show();
    });
    return false; //阻止表单默认提交
});
```

10.2.3 分页插件

现在的分页插件很多,下面介绍 2 个常用分页插件:

1. Pagination.js

此 jQuery 插件为 Ajax 分页插件,一次性加载,故分页切换时无刷新与延迟,如果数据量较大不建议用此方法,因为加载会比较慢。

原插件 CSS 不太合理,使用浮动,故无法方便实现左右方向的定位,且未清除浮动,在中文修改版中对其进行了优化,使其支持 text-align 的定位。跟一般的 jQuery 插件一样,此插件使用也很简单便捷,方法是 pagination,例如:

```
$("#page").pagination(100);
```

参数列表为表 10.1 所示。

表 10.1　Pagination.js 参数列表

参数名	描　述	参数值
maxentries	总条目数	必选参数,整数
items_per_page	每页显示的条目数	可选参数,默认是 10
num_display_entries	连续分页主体部分显示的分页条目数	可选参数,默认是 10
current_page	当前选中的页面	可选参数,默认是 0,表示第 1 页
num_edge_entries	两侧显示的首尾分页的条目数	可选参数,默认是 0
link_to	分页的链接	字符串,可选参数,默认是"#"
prev_text	“前一页”分页按钮上显示的文字	字符串参数,可选,默认是"Prev"
next_text	“下一页”分页按钮上显示的文字	字符串参数,可选,默认是"Next"
ellipse_text	省略的页数用什么文字表示	可选字符串参数,默认是"..."
prev_show_always	是否显示“前一页”分页按钮	布尔型,可选参数,默认为 true,即显示“前一页”按钮
next_show_always	是否显示“下一页”分页按钮	布尔型,可选参数,默认为 true,即显示“下一页”按钮
callback	回调函数	默认无执行效果

示例代码:

```
$("#Pagination").pagination(56, {
    num_edge_entries: 2,
    num_display_entries: 4,
    callback: pageselectCallback,
    items_per_page:1
});
```

这段代码表示的含义是:总共有 56(maxentries)个列表项,首尾两侧分页显示 2(num_edge_entries)个,连续分页主体数目显示 4(num_display_entries)个,回调函数为 pageselectCallback(callback),每页显示的列表项为 1(items_per_page)个。

2. jPages

jPages 是一个客户端分页插件,它比其他大多数插件多了很多功能,比如自动翻页,滚动浏览,显示延迟,完全可定制的导航面板也集成项目与 Animate.css 和延迟加载。

使用方法:

1)将下面的代码添加到网页的<head>部分

```
<link rel="stylesheet" href="css/jPages.css">
<script src="//ajax.googleapis.com/ajax/libs/jquery/1.7.1/jquery.min.js"></script>
```

```
<script src="js/jPages.js"></script>
```

如果想使用 Animate. css 动画你还需要添加的文件：

```
<link rel="stylesheet" href="css/animate.css">
```

2)示例源代码

```
<!-- Future navigation panel -->
<div class="holder"></div>
<!-- Item container (doesn't need to be an UL) -->
<ul id="itemContainer">
<!-- Items -->
    <li>...</li>
    <li>...</li>
    <li>...</li>
    <li>...</li>
    <li>...</li>
    ...
</ul>
```

3. 启动插件

```
$(function(){
    /* initiate the plugin */
    $("div.holder").jPages({
      containerID  : "itemContainer",
      perPage      : 5,
      startPage    : 1,
      startRange   : 1,
      midRange     : 3,
      endRange     : 1
    });
  });
```

参数含义：

(1)perPage 整数。

默认值：10

每页显示的项目数。

(2)startPage 整数。

默认值：1

应用插件时，首先显示的页面。

(3)startRange 整数。

默认值：1

页面链接的数量总是在导航的起点可见。例如，如果将 startRange 设置为 3，则无论当前页面是什么，页面链接 1、2 和 3 将始终可见。

例如设置为 4：

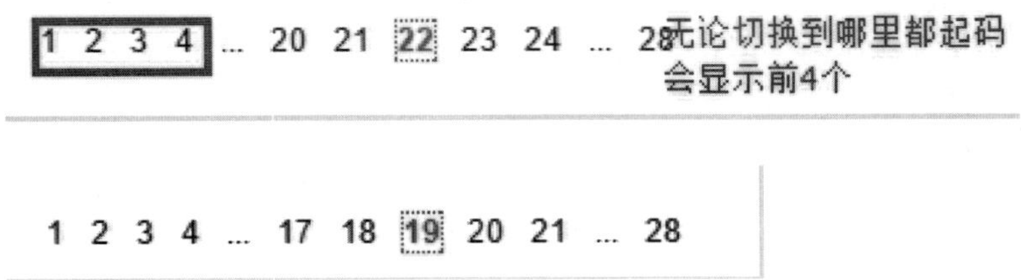

1 2 3 4 … 20 21 22 23 24 … 28 无论切换到哪里都起码会显示前4个

1 2 3 4 … 17 18 19 20 21 … 28

(4) midRange 整数。

默认值：5

一次显示的页面链接数，即假设有 50 页，而不是显示指向每个页面的链接，我们在当前页面周围显示一系列页面。

注意，中间范围值应该是一个奇数，所以显示是对称的。

例如 midRange 设置为 5：

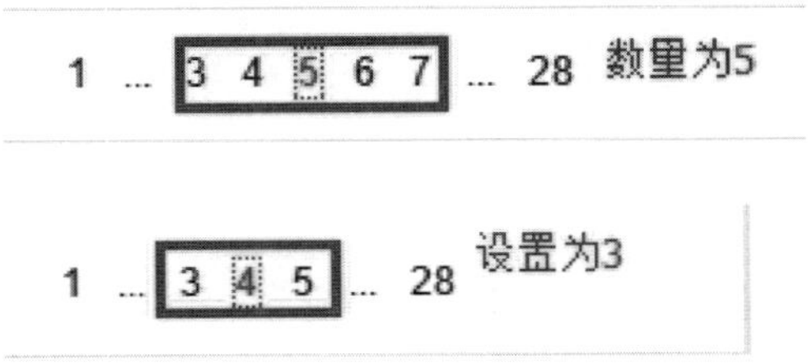

1 … 3 4 5 6 7 … 28 数量为5

1 … 3 4 5 … 28 设置为3

(5) endRange 整数。

默认值：1

网页链接总数在 nav 的结尾处可见。

10.2.4　幻灯片插件

1. skippr

skippr 是一个基于 jQuery 的幻灯片插件，它支持左右滑动/淡入淡出切换方式、支持左右箭头导航、支持键盘方向键控制、支持自动播放、支持响应式、支持日志。使用方法如下：

引入核心文件，注意 jquery 库必须在 skippr 之前引入：

```
<link rel="stylesheet" href="css/jquery.skippr.css">
<script src="http://libs.baidu.com/jquery/1.10.2/jquery.min.js"></script>
<script src="skippr/js/jquery.skippr.js"></script>
```

构建 html 代码：

```
<div id="container">
        <div id="theTarget">
            <div style="background-image:url(img/image1.jpg)"></div>
            <div style="background-image:url(img/image2.jpg)"></div>
            <div style="background-image:url(img/image3.jpg)"></div>
            <div style="background-image:url(img/image4.jpg)"></div>
            <div style="background-image:url(img/image5.jpg)"></div>
        </div>
</div>
```

默认的初始化：

```
$(document).ready(function(){
        $("#theTarget").skippr();
});
```

带参数初始化：

```
$("#theTarget").skippr({
            transition: 'slide',
            speed: 1000,
            easing: 'easeOutQuart',
            navType: 'block',
            childrenElementType: 'div',
            arrows: true,
            autoPlay: false,
            autoPlayDuration: 5000,
            keyboardOnAlways: true,
            hidePrevious: false
});
```

2. Reveal. js

这个框架用来帮助用户轻松地使用 HTML 创建漂亮的演示文稿。reveal. js 配备广泛的功能，包括嵌套幻灯片、PDF 导出、演讲笔记和 JavaScript API。在现代浏览器中效果最好，也提供了降级处理以确保您的演示文稿仍然可以在其他地方观看。

先引入主要的 CSS 文件以及 js 文件。CSS 文件要在 head 内就载入，而 reveal. js 可以在 </body>>前载入。

```
<link rel="stylesheet" href="css/reveal.css">
<link rel="stylesheet" href="css/theme/moon.css">
<script src="js/reveal.js"></script>
```

HTML 标记的层次结构需要是 . reveal > . slides > section 这样的，<section> 代表一个幻灯片并且能够被无限地重复。如果我们将多个 <section> 放到另一个 <section>的内部，它们将会以垂直幻灯片的方式显示。<section>内部可以是文本、图片、多媒体等任意 HTML 内容。例如：

```
<div class="reveal">
    <div class="slides">
        <section>slide1</section>
        <section>slide2</section>
    </div>
</div>
```

在页面最后，需要运行下面的代码对幻灯片初始化。注意，所有的配置的值都是可选的，下面展示的都是默认值：

```
<script>
Reveal.initialize({
    //是否在右下角展示控制条
controls: true,
    //是否显示演示的进度条
```

```
        progress: true,
        //是否显示当前幻灯片的页数
        slideNumber: 'c/t'
    });
    </script>
```

以上代码实现了可以允许右下角的控制条控制切换展示幻灯片、并显示演示幻灯片的进度条,以及显示幻灯片的页码。

3. SlidesJS

这个插件支持两种 slide 效果:一是滑动;另一种是渐隐渐出。它还支持自适应屏幕、自动播放、播放暂停、callback 等,功能还是比较齐全,目前该插件已经更新至 3.0,支持 jQuery 1.8.2 以上的版本。

构建 html 代码:

```
<div id="slides">
  <div class="slides_container">
    <div>
      <h1>Slide 1</h1>
      <p>Lorem ipsum dolor sit amet, consectetur adipisicing elit, sed do eiusmod tempor incididunt ut labore et dolore magna aliqua. </p>
    </div>
    <div>
      <h1>Slide 2</h1>
      <p>Lorem ipsum dolor sit amet, consectetur adipisicing elit, sed do eiusmod temporincididunt ut labore et dolore magna aliqua. </p>
    </div>
    <div>
      <h1>Slide 3</h1>
      <p>Lorem ipsum dolor sit amet, consectetur adipisicing elit, sed do eiusmod tempor incididunt ut labore et dolore magna aliqua. </p>
    </div>
    <div>
      <h1>Slide 4</h1>
      <p>Lorem ipsum dolor sit amet, consectetur adipisicing elit, sed do eiusmod tempor incididunt ut labore et dolore magna aliqua. </p>
    </div>
  </div>
</div>
```

基本 CSS 代码:

```
<style type="text/css" media="screen">
  .slides_container {
    width:470px;
    height:170px;
  }
  .slides_container div {
    width:470px;
```

```
        height:170px;
        display:block;
    }
</style>
```

jQuery 代码

```
<script>
    $(function(){
        $("#slides").slides();
    });
</script>
```

【**案例 10.1**】带左右箭头及索引按钮的 jQuery 幻灯片插件 Skippr。

```
<link rel="stylesheet" href="css/reset.css">
<link rel="stylesheet" href="css/style.css">
<link rel="stylesheet" href="css/jquery.skippr.css">
<body>
        <div class="hero">
            <div id="random">
                <div class="yellow"></div>
                <div style="background-image:url(img/test2.jpg)"></div>
                <div style="background-image:url(img/test5.jpg)"></div>
                <div style="background-image:url(img/test3.jpg)"></div>
                <div style="background-image:url(img/test4.jpg)"></div>
            </div>
            <div class="container">
                <div class="tagline">
                    <h1>Skippr.</h1>
                    <p>A lighter, faster slideshow plugin for jQuery.
                </div>
             </div>
          </div>
        <script src="js/jquery.min.js"></script>
        <script src="js/jquery.skippr.min.js"></script>
        <script>
            $(document).ready(function(){
                $("#random").skippr();
            });
        </script>
<div style="text-align:center;margin:50px 0; font:normal 14px/24px 'MicroSoft YaHei';">
<p>适用浏览器:360、FireFox、Chrome、Safari、Opera、傲游、搜狗、世界之窗. 不支持 IE8 及以下浏览器。</p>
</div>
</body>
```

运行代码后的效果如图 10.1 所示。

图 10.1　jQuery 幻灯片插件 Skippr

【案例 10.2】jPages 分页插件。

部分代码如下：

```
<script type="text/javascript" src="js/jquery-1.8.2.min.js"></script>
<script src="js/jPages.js"></script>
<script>
  /* when document is ready */
  $(function(){
    /* initiate the plugin */
    $("div.holder").jPages({
        containerID  : "itemContainer",
        perPage      : 5,
        startPage    : 1,
        startRange   : 1,
        midRange     : 3,
        endRange     : 1
    });
  });
  </script>后台代码
<body>
  <div id="container" class="clearfix">
    <div id="content" class="defaults">
      <! -- navigation holder -->
        <div class="holder"></div>
        <! -- item container -->
        <ul id="itemContainer">
        <li><img src="img/img (1).jpg" alt="image"></li><li><img src="img/img (2).jpg" alt="image"></li><
li><img src="img/img (3).jpg" alt="image"></li><li><img src="img/img (4).jpg" alt="image"></li><li><img src="
img/img (5).jpg" alt="image"></li><li><img src="img/img (6).jpg" alt="image"></li><li><img src="img/img (7)
.jpg" alt="image"></li><li><img src="img/img (8).jpg" alt="image"></li><li><img src="img/img (9).jpg" alt="im-
age"></li><li><img src="img/img (10).jpg" alt="image"></li><li><img src="img/img (11).jpg" alt="image"></li><
```

```
li><img src="img/img (12).jpg" alt="image"></li><li><img src="img/img (13).jpg" alt="image"></li><li><img src="img/img (14).jpg" alt="image"></li><li><img src="img/img (15).jpg" alt="image"></li><li><img src="img/img (16).jpg" alt="image"></li><li><img src="img/img (17).jpg" alt="image"></li><li><img src="img/img (18).jpg" alt="image"></li><li><img src="img/img (19).jpg" alt="image"></li><li><img src="img/img (20).jpg" alt="image"></li>
            </ul>
        </div> <!--! end of #content -->
    </div> <!--! end of #container -->
</body>
```

运行代码后效果如图 10.2 所示。

←前一页 1 2 3 4 下一页→

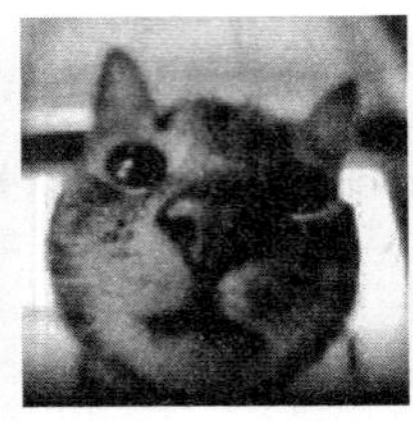

图 10.2 jPages 分页插件

10.3 jQuery 的插件机制

在实际的项目开发中,很多时候会用一些特殊的处理手段,会在现有 jQuery 的基础上进行扩展一些方法或者制作一些插件。jQuery 提供了两个用于扩展 jQuery 功能的方法,即 jQuery.fn.extend()和 jQuery.extend()。这两个方法都接受一个参数,类型为 Object。Object 对象的"名/值对"分别代表"函数或方法名/函数主体"。

jQuery.fn.extend()用于扩展封装对象的插件,这种方式必须获取到页面的元素的 jQuery 对象,才能调用插件的方法。例如:

```
jQuery.fn.extend({
    valueTO:function(obj){
        return this.each(function(){
            obj.html(this.value);
        });
    }
})
```

jQuery.extend()方法能够创建全局函数或者选择器。这种插件编写好以后,引入页面,就可以直接通过 jQuery 来调用里面的方法了。类似于静态方法。例如:

```
jQuery.extend({
    minValue : function(a,b){
        return a < b ? a : b;
```

```
    },
    maxValue : function(a,b){
      return a < b ? b : a;
    }
});
```

小　　结

从插件的概念出发，介绍了 jQuery 插件的使用方法，并介绍了几个比较常用的插件的主要功能和使用方法。

第 11 章　jQuery Mobile 简介

11.1　什么是 jQuery Mobile

Jquery mobile 是由(MT)Media Temple 联合多家移动设备厂商以及软件企业共同发起的针对触屏智能手机与平板电脑的 website 以及在线应用的前端开发框架。Jquery mobile 是一个基于 HTML5,拥有响应式网站特性,兼容所有主流移动设备平台的统一 UI 接口系统,与前端开发框架,可以运行在所有智能手机,平板电脑和桌面设备上。jQuery Mobile 秉承“write less, do more”的原则到了一个新的高度:不需要为每一个移动设备或者操作系统单独开发应用,jQuery Mobile 框架可以您设计一个高度响应式的网站或应用运行于所有流行的智能手机,平板电脑和桌面系统的应用。

进入 jQuery 的官网(http://www.jquery.com/)可以看到 jQuery Mobile,其实这是 jQuery 多个子项目中的一个。与 jQuery UI 一样,jQuery Mobile 也是基于 jQuery 的一个插件库,它提供了针对移动端的 Web App 开发模式、常用 UI 控件库和一系列的工具 API。从下面的图中可以看出,它涵盖了开发 Web App 所需要的大部分内容,并且几乎兼容所有主流移动平台浏览器。利用 jQuery Mobile 可以帮助我们轻松实现华丽的、跨设备和跨平台的 Web App 应用程序,大大提高了移动开发效率和质量。

jQuery Mobile 的基本特性:

1. 一般简单性

此框架简单易用。页面开发主要使用标记,无需或仅需很少 JavaScript。

2. 持续增强和优雅降级

尽管 jQuery Mobile 利用最新的 HTML5、CSS3 和 JavaScript,但并非所有移动设备都提供这样的支持。jQuery Mobile 的优点是同时支持高端和低端设备,如那些没有 JavaScript 支持的设备,尽量提供最好的体验。

3. Accessibility

jQuery Mobile 在设计时考虑了访问能力,它拥有 Accessible Rich Internet Applications (WAI-ARIA) 支持,以帮助使用辅助技术的残障人士访问 web 页面。

4. 小规模

jQuery Mobile 框架的整体规模比较小,JavaScript 库 12KB,CSS 6KB,还包括一些图标。

5. 主题设置

此框架还提供一个主题系统,允许您提供自己的应用程序样式。

11.1.1　jQuery Mobile 的优缺点

优点：

(1)基于成熟可靠的 js 框架 jQuery,开发方便,学习成本低。

(2)提供了一个比较科学的 Web App 开发模式,具有很好的开发体验和用户体验。

(3)提供了移动平台设备特有的常用触屏事件接口。

(4)提供了一整套常用的、自定义特性很强的 UI 控件库,以及常用工具函数和炫酷的动画过渡效果。

(5)控件库采用了独特的标签式初始化机制,几乎所有的控件配置信息都可以通过"data-属性名"的方式写在标签上,无需写一行 js 代码或只需写非常少量的 js 代码。

(6)跨平台、跨设备简单易用。

(7)有完整的 API 文档和大量的常见 Demo 示例。

(8)开源免费,可自行改造进行二次开发。

缺点：

- 由于它是基于 jQuery 而编写的,所以在性能上还存在一定的瓶颈。
- 一些特殊的增强功能在不同的平台还存在着一定的差异。
- 对移动设备的资源访问性支持不够多。

11.2　搭建环境

11.2.1　安装 DreamweaverCS5

Dreamweaver 是一很强大的编辑器,尤其是对于 CSS 以及 javascript 自动完成的支持。可以用 Dreamweaver5.5+PhoneGap+Jquery Mobile 搭建移动开发环境。

这里要注意 Dreamweaver5.5 的内部版本至少需要 5344,目前(本书编写的时间)最新的版本为 5366。现在一般网上下载的都是 5315,可以用软件自带的升级程序更新到 5366。(见图 11.1)

图 11.1　内部版本 5366

(1)双击安装程序(见图 11.1)。

图 11.2　初始化

(2) 弹出欢迎使用界面,在该界面中选择“接受”选项(见图 11.2)。

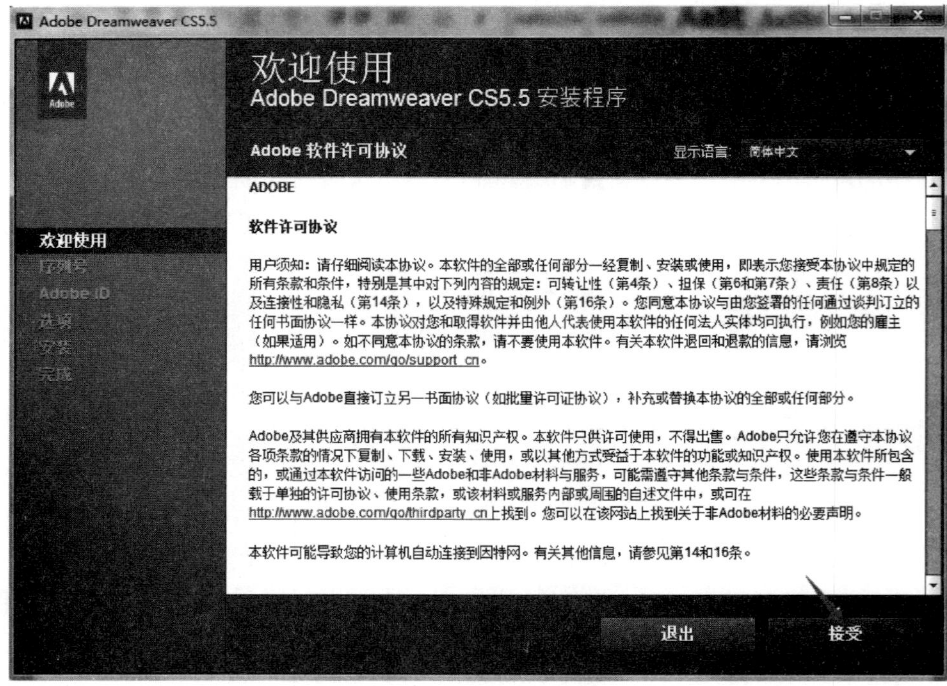

图 11.3　欢迎界面

(3)提示输入序列号,请填写序列号及选择语言后,单击“下一步”按钮(见图 11.3)。

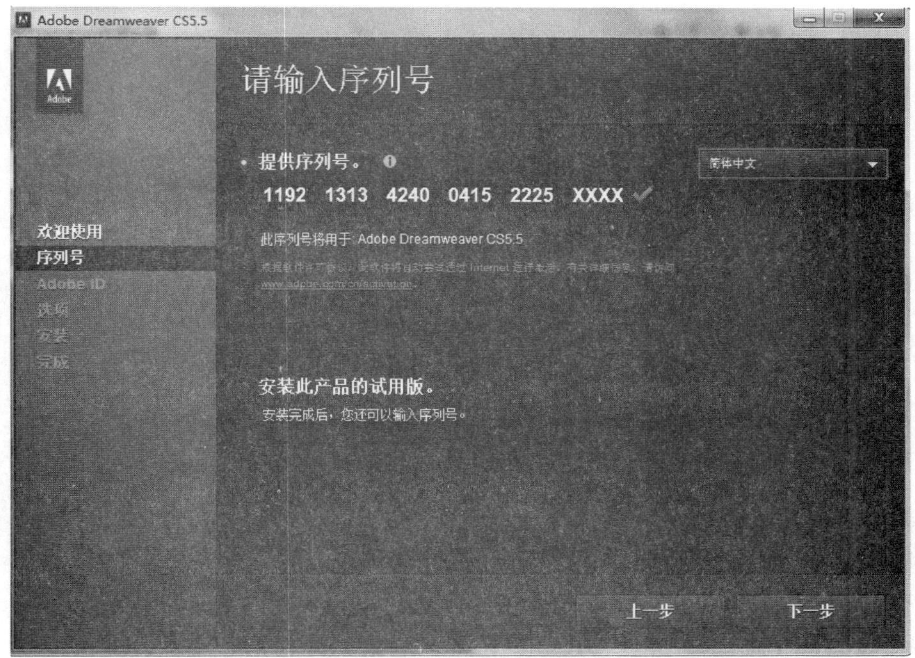

图 11.4　输入序列号

(4)设置软件的安装位置(见图 11.4)。

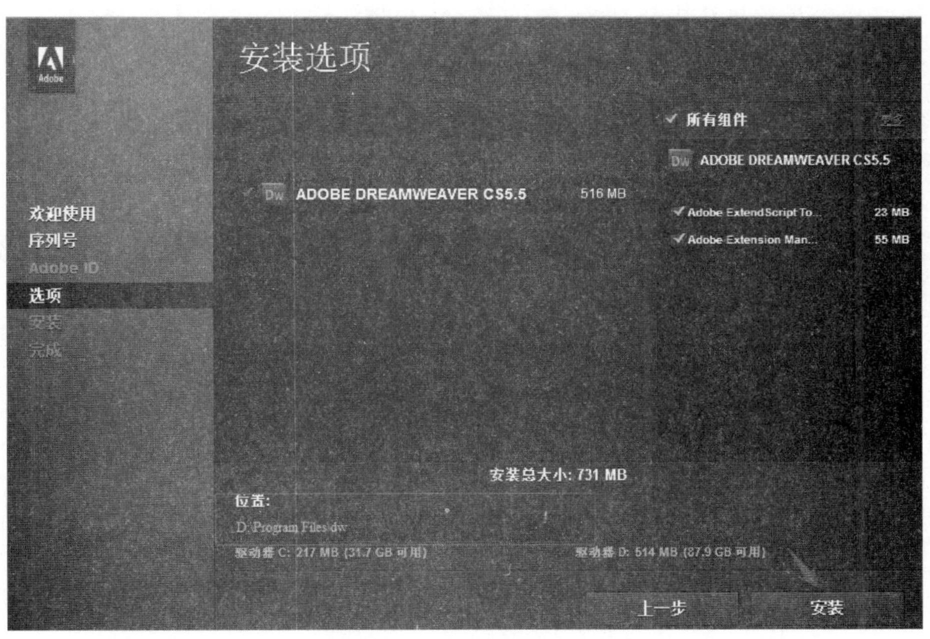

图 11.5　选择安装路径

(5)选择安装之后,就开始安装了,安装时间比较长,耐心等待(见图 11.5)。

图 11.6　安装进度条

(6)打开 DreamweaverCS5 程序,单击“帮助”按钮,选择“更新”选项,将程序更新至内部版本 5366。

11.2.2　下载并安装 AndroidSDK

(1) 首先找到 SDK Tools, 选择一个最新的版本(见图 11.6)。

SDK TOOLS

使用说明

版本号	Windows	Mac OSX	Linux
android sdk r24.4.1	installer_r24.4.1-windows.exe/android-sdk_r24.4.1-windows.zip	android-sdk_r24.4.1-macosx.zip	android-sdk_r24.4.1-linux.tgz
sdk-tools-r24.3.4	installer_r24.3.4-windows.exe/android-sdk_r24.3.2-windows.zip	android-sdk_r24.3.4-macosx.zip	android-sdk_r24.3.4-linux.tgz
sdk-tools-r24.3.2	installer_r24.3.2-windows.exe/android-sdk_r24.3.2-windows.zip	android-sdk_r24.3.2-macosx.zip	android-sdk_r24.3.2-linux.tgz
sdk-tools-r24.2	installer_r24.2-windows.exe/android-sdk_r24.2-windows.zip	android-sdk_r24.2-macosx.zip	android-sdk_r24.2-linux.tgz
sdk-tools-r24.1.2	installer_r24.1.2-windows.exe/android-sdk_r24.1.2-windows.zip	android-sdk_r24.1.2-macosx.zip	android-sdk_r24.1.2-linux.tgz
sdk-tools-r24.0.2	installer_r24.0.2-windows.exe/android-sdk_r24.0.2-windows.zip	android-sdk_r24.0.2-macosx.zip	android-sdk_r24.0.2-linux.tgz
sdk-tools-r24.0.1	installer_r24.0.1-windows.exe/android-sdk_r24.0.1-windows.zip	android-sdk_r24.0.1-macosx.zip	android-sdk_r24.0.1-linux.tgz
sdk-tools-r24	installer_r24-windows.exe/android-sdk_r24-windows.zip	android-sdk_r24-macosx.zip	android-sdk_r24-linux.tgz
sdk-tools-r23.0.2	installer_r23.0.2-windows.exe/android-sdk_r23.0.2-windows.zip	android-sdk_r23.0.2-macosx.zip	android-sdk_r23.0.2-linux.tgz
sdk-tools-r23	installer_r23-windows.exe/android-sdk_r23-windows.zip	android-sdk_r23-macosx.zip	android-sdk_r23-linux.tgz

图 11.7　SDK Tools 下载页

(2)下载后的文件如图 11.7 所示。

名称	修改日期	类型	大小
add-ons	2015/6/10 19:06	文件夹	
platforms	2017/8/7 22:47	文件夹	
tools	2015/6/11 0:36	文件夹	
AVD Manager.exe	2015/6/10 19:06	应用程序	216 KB
SDK Manager.exe	2015/6/10 19:06	应用程序	216 KB
SDK Readme.txt	2015/6/10 19:06	文本文档	2 KB

图 11.8　下载的 SDK 文件

(3)然后双击(SDK Manager. exe)按钮,启动 SDK Manager。

11.2.3　Dreamweaver CS5 搭建 Adroid 开发环境

(1)打开 Dreamweaver CS5.5,选择站点→移动应用程序→配置应用程序框架选项。单击文件夹选择图标,找到 android SDK 所在的文件夹,单击“保存”按钮(见图 11.8)。

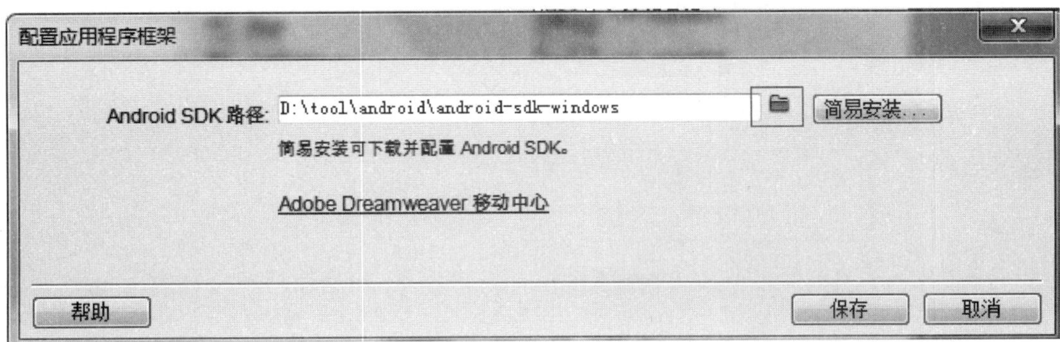

图 11.9　配置 Android SDK

(2)选择站点→新建站点→选择站点文件夹(见图 11.9)。单击“保存”按钮。

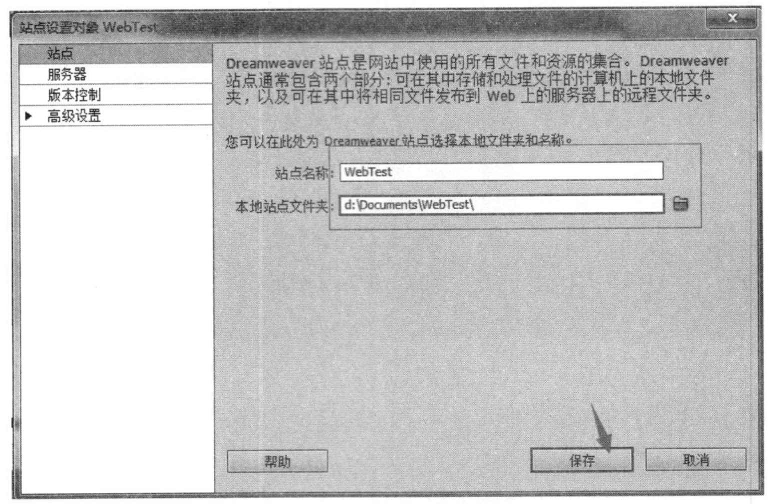

图 11.10　新建站点

(3)站点→移动应用程序→应用程序设置选项,填写相关信息(见图 11.10)。

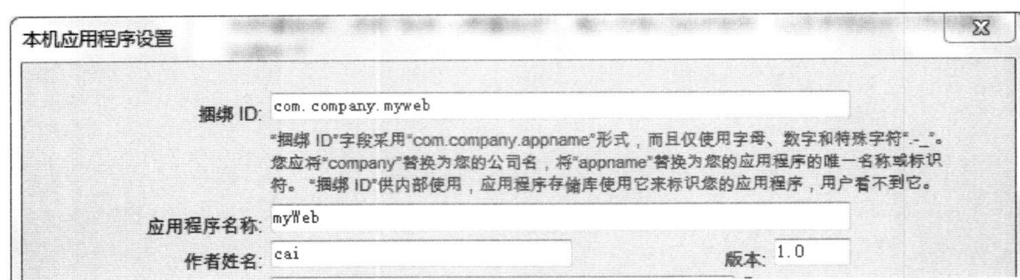

图 11.11　应用程序设置

(4)填写完成后,单击“管理 AVD”按钮,在弹出的“Android SDK Manager”中根据自己的需要安装相应的 SDK(见图 11.11)。

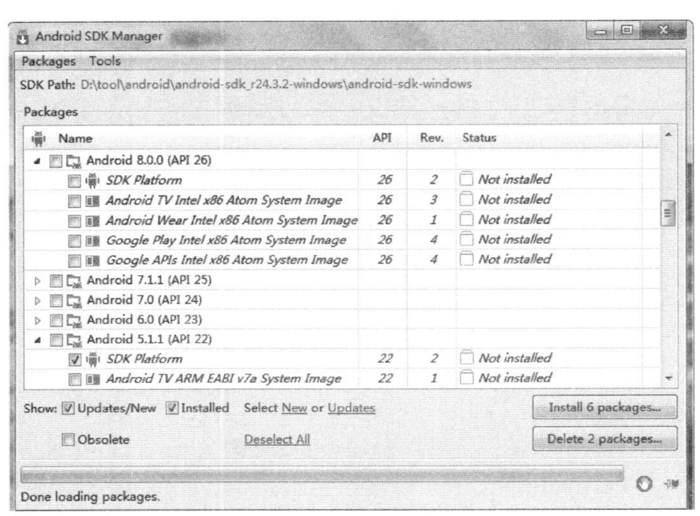

图 11.12　安装 SDK

(5)安装后再在“Android SDK Manager”对话框中选择“TOOLS -> Manage AVDS...”选项(见图 11.12)。

图 11.13　打开配置模拟器菜单

(6)在弹出的“Android Virtual Device Manager”中,单击右侧的“Create”按钮,创建一个模拟器(见图 11.13)然后填写模拟器信息化(见图 11.4)。

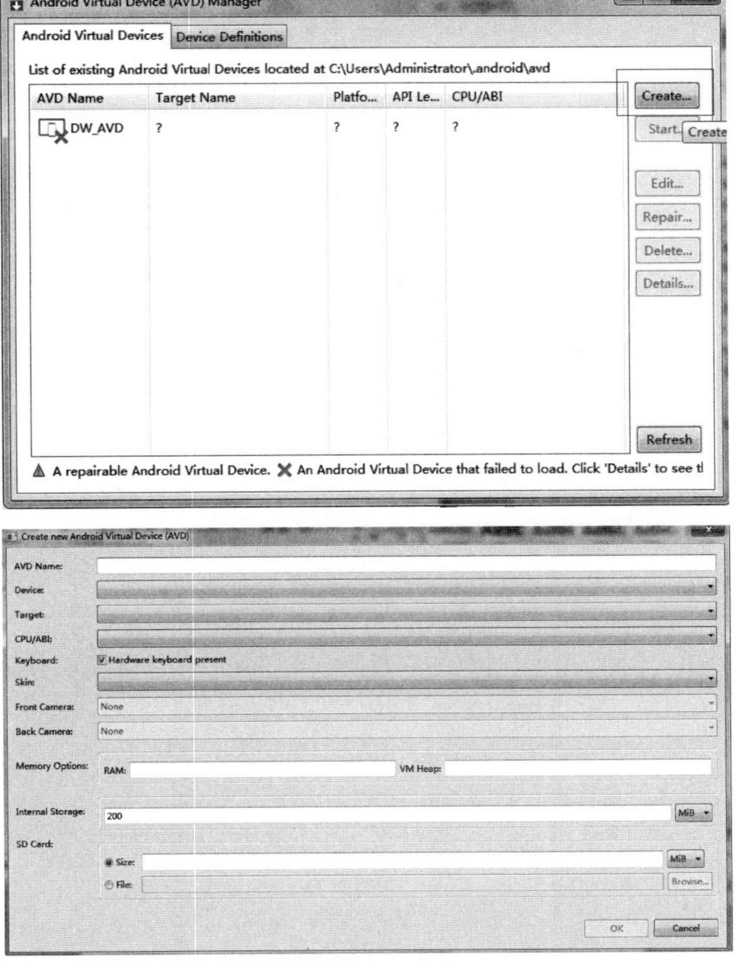

图 11.14　创建并填写模拟器信息

注意不要关掉,不然后面在操作“生成和模拟”的时候可能会出现“Dreamweaver 无法在模拟器中打开 XXX”。

11.2.4 建立第一个应用

(1)在 Dreamweaver 中单击“文件→新建”按钮,在弹出的新建文档对话框中选择“示例中的页->Mobile 起始页->jQuery Mobile(PhoneGap)”选项,然后单击“创建”按钮(见图 11.5)。

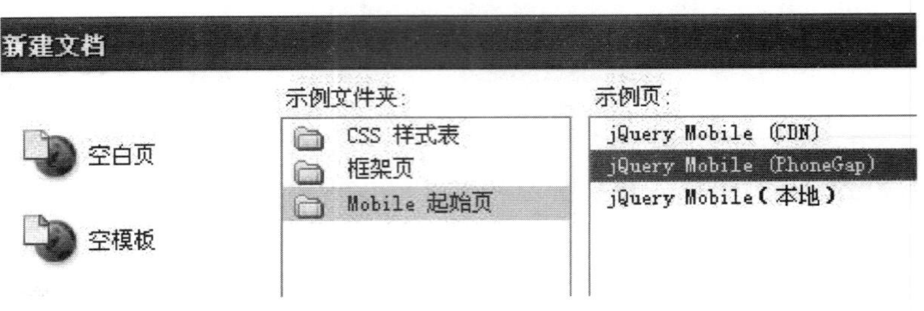

图 11.15 创建一个 mobile 程序

(2)把新建的 HTML 页面保存到站点,单击“保存”按钮。在弹出的“复制相关文件”对话框,选择“复制”选项(见图 11.16)。

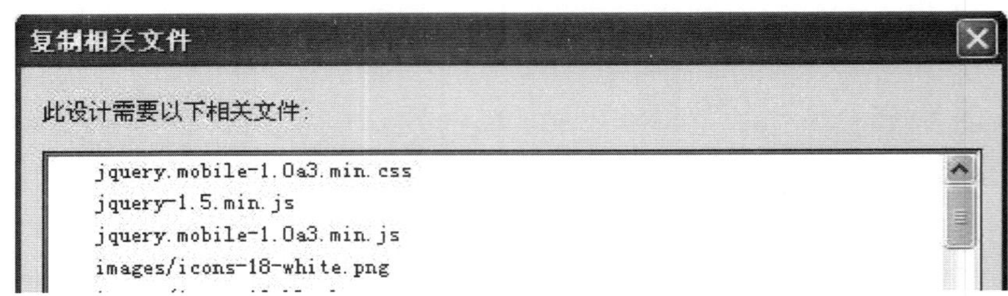

图 11.16 复制 JavaScript 文件

Dreamweaver 自动把 JQuery 和 PhoneGap 框架所需要的所有 JavaScript 文件全部拷贝到了该站点中(见图 11.17)。

图 11.17 站点目录

(3)利用 Device Central 调试程序(见图 11.18)。

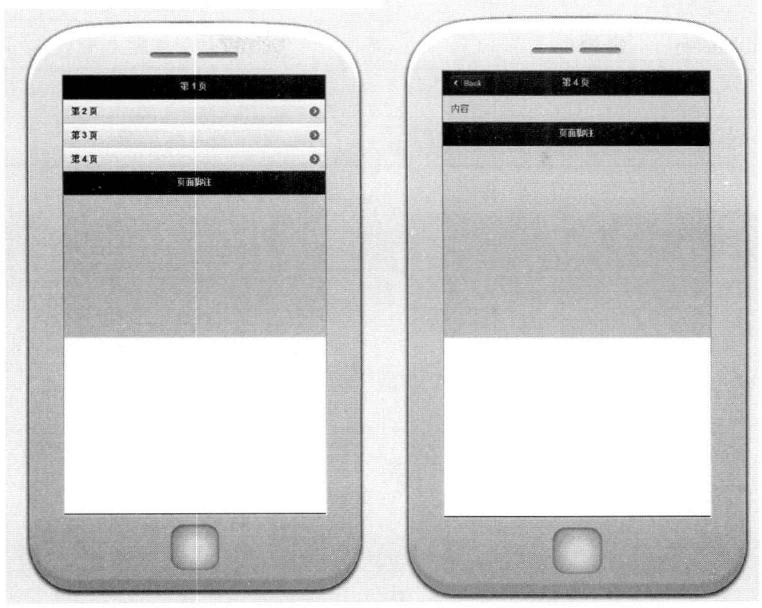

图 11.18　程序运行效果

11.3　jQuery Mobile 页面

11.3.1　页面切换

jQuery Mobile 提供了各种页面切换到下一页面的效果。页面过渡效果或切换效果可被应用于任何使用 data-transition 属性的链接或表单。例如:

```
<a href="#anylink"  data-transition="slide">切换到第二个页面</a>
```

表格 11.1 列出了通过使用 data-transition 属性后可用的页面切换。

表 11.1　data-transition 属性值

过　渡	描　述
fade	默认,淡入下一页
filp	从后向前翻转到下一页
flow	抛出当前页,进入下一页
pop	像弹出窗口那样转到下一页
slide	从右向左滑动到下一页
sildefade	从右向左滑动并淡入下一页
sildeup	从下到上滑动到下一页

（续表）

过　渡	描　述
slidedown	从上到下滑动到下一页
turn	转向下一页
none	无过渡效果

11.3.2　按钮

1. 基础按钮

jQuery Mobile 中的按钮可通过三种方法创建：

（1）使用 <button> 元素，语法格式如下：

```
<button>按钮</button>
```

显示效果如图 11.19 所示。

图 11.19　按钮元素效果

这与平常所认知的按钮有所区别，默认情况下按钮是会占据整个网页一行的，如果想要按钮只占据本身的大小，则需要设置为内联，设置 data-inline="true" 即可。

```
<button data-inline="true">按钮</button>
```

显示效果如图 11.20 所示。

图 11.20　缩小按钮

（2）使用 <input> 元素，语法格式如下：

```
<input type="button" value="按钮">
```

（3）使用 data-role="button" 的 <a> 元素，语法格式如下：

```
<a href="#" data-role="button">按钮</a>
```

注意：在 jQuery Mobile 中，按钮会自动样式化，让它们在移动设备上更具吸引力和可用性。一般推荐使用带有 data-role="button" 的 <a> 元素在页面间进行链接，使用 <input> 或 <button> 元素进行表单提交。

2. 带图标的按钮

为使按钮更具有吸引力，jQuery Mobile 提供了一套图标，如图 11.21 所示。

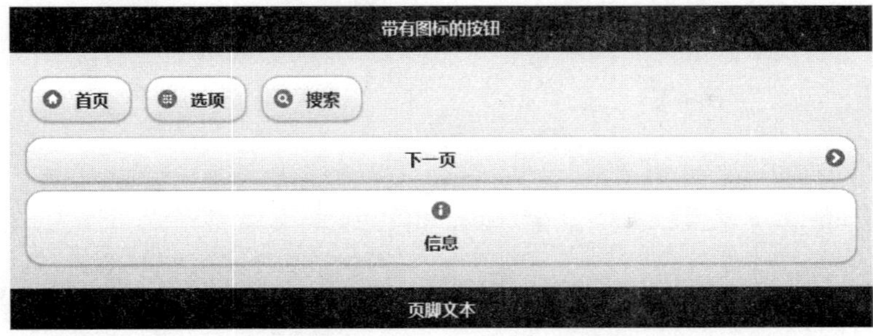

图 11.21　带图标的按钮

(1)常见的 data-icon 属性,例如:

<a href="#anylink" data-role="button" data-icon="search">搜索</a>

表 11.2 为 jQuery Mobile 提供的一些可用图标:

表 11.2　按钮图标

属性值	描　述	图　标
data-icon="arrow-l"	左箭头	
data-icon="arrow-r"	右箭头	
data-icon="delete"	删除	
data-icon="info"	信息	
data-icon="home"	首页	
data-icon="back"	返回	
data-icon="search"	搜索	
data-icon="grid"	网格	

(2)设置按钮的显示位置 data-iconpos 属性。

```
<a href="#link" data-role="button" data-icon="search" data-iconpos="top">上</a>
<a href="#link" data-role="button" data-icon="search" data-iconpos="right">右</a>
<a href="#link" data-role="button" data-icon="search" data-iconpos="bottom">下</a>
<a href="#link" data-role="button" data-icon="search" data-iconpos="left">左</a>
```

效果如图 11.22 所示。

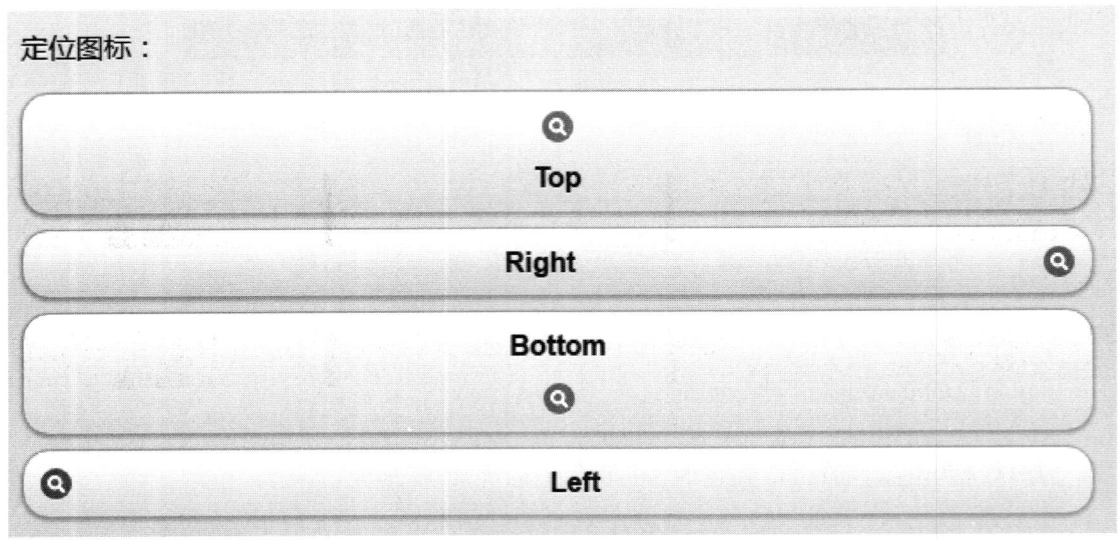

图 11.22　按钮图标定位

注意:如果只需显示图标,请将 data-iconpos 设置为 "notext"。

3. 按钮组

jQuery Mobile 提供了一个简单的方法来将按钮组合在一起。把 data-role = "controlgroup" 属性和 data-type="horizontal|vertical" 一起使用来规定是否水平或垂直组合按钮。例如:

```
<divdata-role="controlgroup"  data-type="horizontal">
<a href="#anylink" data-role="button">按钮 1</a>
<a href="#anylink" data-role="button">按钮 2</a>
<a href="#anylink" data-role="button">按钮 3</a>
</div>
```

效果如图 11.23 所示。

图 11.23　按钮组

注意:默认情况下,组合按钮是垂直组合,它们之间没有外边距和空间。并且只有第一个和最后一个按钮是圆角,以便它们组合在一起的时候创建一个漂亮的外观。

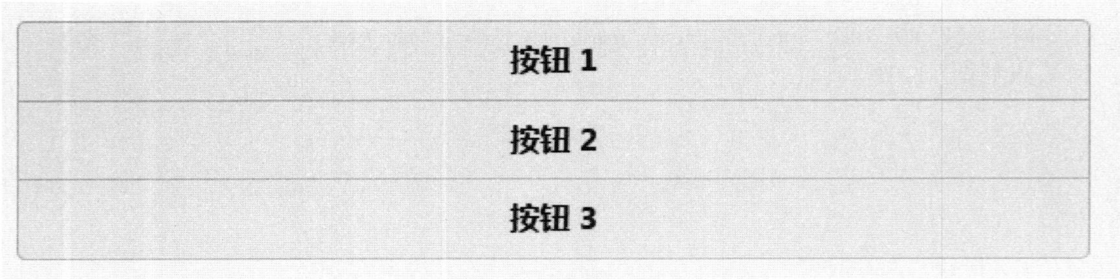

图 11.24　默认按钮组合效果

11.3.3　工具栏

工具栏元素通常位于页面和页脚，让导航易于访问(见图 11.25)。

图 11.25　工具栏元素

1. 标题栏

页眉通常会包含页眉标题/LOGO 或一到两个按钮(通常是首页、选项或搜索按钮)。读者可以在页眉中向左侧或右侧添加按钮。下面的代码，将向页眉标题文本的左侧添加一个按钮，并向右侧添加一个按钮：

```
<div data-role="header">
  <a href="#" data-role="button">首页</a>
  <h1>欢迎来到我的主页</h1>
  <a href="#" data-role="button">搜索</a>
</div>
```

不过运行后，发现“搜索”按钮并没有在标题文本的右侧，因此，如需向页眉标题的右侧添加按钮，请规定类名 "ui-btn-right"：

```
<div data-role="header">
  <h1>欢迎来到我的主页</h1>
  <a href="#" data-role="button" class="ui-btn-right">搜索</a>
</div>
```

2. 页脚栏

与页眉相比，页脚更具伸缩性，它们更实用且多变，所以能够包含所需数量的按钮。

```
<divdata-role="footer">
  <a href="#" data-role="button">转播到新浪微博</a>
  <a href="#" data-role="button">转播到腾讯微博</a>
  <a href="#" data-role="button">转播到 QQ 空间</a>
</div>
```

注意：页脚与页眉的样式不同(它会减去一些内边距和空白，并且按钮不会居中)。如果要修正该问题，请在页脚设置类名 "ui-btn"。

```
<div data-role="footer" class="ui-btn">
  <a href="#" data-role="button" >转播到新浪微博</a>
  <a href="#" data-role="button">转播到腾讯微博</a>
  <a href="#" data-role="button">转播到 QQ 空间</a>
</div>
```

效果如图 11.26 所示。

图 11.26　页脚栏

3. 定位页眉和页脚

放置页眉和页脚的方式有 3 种：

(1)Inline：默认。页眉和页脚与页面内容位于行内。

(2)Fixed：页眉和页脚会留在页面顶部和底部。

(3)Fullscreen：与 fixed 类似，页眉和页脚会留在页面顶部和底部，但是当工具栏滚动出屏幕之外时，不会自动重新显示，除非点击屏幕，这对于图片或视频类有提升代入感的应用是非常有用的。注意这种模式下工具栏会遮住页面内容，所以最好用在比较特殊的场合下。

使用 data-position 属性来定位页眉和页脚：

1)Inline 定位(默认)

```
<div data-role="page">
  <div data-role="header" data-position="inline">
    <h1>行内页眉</h1>
  </div>
  <div data-role="content">
      <p>Some text to enable scrolling..Some text to enable scrolling..Some text to enable scrolling..Some text to enable scrolling..</p>
  </div>
  <div data-role="footer" data-position="inline">
    <h1>行内页脚</h1>
  </div>
</div>
```

效果如图 11.27 所示。

图 11.27　使用 Inline 定位页眉页脚

2)Fixed 定位

```
<div data-role="page">
  <div data-role="header" data-position="fixed">
    <h1>Fixed 页眉</h1>
  </div>
```

```
    <div data-role="content">
      <p><b>提示:</b>如果要看到效果,则需要调整窗口大小使滚动条可用。</p>
      <p><b>提示:</b>如果滚动条可用,那么敲击屏幕将隐藏或显示页眉/页脚。效果会根据您在页面上的位置而变化。</p>
      <p>Some text to enable scrolling.. Some text to enable scrolling.. Some text to enable scrolling.. Some text to enable scrolling.. Some text to enable scrolling.. Some text to enable scrolling.. Some text to enable scrolling.. Some text to enable scrolling.. Some text to enable scrolling.. Some text to enable scrolling.. Some text to enable scrolling.. Some text to enable scrolling.. Some text to enable scrolling.. Some text to enable scrolling.. Some text to enable scrolling.. Some text to enable scrolling.. Some text to enable scrolling.. Some text to enable scrolling.. Some text to enable scrolling.. Some text to enable scrolling.. Some text to enable scrolling.. Some text to enable scrolling.. Some text to enable scrolling.. Some text to enable scrolling.. Some text to enable scrolling.. Some text to enable scrolling.. Some text to enable scrolling.. Some text to enable scrolling.. Some text to enable scrolling.. Some text to enable scrolling.. Some text to enable scrolling.. Some text to enable scrolling.. Some text to enable scrolling.. Some text to enable scrolling.. Some text to enable scrolling.. Some text to enable scrolling.. Some text to enable scrolling.. Some text to enable scrolling.. Some text to enable scrolling.. Some text to enable scrolling.. Some text to enable scrolling.. Some text to enable scrolling.. Some text to enable scrolling.. Some text to enable scrolling.. Some text to enable scrolling.. Some text to enable scrolling.. Some text to enable scrolling.. Some text to enable scrolling.. Some text to enable scrolling.. Some text to enable scrolling.. Some text to enable scrolling.. Some text to enable scrolling.. Some text to enable scrolling.. Some text to enable scrolling.. Some text to enable scrolling.. Some text to enable scrolling.. Some text to enable scrolling.. Some text to enable scrolling.. Some text to enable scrolling.. Some text to enable scrolling.. Some text to enable scrolling.. Some text to enable scrolling.. Some text to enable scrolling.. Some text to enable scrolling.. Some text to enable scrolling.. Some text to enable scrolling.. Some text to enable scrolling.. Some text to enable scrolling.. Some text to enable scrolling.. Some text to enable scrolling.. Some text to enable scrolling.. </p>
    </div>
    <div data-role="footer" data-position="fixed">
      <h1>Fixed 页脚</h1>
    </div>
  </div>
```

效果如图 11.28 所示。

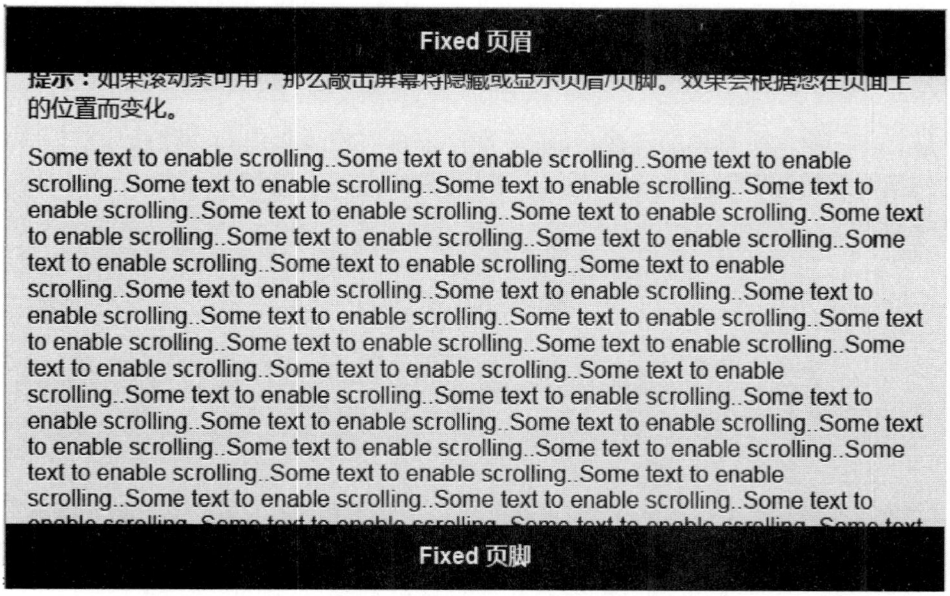

图 11.28　使用 Fixed 定位页眉页脚

3) Fullscreen 定位

```
<div data-role="page">
  <div data-role="header" data-position="fixed" data-fullscreen="true">
    <h1>Fixed 和 Fullscreen 页眉</h1>
  </div>
  <div data-role="content"><br><br>
    <p><b>提示:</b>如果要看到效果,则需要调整窗口大小使滚动条可用。</p>
    <p><b>提示:</b>敲击屏幕会隐藏或显示页眉和页脚。</p>
      <p>Some text to enable scrolling. . Some text to enable scrolling. . Some text to enable scrolling. . </p>
  </div>
  <div data-role="footer" data-position="fixed" data-fullscreen="true">
    <h1>Fixed 和 Fullscreen 页脚</h1>
  </div>
</div>
```

效果如图 11. 29 所示。

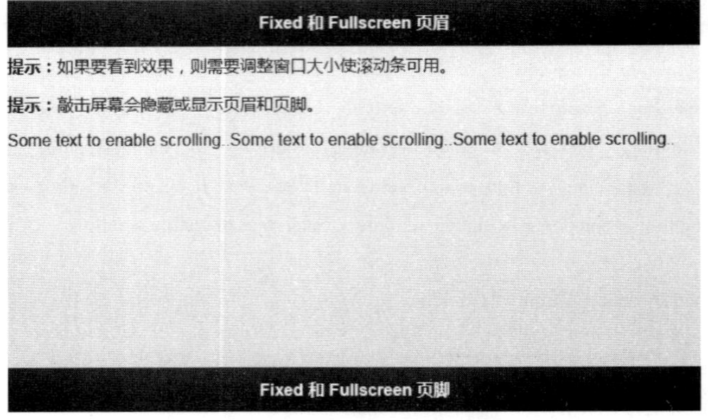

图 11. 29　使用 Fullscreen 定位页眉页脚

11. 3. 4　导航栏

导航栏由一组水平排列的链接构成,通常位于页眉或页脚内部。默认导航栏中的链接会自动转换为按钮(无需 data-role="button",见图 11. 30)。使用 data-role="navbar" 属性来定义导航栏。

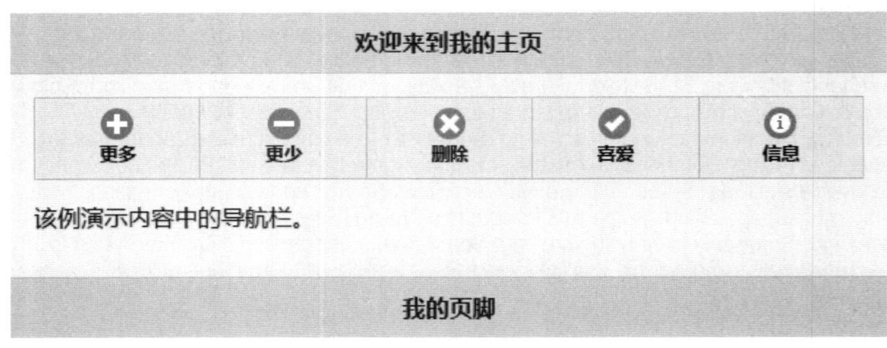

图 11. 30　导航栏

实现的代码如下：

```
<div data-role="page" id="pageone">
  <div data-role="header">
    <h1>欢迎来到我的主页</h1>
  </div>
  <div data-role="main" class="ui-content">
    <divdata-role="navbar">
      <ul>
        <li><a href="#" data-icon="plus">更多</a></li>
        <li><a href="#"  data-icon="minus">更少</a></li>
        <li><a href="#"  data-icon="delete">删除</a></li>
        <li><a href="#"  data-icon="check">喜爱</a></li>
        <li><a href="#"  data-icon="info">信息</a></li>
      </ul>
    </div>
     <p>该例演示内容中的导航栏。</p>
  </div>
  <div data-role="footer">
    <h1>我的页脚</h1>
  </div>
</div>
```

默认情况下,按钮的宽度与它的内容一样。使用一个无序列表来平均地划分按钮的宽度:1 个按钮占 100% 宽度,2 个按钮则各占 50% 的宽度,3 个按钮则每个占 33,3% 的宽度,依此类推。然而,如果您在导航栏中指定了超过 5 个按钮,将会拆成多行。

知识点:

(1)可以使用 data-icon 属性为导航按钮添加图标。

(2)图标位置在导航栏容器上设置,使用 data-iconpos 属性来指定位置。

①data-iconpos="top":图标顶部对齐

②data-iconpos="right":图标右侧对齐

③data-iconpos="bottom":图标底部对齐

④data-iconpos="left":图标左侧对齐

(3)当导航栏中的某个链接被点击,它将获得被选中(按下)的外观。如果想在不点击链接时获得这种外观,请使用 class="ui-btn-active"。对于多个页面,可能想要每个按钮的选中外观代表当前用户所在的页面,要做到这一点,请添加 "ui-state-persist" 和 "ui-btn-active" 到链接的 class。

```
<li><a href="#anylink"  class="ui-btn-active ui-state-persist">首页</a></li>
```

11.3.5　网格

jQuery Mobile 提供了一套基于 CSS 的分列布局。然而,在移动设备上,由于考虑手机的屏幕宽度狭窄,一般不建议使用分栏分列布局。

Jquery Mobile 框架提供了一种简单的方法构建基于 css 的分栏布局,叫作 ui-grid。

Jquery Mobile 提供有四个预设的布局,可以在任何情况下都需要列。

1. ui-grid-a 两列布局

建立个两列(50%/50%)布局,第一层(父容器)添加 ui-grid-a 属性,第二层(两个子容器)里面分别添加 ui-block-a 和 ui-block-b:

```
<div class="ui-grid-a">
  <div class="ui-block-a"><strong>I'm Block A</strong> and text inside will wrap</div>
  <div class="ui-block-b"><strong>I'm Block B</strong> and text inside will wrap</div>
</div>
```

效果如图 11.31 所示。

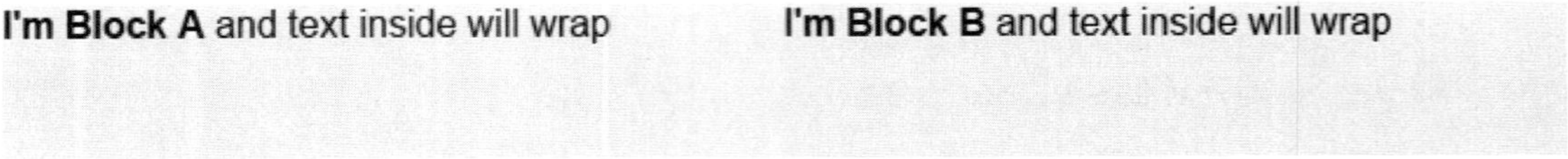

图 11.31　两列布局

缺省情况下网格没有视觉造型;它们只是呈现内容并排。网格的类可以被应用到任何容器。在下面的例子中,添加一个 ui-grid-a,并应用 ui-block,两个按钮分别延伸到 50%的屏幕宽度。例如:

```
<fieldset class="ui-grid-a">
  <div class="ui-block-a"><button type="submit" data-theme="c">Cancel</button></div>
  <div class="ui-block-b"><button type="submit" data-theme="b">Submit</button></div> </fieldset>
```

效果如图 11.32 所示。

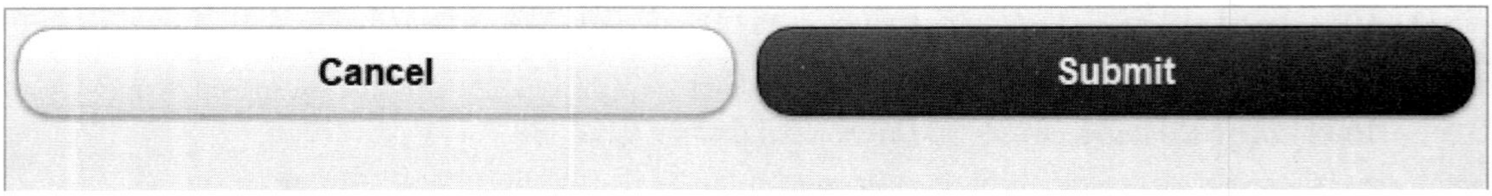

图 11.32　两列布局应用于按钮

其中 data-theme="c"规定按钮的主题颜色。

2. ui-block-b 三列布局

网格布局配置使用 class= ui-grid-b 在父母和 3 个子容器的元素,每个都有其各自的 ui-block-a / a / c 类,创建一行三列布局(33 / 33 / 33%)。注意:这些块同样风格的主题课程,网格布局清晰可见。

```
<div class="ui-grid-b">
  <div class="ui-block-a">Block A</div>
  <div class="ui-block-b">Block B</div>
  <div class="ui-block-c">Block C</div>
</div>
```

这将产生一个 33 / 33 / 33%网格布局,效果如图 11.33 所示。

了解了三列布局,请读者来思考并完成下面的例子。

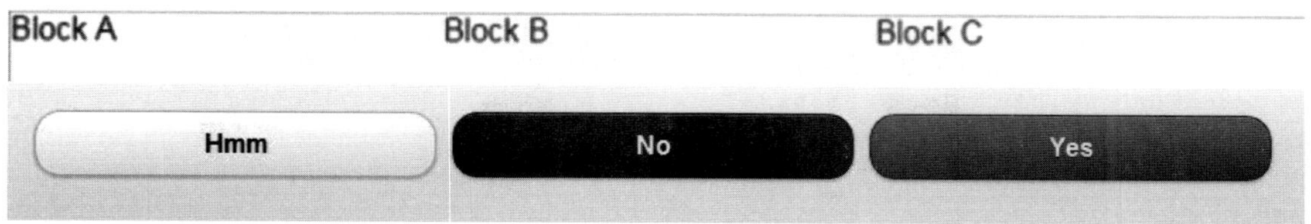

图 11.34　三列布局应用按钮

3. ui-block-c 四列布局

一行四列,25%/25%/25%/25%网格,是通过在父容器指定 class= ui-grid-c 和添加四分之一块。

4. ui-block-c 五列布局

一行五列,20%/20%/20%/20%/20%网格,是通过在父容器指定 class= ui-grid-d。

5. 多行多列布局

在列中包含多个行也是可能的。例如:

```
<div data-role="page" id="pageone">
<div data-role="header">
  <h1>多列</h1>
</div>
<div data-role="content">
   <p>三列布局:</p>
   <div class="ui-grid-b">
      <div class="ui-block-a" style="border: 1px solidblack;"><span>Some Text</span></div>
      <div class="ui-block-b" style="border: 1px solidblack;"><span>Some Text</span></div>
      <div class="ui-block-c" style="border: 1px solidblack;"><span>Some Text</span></div>
   </div>
   <p>多行的三列布局:</p>
   <div class="ui-grid-b">
      <div class="ui-block-a" style="border: 1px solidblack;"><span>Some Text</span></div>
      <div class="ui-block-b" style="border: 1px solidblack;"><span>Some Text</span></div>
      <div class="ui-block-c" style="border: 1px solidblack;"><span>Some Text</span></div>
      <div class="ui-block-a" style="border: 1px solidblack;"><span>Some Text</span></div>
      <div class="ui-block-b" style="border: 1px solidblack;"><span>Some Text</span></div>
      <div class="ui-block-a" style="border: 1px solidblack;"><span>Some Text</span></div>
</div>
</div>
</div>
```

效果如图 11.35 所示。

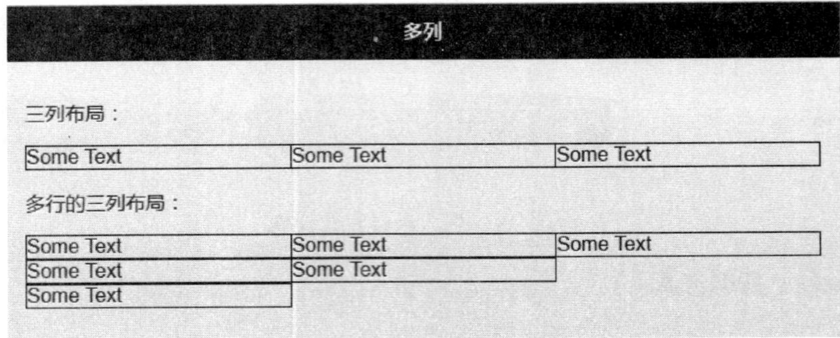

图 11.35 多行多列布局

【案例 11.1】登录界面

部分代码如下：

```
<script type="text/javascript" charset="utf-8"
    src="./js/frame/iscroll.js"></script>
<script type="text/javascript" charset="utf-8"
    src="./js/frame/jquery-1.8.2.min.js"></script>
<script type="text/javascript" charset="utf-8"
    src="./js/frame/jquery.mobile-1.3.0.min.js"></script>
<script type="text/javascript" charset="utf-8" src="./js/global.js"></script>
</head>

<body>
  <div data-role="page" id="loginPage" data-dom-cache="true">
  <script type="text/javascript">
    $("#loginPage").live('pageinit', function() {
    //bind swipe event
        $('#loginPage').bind("swipeleft",function(){
                $.mobile.changePage('#regPage',{ transition: "slide"});
            });
        });
        $("#regPage").live("pageshow", function() {
        });
</script>
        <div data-role="header" data-theme="b">
        <h1>登录</h1>
      </div>
      <div data-role="content" data-theme="d">
        <form action=" ${basePath}ajax! login" method="post" id="loginForm">
          <div data-role="fieldcontain" class="ui-hide-label">
            <label for="username">用户名：</label> <input type="text"
              name="username" id="username" placeholder="用户名" /> <label
              for="password">密码：</label> <input type="password"
              name="password" id="password" placeholder="密码" />
          </div>
          <div data-role="fieldcontain">
```

```
            <fieldset data-role="controlgroup" data-type="horizontal"
              data-mini="true">
              <legend>登录信息:</legend>
              <input type="radio" name="saveRadio" id="saveRadio-a" value="1" />
              <label for="saveRadio-a">保存</label> <input type="radio"
              name="saveRadio" id="saveRadio-b" value="0" checked="checked" />
              <label for="saveRadio-b">不保存</label>
          </fieldset>
    </div>
        <a href="#" id="loginButton" data-role="button" data-theme="e"
        onClick="goTo('content.html')">登录 </a>
        <br/>
        未建立账号? <a href="#" onclick="goTo('#regPage')"
        id="regButton" >点击注册</a>
      </form>
  </div>
</div>
```

代码运行效果如图 11.36 所示。

图 11.36　登录界面

11.4 表　　单

jQuery Mobile 会自动为 HTML 表单自动添加样式,让它们看起来更具吸引力,触摸起来更具友好性。

11.4.1 表单基础

jQuery Mobile 使用 CSS 来设置 HTML 表单元素的样式。在 jQuery Mobile 中,可以使用文本框、搜索框、单选框、复选框、选择菜单、滑动条、翻转切换开关表单控件。

当使用 jQuery Mobile 表单时,要了解:

(1) <form>元素必须有一个 method 和一个 action 属性。

(2) 每个表单元素必须有唯一的 "id" 属性。id 必须是整个站点所有页面上唯一的。这是因为 jQuery Mobile 的单页导航机制使得多个不同页面在同一时间被呈现。

(3) 每个表单元素必须有一个标签。设置标签的 for 属性来匹配元素的 id。

例如:

```
<div data-role="page">
  <div data-role="content">
    <form method="post" action="2. jsp ">
      <labelfor="fname">姓名:</label>
      <input type="text" name="fname" id="fname">
      <input type="submit" data-inline="true" value="提交">
    </form>
  </div>
</div>
```

效果如图 11.37 所示。

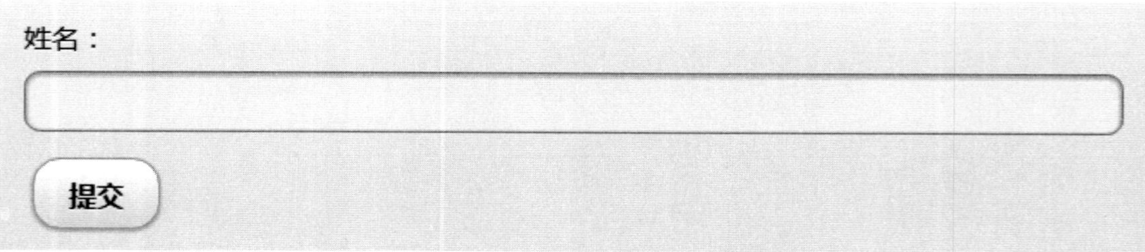

图 11.37 置标签的 for 属性来匹配元素的 id

(4) 如需隐藏 label,请使用类 ui-hidden-accessible。

```
<div data-role="page">
  <div data-role="content">
    <form method="post" action="2. jsp">
      <label for="fname" class="ui-hidden-accessible">姓名</label>
      <input type="text" name="fname" id="fname" placeholder="姓名...">
      <input type="submit" data-inline="true" value="提交">
```

```
      </form>
    </div>
  </div>
```

效果如图 11.38 所示。

图 11.38　使用类 ui-hidden-accessible

(5)域容器。

如果需要 label 和表单元素在宽屏幕上显示正常,请用带有 data-role="fieldcontain" 属性的 <div> 或 <fieldset> 元素来包装 label 或表单元素。例如:

```
<div data-role="page">
  <div data-role="content">
    <form method="post" action="2.jsp">
      <div data-role="fieldcontain">
        <label for="lname">姓名:</label>
        <input type="text" name="lname" id="lname">
      </div>
      <input type="submit" data-inline="true" value="提交">
    </form>
    <p>fieldcontain 属性基于页面宽度来设置 label 和表单控件的样式。当页面宽度大于 480px 时,它会自动将 label
与表单控件放置于同一行。当小于 480px 时,label 会被放置于表单元素之上。</p>
    <p>请尝试调整窗口的尺寸来查看效果。</p>
  </div>
</div>
```

效果如图 11.39 所示。

姓名：

提交

fieldcontain 属性基于页面宽度来设置 label 和表单控件的样式。当页面宽度大于 480px 时，它会自动将 label 与表单控件放置于同一行。当小于 480px 时，label 会被放置于表单元素之上。

请尝试调整窗口的尺寸来查看效果。

图 11.39　域容器

11.4.2　表单输入

输入字段是通过标准的 HTML 元素编写的,jQuery Mobile 会为它们设置专门针对移动设备的美观易用的样式。如一个简单的注册页面,效果如图 11.40 所示。

文本输入
全名：
您的性别：
男性
女性
生日：
2011/03/04
电邮：
您的邮箱地址..
您的爱好：
旅游
读书
体育

图 11.40　注册页面

代码实现如下:

```
<div data-role="page">
  <div data-role="header">
  <h1>文本输入</h1>
  </div>
  <div data-role="content">
    <form method="post" action="2.jsp">
      <div data-role="fieldcontain">
        <label for="fullname">全名:</label>
        <input type="text" name="fullname" id="fullname">
<fieldset data-role="controlgroup" >
      <legend>您的性别:</legend>
        <label for="male">男性</label>
        <input type="radio" name="gender" id="male" value="male">
        <label for="female">女性</label>
        <input type="radio" name="gender" id="female" value="female">
      </fieldset>
        <label for="bday">生日:</label>
        <input type="date" name="bday" id="bday">
        <label for="email">电邮:</label>
        <input type="email" name="email" id="email" placeholder="您的邮箱地址..">
<fieldset data-role="controlgroup">
```

```
        <legend>您的爱好:</legend>
          <label for="red">旅游</label>
          <input type="checkbox" name="favcolor" id="red" value="red">
          <label for="green">读书</label>
          <input type="checkbox" name="favcolor" id="green" value="green">
          <label for="blue">体育</label>
          <input type="checkbox" name="favcolor" id="blue" value="blue">
      </fieldset>
      </div>
      <input type="submit" data-inline="true" value="提交">
    </form>
  </div>
</div>
```

知识点:

(1) placeholder 规定简短的提示,以描述输入字段的预期值。

(2)单选按钮。当用户只选择有限数量选项中的一个时,会用到单选按钮。如需创建一套单选按钮,请添加 type="radio" 的 input 元素以及相应的 label。在 <fieldset> 元素中包装单选按钮。也可以增加一个 <legend> 元素来定义 <fieldset> 的标题,使用 data-role="controlgroup" 属性来组合这些单选按钮。

(3)复选框。当用户选择有限数量选项中的一个或多个选项时,会用到复选框。如果"预选"其中一个按钮,使用 HTML <input> 标签的 checked 属性。,这个属性也适用于单选按钮。

```
<input type="radio" checked>
<input type="checkbox" checked>
```

11.4.3　表单选择

选择列表是基于 HTML select 元素的,具有原生菜单和自定义菜单两种形式,原生菜单与自定义菜单都有一个样式美化了的选择按钮,不同的是在自定义菜单中原生的 option 元素将被隐藏, jQuery Mobile 会生成一个由 CSS3 和 HTML5 构成的菜单来代替。若需要自定义样式菜单,可以在 select 上添加 data-native-menu="false" 属性。

下边是一个自定义选择菜单的例子:

```
<form method="post" action="demoform.asp">
  <fieldset data-role="fieldcontain">
    <label for="day">选择日期</label>
    <select name="day" id="day" data-native-menu="false">
      <option value="mon">星期一</option>
      <option value="tue">星期二</option>
      <option value="wed">星期三</option>
    </select>
  </fieldset>
</form>
```

效果如图 11.41 所示。

图 11.41　自定义选择菜单

读者可以将<select>元素中的 data-native-menu="false" 属性去掉，运行显示的最终效果如图 11.41 所示，与图 11.40 进行对比，观察有何不同之处。

<select>元素创建带有若干选项的下拉菜单，<select> 元素中的 <option> 元素定义列表中的可用选项。<select> 元素中的 <option> 元素定义列表中的可用选项。

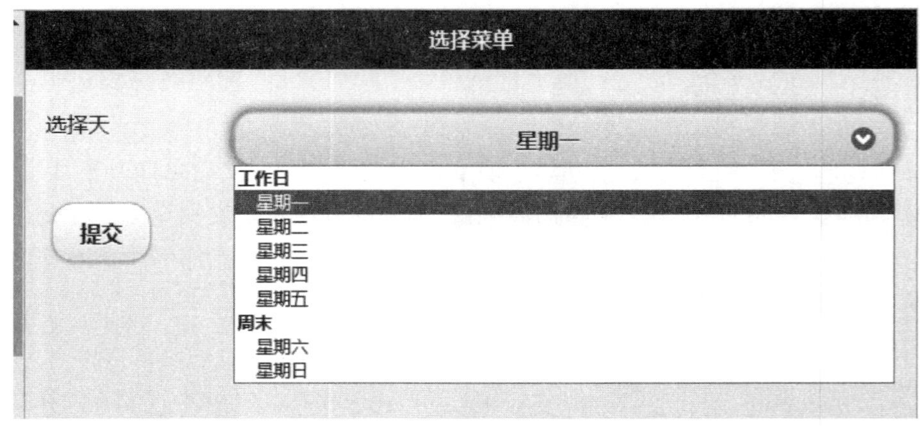

图 11.42　下拉菜单

实现代码如下：

```
<div data-role="page">
  <div data-role="header">
  <h1>选择菜单</h1>
  </div>
  <div data-role="content">
    <form method="post"  action="demoform.asp">
      <fieldset data-role="fieldcontain">
```

```
        <label for="day">选择天</label>
        <select name="day" id="day">
         <optgroup label="工作日">
         <option value="mon">星期一</option>
         <option value="tue">星期二</option>
         <option value="wed">星期三</option>
         <option value="thu">星期四</option>
         <option value="fri">星期五</option>
         </optgroup>
         <optgroup label="周末">
         <option value="sat">星期六</option>
         <option value="sun">星期日</option>
         </optgroup>
        </select>
      </fieldset>
      <input type="submit" data-inline="true" value="提交">
    </form>
  </div>
</div>
```

如需在选择菜单中选取多个选项,请在 <select> 元素中使用 multiple 属性。例如:

```
<div data-role="page">
  <div data-role="header">
  <h1>选择菜单</h1>
  </div>
<div data-role="content">
  <form method="post" action="demoform. asp">
   <fieldset>
   <label for="day">您可以选择多天:</label>
   <select name="day" id="day" multiple="multiple" data-native-menu="false">
     <option>天</option>
     <option value="mon">星期一</option>
     <option value="tue">星期二</option>
     <option value="wed">星期三</option>
     <option value="thu">星期四</option>
     <option value="fri">星期五</option>
     <option value="sat">星期六</option>
     <option value="sun">星期日</option>
   </select>
   </fieldset>
   <input type="submit" data-inline="true" value="提交">
  </form>
  <p>提示:如需为列表添加标题,请插入不包含 value 属性的 option 元素。</p>
</div>
</div>
```

效果如图 11.43 所示。

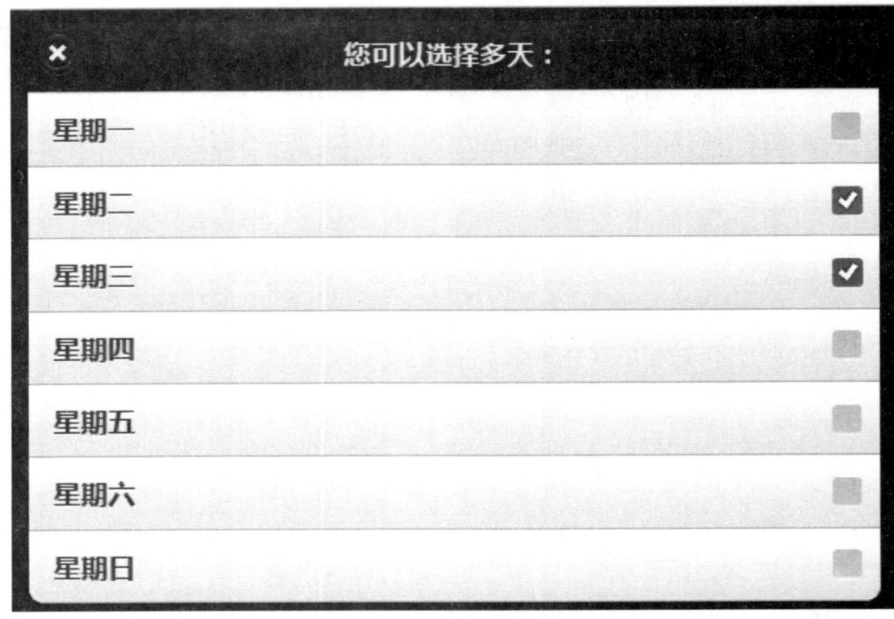

图 11.43　选择菜单中选取多个选项

注意:原生的选择菜单不支持该功能。对于多项选择菜单,还有几点要注意的:

(1)jQuery Mobile 会在菜单里创建一个 jQuery Mobile header ,并在 header 的左边添加一个关闭菜单按钮。

(2)当用户选择两个或两个以上选项时选择按钮右侧会出现一个小图标,图标内显示已选择选项的个数。

(3)所有选择的选项文本会显示在选择按钮上,如果文字超出按钮长度,会以省略号代替多余的内容。

(4)如果选项过多,菜单会以新页面的形式显示。

还可以对选项进行分组,使用以下标签把同一组的选项包裹起来,其中 label 的值为该分组的标题。分组选择列表实例如下:

```
<div data-role="fieldcontain">
    <label for="select-choice-3" class="select">分组选择列表</label>
    <select data-native-menu="false" name="select-choice-3" id="select-choice-3">
        <optgroup label="Group1">
            <option value="12h">12 小时</option>
            <option value="1d">一天</option>
            <option value="2d">两天</option>
            <option value="week">一周</option>
        </optgroup>
        <optgroup label="Group2">
            <option value="1m">一个月</option>
            <option value="1q">一季度</option>
            <option value="1y">一年</option>
        </optgroup>
    </select>
```

```
</div>
```

效果如图 11.44 所示。

图 11.44　分组选择列表

11.5　事　　件

jQuery Mobile 开创性的提供了丰富的事件处理机制，并且耗费了很大的精力将不同设备的事件进行了整合，使开发者不必再为了解决不同设备之间的事件处理差异而耗费时间和精力。Jquery Mobile 事件包括：触摸事件、虚拟鼠标事件、方向改变事件、滚屏事件、页面加载事件、页面显示/隐藏事件、页面初始化事件、动画事件等。这些事件会根据当前设备的特性来分别使用 Touch、mouse 或者 window 事件来匹配当前的设备可用的事件，所有不管是移动设备还是桌面设备的操作都将是可靠的。并且这些事件同样可以使用 jQuery 中的 live() 和 bind() 方法。在本文中，主要介绍触摸事件、滚屏事件和方向改变事件。

11.5.1　触摸事件

触摸事件在用户触摸屏幕（页面）时触发，在 jQueryMobile 中有一些触摸事件是可定制的。然而，这些事件仅当与支持触摸功能的设备进行交互的用户访问 jQueryMobile 网站时才可用。当这些事件可用时，可以触发任何自定义 javascript 作为对 5 种不同的事件的响应 tap、taphold、swipe、swipeleft 和 swiperight。

（1）tap（轻击）：一次快速完整的轻击后触发。例如：

```
<script>
  $(document).on("pagecreate","#pageone",function(){
```

```
        $("p").on("tap",function(){
          $(this).hide();
        });
      });
    </script>

    <div data-role="page" id="pageone">
      <div data-role="header">
        <h1>tap 事件</h1>
      </div>
    <div data-role="main" class="ui-content">
        <p>点我,我会消失。</p>
      </div>
    <div data-role="footer">
        <h1>页脚文本</h1>
      </div>
    </div>
```

(2)taphold(轻击不放):轻击不放并维持 750 ms (可以自定义该时间)后触发。

将上例中 $("p").on("tap",function()改为 $("p").on("taphold",function()。

(3)swipe(划动) 1s (可以自定义该事件) 内水平拖拽大于 30 px ,同时垂直方向拖曳小于 75 px 的事件发生时触发。

```
    <script>
    $(document).on("pagecreate","#pageone",function(){
      $("p").on("swipe",function(){
        $("span").text("滑动检测!");
      });
    });
    </script>
    </head>

    <div data-role="page" id="pageone">
      <div data-role="header">
        <h1>swipe 事件</h1>
      </div>
    <div data-role="main" class="ui-content">
        <p>在下面的文本或方框上滑动。</p>
        <p style="border:1px solid black;height:200px;width:200px;"></p>
        <p><span style="color:red"></span></p>
      </div>
    <div data-role="footer">
        <h1>页脚文本</h1>
      </div>
    </div>
```

(4)swipeleft(左划)划动事件为向左的方向时触发。

```
    <script>
```

```
    $(document).on("pagecreate","#pageone",function(){
      $("p").on("swipeleft",function(){
        alert("您向左滑动!");
      });
    });
</script>

<div data-role="page" id="pageone">
  <div data-role="header">
    <h1>swipeleft 事件</h1>
  </div>
<div data-role="main" class="ui-content">
    <p style="border:1px solid black;margin:5px;">向左滑动 - 不要超出边框! </p>
  </div>
<div data-role="footer">
    <h1>页脚文本</h1>
  </div>
</div>
```

(5)swiperight(右划)划动事件为向右的方向时触发。

将上例中 $("p").on("swipeleft",function()改为 $("p").on("swiperight",function()。

11.5.2　滚屏事件

jQuery Mobile 提供了两种滚屏事件:滚屏开始时触发和滚屏结束时触发。

1. 滚屏开始事件(scrollstart)

当页面开始滚动时触发 scrollstart 事件,由于 iOS 设备会在页面滚动时冻结 DOM 操作,并且把这些操作加入队列,当页面滚动结束时按队列执行这些 DOM 操作,这意味着当用户滚动时无法改变任何事物。jQuery Mobile 努力寻找让设备在页面滚动开始前执行 DOM 操作,但现阶段考虑最终得到的 Web Apps 兼容性。

例如:

```
$(document).on("scrollstart",function(){
    alert("开始滚动!");
});
```

2. 滚屏结束事件(scrollstop)

scrollstop 事件在用户停止滚动页面时被触发。

例如:

```
$(document).on("scrollstop",function(){
    alert("结束滚动!");
});
```

11.5.3　方向改变事件

当设备的方向变化(设备横向持或纵向持)此事件被触发。绑定此事件时,在回调函数可以加入第二个参数,作为描述设备横或纵向的属性——“portrait”或“landscape”。这些值也会作为 class 值加入 html 的元素中,通过 css 中的选择器改变它们的样式。

注意当设备不支持 orientationchange 事件时,jQuery Mobile 会绑定 resize 代替 orientationchange 事件。resize 事件是 JavaScript 中的原生事件,在 javascript 中当页面窗口改变时会触发该事件。另外,把 $. mobile. orientationChangeEnabled 设置为 false 可以禁止 orientationchange 事件并以 resize 代替。

例如:

```
$(window).on("orientationchange",function(){
  if(window.orientation == 0) // Portrait
  {
    $("p").css({"background-color":"yellow","font-size":"300%"});
  }
else // Landscape
  {
    $("p").css({"background-color":"pink","font-size":"200%"});
  }
});
```

window. orientation 属性对 portrait 视图返回 0,对 landscape 视图返回 90 或 -90。

【案例 11.2】触屏滑动事件。

部分代码如下:

```
<script type="text/javascript" src="js/JPictureRotary.js"></script>
    <script type="text/javascript" src="js/klass.min.js"></script>
    <script type="text/javascript" src="js/code.photoswipe-3.0.5.min.js"></script>
    <script src="js/swipePageExtent.js"></script>
    <script type="text/javascript">
    $(document).ready(function() {
      $("#pictureContainer").JPictureRotary({
        animationSpeed: "slow",
        delay:3,
      }); //加载图片幻灯片
      $().initApp();//加载滑动翻页
      $("#page_3").live("pagebeforecreate",function(event){
        var myPhotoSwipe = $("#Gallery a").photoSwipe({
          slideshowDelay:2000,
      });
    });
  });
</script>

<body>
  <div data-role="page" id="page_1">
    <div data-role="header" data-id="myHeader"  data-position="fixed">
      <h2>首 页</h2>
      <a class="ui-btn-right">联系我们</a>
      <div data-role="navbar" data-iconpos="top">
        <ul>
```

```
            <li> <a href="#page_1" class="ui-btn-active" >分栏 1</a></li>
            <li> <a href="#page_2" >分栏 2</a></li>
            <li> <a href="#page_3" >分栏 3</a></li>
          </ul>
        </div>
      </div>
      <! -- /header -->
      <div data-role="content">
        <ul id="pictureContainer">
          <li><img src="img/image1. jpg" /></li>
          <li><img src="img/image2. jpg" alt="Venice Beach, California" /></li>
          <li><img src="img/image3. jpg" /></li>
          <li><img src="img/image4. jpg" alt="Universal Studios"/></li>
          <li><img src="img/image5. jpg" alt="Hollywood Sign" /></li>
        </ul>
        <ul data-role="listview" data-inset="true">
          <li><a href="#page_2">item1</a></li>
          <li><a href="#">item2</a></li>
          <li><a href="#">item3</a></li>
        </ul>
        <ul data-role="listview" data-inset="true">
          <li>
            <a href="#page_2">
              <img src="img/a. jpg" />
              <h3>Broken Bells</h3>
              <p>Broken Bells</p>
        </a>
          </li>
          <li>
            <a href="#page_2">
              <img src="img/Applications folder. png" />
              <h3>Warning</h3>
              <p>Hot Chip</p>
            </a>
          </li>
          <li>
            <a href="#page_2">
              <img src="img/burn folder. png" />
              <h3>Wolfgang Amadeus Phoenix</h3>
              <p>Phoenix</p>
            </a>
          </li>
          <li>
            <a href="#page_2">
              <img src="img/c. jpg" />
              <h3>Wolfgang Amadeus Phoenix</h3>
              <p>Phoenix</p>
            </a>
```

```
</li>
<li>
  <a href="#page_2">
    <img src="img/burn folder. png" />
    <h3>Wolfgang Amadeus Phoenix</h3>
    <p>Phoenix</p>
  </a>
</li>
<li>
  <a href="#page_2">
    <img src="img/classic folder. png" />
    <h3>Wolfgang Amadeus Phoenix</h3>
    <p>Phoenix</p>
  </a>
</li>
<li>
  <a href="#page_2">
    <img src="img/burn folder. png" />
    <h3>Wolfgang Amadeus Phoenix</h3>
    <p>Phoenix</p>
  </a>
</li>
<li>
  <a href="#page_2">
    <img src="img/documents. png" />
    <h3>Wolfgang Amadeus Phoenix</h3>
    <p>Phoenix</p>
  </a>
</li>
<li>
  <a href="#page_2">
    <img src="img/burn folder. png" />
    <h3>Wolfgang Amadeus Phoenix</h3>
    <p>Phoenix</p>
  </a>
</li>
<li>
  <a href="#page_2">
    <img src="img/burn folder. png" />
    <h3>Wolfgang Amadeus Phoenix</h3>
    <p>Phoenix</p>
  </a>
</li>
<li>
  <a href="#page_2">
    <img src="img/burn folder. png" />
    <h3>Wolfgang Amadeus Phoenix</h3>
    <p>Phoenix</p>
```

```
            </a>
          </li>
          <li>
            <a href="#page_2">
              <img src="img/burn folder. png" />
              <h3>Wolfgang Amadeus Phoenix</h3>
              <p>Phoenix</p>
            </a>
          </li>
          <li>
            <a href="#page_2">
              <img src="img/burn folder. png" />
              <h3>Wolfgang Amadeus Phoenix</h3>
              <p>Phoenix</p>
            </a>
          </li>
          <li>
            <a href="#page_2">
              <img src="img/burn folder. png" />
              <h3>Wolfgang Amadeus Phoenix</h3>
              <p>Phoenix</p>
            </a>
          </li>
          <li>
            <a href="#page_2">
              <img src="img/burn folder. png" />
              <h3>Wolfgang Amadeus Phoenix</h3>
              <p>Phoenix</p>
            </a>
          </li>
        </ul>
      </div>
      <! -- /content -->
      <div data-role="footer" data-id="myFooter" data-position="fixed">
        <div data-role="navbar" data-iconpos="top">
          <ul>
            <li> <a href="#page_1" class="ui-btn-active" data-icon="delete">删除</a></li>
            <li> <a href="#page_2" data-icon="Plus">增加</a></li>
            <li> <a href="#page_3"  data-icon="Grid">更多</a></li>
          </ul>
        </div>
      </div>
      <! -- /footer -->
  </div><! -- /page -->
  <div data-role="page" id="page_2" >
        <div data-role="header" data-id="myHeader"  data-position="fixed">
          <h2>首 页</h2>
          <a class="ui-btn-right">联系我们</a>
```

```
        <div data-role="navbar" data-iconpos="top">
          <ul>
            <li> <a href="#page_1" >分栏 1</a></li>
            <li> <a href="#page_2"  class="ui-btn-active" >分栏 2</a></li>
            <li> <a href="#page_3" >分栏 3</a></li>
          </ul>
        </div>
        </div>
      <! -- /header -->
      <div data-role="content">
        <ul data-role="listview" data-inset="true">
          <li>
            <a href="#page_1">
              <h3>Broken Bells</h3>
              <p>Broken Bells</p>
            </a>
          </li>
          <li>
            <a href="#">
              <h3>Warning</h3>
              <p>Hot Chip</p>
            </a>
          </li>
          <li>
            <a href="#">
              <h3>Wolfgang Amadeus Phoenix</h3>
              <p>Phoenix</p>
            </a>
          </li>
        </ul>
      </div>
      <! -- /content -->
      <div data-role="footer" data-id="myFooter" data-position="fixed">
        <div data-role="navbar" data-iconpos="top">
          <ul>
            <li> <a href="#page_1" data-icon="delete">删除</a></li>
            <li> <a href="#page_2" data-icon="Plus" class="ui-btn-active">增加</a></li>
            <li> <a href="#page_3" data-icon="Grid">更多</a></li>
          </ul>
        </div>
      </div>
    <! -- /footer -->
    </div><! -- /page -->
    <div data-role="page" id="page_3" class="photoPage">
      <div data-role="header" data-id="myHeader" data-position="fixed">
        <h2>首 页</h2>
        <a class="ui-btn-right">联系我们</a>
        <div data-role="navbar" data-iconpos="top">
```

```
            <ul>
              <li> <a href="#page_1" >分栏 1</a></li>
              <li> <a href="#page_2" >分栏 2</a></li>
              <li> <a href="#page_3" class="ui-btn-active" >分栏 3</a></li>
            </ul>
          </div>
        </div>
      <! -- /header -->
      <div data-role="content" >
        <ul data-role="listview" id="Gallery" >
          <li>
            <span>
              <a href="img/a. jpg" data-ajax="false" >
                <img src="img/a. jpg" alt="img01"/>
              </a>
            </span>
        </li>
        <li>
          <span>
            <a href="img/c. jpg" data-ajax="false" >
              <img src="img/c. jpg" alt="img02"/>
            </a>
          </span>
        </li>
        <li>
          <span>
            <a href="img/e. jpg" data-ajax="false" >
              <img src="img/e. jpg" alt="img03"/>
            </a>
          </span>
        </li>
        <li>
          <span>
            <a href="img/d. jpg" data-ajax="false" >
              <img src="img/d. jpg" alt="img04"/>
            </a>
          </span>
        </li>
        <li>
          <span>
            <a href="img/b. jpg" data-ajax="false" >
              <img src="img/b. jpg" alt="img05"/>
            </a>
          </span>
        </li>
      </ul>
    </div>
    <! -- /content -->
```

```
    <div data-role="footer" data-id="myFooter" data-position="fixed">
      <div data-role="navbar" data-iconpos="top">
        <ul>
          <li> <a href="#page_1" data-icon="delete">删除</a></li>
          <li> <a href="#page_2" data-icon="Plus">增加</a></li>
          <li> <a href="#page_3" data-icon="Grid" class="ui-btn-active">更多</a></li>
        </ul>
      </div>
      </div>
    <! -- /footer -->
  </div><! -- /page -->
  </body>
```

运行代码后效果如图 11.45 所示。

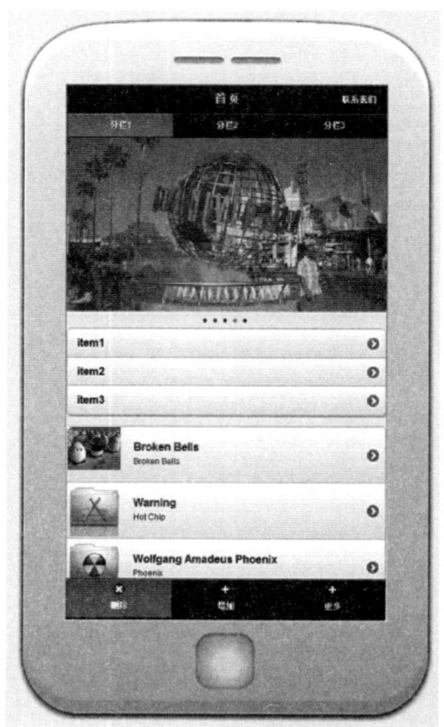

图 11.45　触屏滑动事件

小　　结

本章主要介绍 jQuery Mobile 组件,它是 jQuery 框架的一个组件而非 jquery 的移动版本,用于创建移动 web 应用程序。此框架简单易用,其使用 HTML5、CSS3、JavaScript 和 AJAX 通过尽可能少的代码来完成对页面的布局。

参 考 文 献

[1]Steve Suehring. JavaScript 从入门到精通[M].2 版．梁春艳,译．北京:清华大学出版社,2012.

[2] 刘智勇．JavaScript 开发技术大全[M]. 北京:清华大学出版社,2009.

[3] 陈会安．JavaScript 基础与实例教程[M]．北京:中国电力出版社,2007.

[4] Haverbeke M. JavaScript 编程精解[M]. 徐涛,译．北京:机械工业出版社,2012.

[5]古德曼,莫里森．JavaScript 宝典[M].6 版．张文波,译．北京:人民邮电出版社,2009.

[6] 孙强,李晓娜,黄艳．JavaScript 从入门到精通[M]. 北京:清华大学出版社,2008.

[7] 高金勇．JavaScript+jQuery 从入门到精髓[M]. 北京:化学工业出版社,2012.

[8] 岳学军．JavaScript 前端开发实用技术教程[M]. 北京:人民邮电出版社,2016.

[9] 姚敦红．jQuery 程序设计基础教程[M]. 北京:人民邮电出版社,2016.

[10] 卢淑萍．JavaScript 与 jQuery 实战教程[M]. 北京:清华大学出版社,2015.

[11] 姚敦红．jQuery 程序设计基础教程[M]. 北京:人民邮电出版社,2016.

[12] 王小科．JavaScript 程序设计[M]. 北京:人民邮电出版社, 2014.

[13] 李源．JavaScript 程序设计基础教程[M]. 北京:人民邮电出版社, 2017.

[14] 陈洁, 杨瑞梅．HTML+CSS+JavaScript 前端开发[M]. 北京:人民邮电出版社, 2017.

[15] 黄珍, 潘颖．JavaScript+JQuery 程序设计[M]. 北京:人民邮电出版社, 2017.